# Praktische Physik

für

Schulen und jüngere Studierende

von

**Balfour Stewart** und **Haldane Gee.**

Autorisierte Übersetzung

von

Karl Noack.

## I. Teil.
## Elektricität und Magnetismus.

Mit 123 in den Text gedruckten Abbildungen.

Springer-Verlag Berlin Heidelberg GmbH
1889.

ISBN 978-3-642-50451-8     ISBN 978-3-642-50760-1 (eBook)
DOI 10.1007/978-3-642-50760-1
Softcover reprint of the hardcover 1st edition 1889

# Vorwort der Verfasser.

Es ist eine Beobachtung, die man häufig anzustellen Gelegenheit hat, dass nur sehr wenige Schulen hinreichende Mittel haben, um praktische Physik zu lehren, während doch viele Schulen mit reich ausgestatteten chemischen Laboratorien versehen sind. Die Ursache dieser Erscheinung ist sicherlich nicht in einer grundsätzlichen Unbrauchbarkeit der praktischen Physik zur Schulung der Verstandeskräfte zu suchen, um so weniger, als allgemein zugestanden wird, dass der Gegenstand in dieser Hinsicht ungemein fruchtbar ist.

Es sind vielmehr verschiedene äussere Gründe, welche der Einführung der praktischen Physik im Wege stehen, in erster Linie vielleicht der Mangel an besonders hierzu vorgebildeten Lehrern, das Fehlen einer durchgebildeten Methode und die Schwierigkeit der Beschaffung geeigneter Apparate. Wir wagen jedoch zu hoffen, dass, wenn der Wert des Gegenstandes erst einmal völlig anerkannt ist, es auch nicht mehr an guten Lehrern fehlen wird, die alle befähigt sind, ein Unterrichtsverfahren zu leiten, wie es den ihnen anvertrauten Schülern angemessen ist. Andererseits glauben wir, dass die Mechaniker mehr Verständnis für die Bedürfnisse der elementaren Schulen bekommen werden, während sie seither ihre Kräfte hauptsächlich auf solche Instrumente gerichtet haben, die für Handelszwecke oder wissenschaftliche Untersuchungen bestimmt sind.

Es wurde uns von verschiedenen Lehrern nahe gelegt, Auszüge aus unseren Elementary Lessons in Practical Physics als Grundlage für einen guten Schulkursus zu verfassen. Wir haben demgemäss den Versuch mit Elektricität und Magnetismus gemacht, so dass der vorliegende Band grösstenteils aus einfachen Versuchen und Messungen über Elektrostatik, Magnetismus und elektrische Ströme besteht, deren Grundsätze gleichzeitig dem Schüler auseinandergesetzt werden. Wir haben indessen nicht nur einen Auszug angefertigt. Das erste Kapitel wurde durch verschiedene neue Abschnitte erweitert; das zweite wurde im grossen und ganzen neu geschrieben, neue Apparate ersonnen und neue Holzschnitte angefertigt. In dem Anhang wird man Pläne gewisser Schullaboratorien finden, die als Vorbilder dienen können, ferner ein Preisverzeichnis von Apparaten, Werkzeugen und Materialien, sowie einige andere Unterweisungen, die dem Lehrer von Nutzen sein können.

Ausserdem haben wir, um den Band in sich abzurunden, am Anfang eine Reihe einleitender Messungen mitgeteilt, mit denen derjenige notwendig vertraut sein muss, der sich mit dem Studium der elektrischen und magnetischen Erscheinungen befassen will.

Der grösste Teil dieses Kursus dürfte im Fassungsbereich von Schulknaben liegen, während die Schüler der sechsten Klasse in den schwierigeren Teilen eine gute Einleitung für das ausführlichere Buch finden werden.

The Owens College, Manchester
Dezember 1887.

# Vorwort des Übersetzers.

Über den Wert des kleinen Buches zu reden, dessen ersten Teil ich hier dem deutschen Leser übergebe, ist mindestens überflüssig, nachdem bereits das englische Original in der Fachpresse ungeteilte Anerkennung gefunden hat. In der That hat die „praktische Physik", von einigen nebensächlichen Fragen abgesehen, alle Vorzüge, die wir an den englischen Schul- und Unterrichtsbüchern aus dem Gebiete der exakten Wissenschaften, insbesondere an den Stewart'schen, zu schätzen wissen. Ich möchte mir aber nach einer anderen Seite hin, was nämlich die Art der Verwendung des Buches anlangt, einige Bemerkungen gestatten.

Die Practical Physics sind aus Verhältnissen hervorgegangen, mit denen sich die unsrigen auch nicht annähernd vergleichen lassen. Während in England seit Jahrzehnten der Wert des physikalischen und chemischen Unterrichts für die Schulung und gleichmässige Ausbildung des Denkens nicht nur theoretisch anerkannt, sondern auch praktisch als Gegengewicht gegen eine einseitig grammatisch-mathematische Richtung ausgenutzt wird, ist die Stellung der exakten Naturwissenschaften an unseren höheren Lehranstalten, insbesondere aber an den Gymnasien, eine ganz andere. Wohl wird auch bei uns von allen, die in dieser Frage mitzureden haben, die Notwendigkeit eines gründlichen physikalischen und chemischen Unterrichts zugegeben, allein in der Ausführung gestaltet sich die Sachlage doch wesentlich anders. Ich glaube, dass hieran vornehmlich zwei Dinge Schuld sind. Einmal ist bei uns das Bewusstsein von dem tiefgehenden Wert der exakten, naturwissenschaftlichen Schulung und von der Notwendigkeit, durch sie gewisse abnorme Erscheinungen bei den älteren Schülern unserer höheren Lehranstalten zu paralysieren, noch nicht in gleichem Mafse, wie bei den Engländern, in die breiten Schichten aller Gebildeten eingedrungen, und zwar lediglich deshalb, weil denselben bis heute die Möglichkeit gefehlt hat, aus eigener Wissenschaft sich ein Urteil über diese Frage zu bilden. Dann aber, und dies ist wohl die Hauptsache, bin ich überzeugt, dass bei uns der physikalische Unterricht innerhalb der Grenzen des Erreichbaren nicht derart betrieben wird, dass er seine ganze Fruchtbarkeit zu entfalten vermag.

Es ist hier nicht der Ort, um diese Frage eingehender zu besprechen, ich will nur, bevor ich den Gegenstand verlasse, den Hauptpunkt angeben, in welchem meines Erachtens der Hebel der Besserung anzusetzen wäre. Es kann nicht als Aufgabe des physikalischen Unterrichts betrachtet werden, den Gegenstand in einer erschöpfenden Weise zu behandeln. Es scheint mir im Gegenteil ganz verfehlt, als Ziel dieses Unterrichtszweiges nur oder hauptsächlich systematische Gründlichkeit zu fordern, und unsere Schüler mit dem erhebenden Bewusstsein zu entlassen, dass sie das ganze, weite Gebiet der Physik beherrschen, während sie in der That recht wenig Nutzen aus diesem Unterricht gezogen haben. Es ist mir keinen Augenblick zweifelhaft, dass dieser Weg von allen der verkehrteste ist, mögen auch die Mehrzahl unserer so zahlreichen Lehrbücher der Physik denselben immer noch einhalten. Viel richtiger wäre es meines Erachtens, zunächst einen vorbereitenden Experimental-Kursus der Physik in der Untersekunda zu erledigen, der die Schüler mit den wesentlichsten Erscheinungen und Gesetzen der Mechanik, Akustik, Optik, Wärmelehre und Elektricität, bezw. des Magnetismus bekannt machte und es ermöglichte, denjenigen unserer Schüler, welche die Anstalten mit der Berechtigung zum einjährigen Dienst verlassen wollen, wenigstens die notwendigsten Vorstellungen und Anschauungen aus diesem reichen Gebiete mit auf den Lebensweg zu geben. Viel kann dies ja freilich nicht sein, aber auch Weniges, in der richtigen Weise behandelt, wird Nutzen bringen. Dann aber, meine ich, müsste der Unterricht eine ganz andere Richtung erhalten. Statt die verschiedenen Zweige der Physik systematisch und mit allen Einzelheiten zu behandeln, sollte man vielmehr auf Grund der erworbenen Vorkenntnisse, die vielleicht gelegentlich noch zu ergänzen und zu erweitern sind, aus den einzelnen Gebieten gewisse Erscheinungs-Gruppen oder für diesen Zweck hervorragend geeignete Gesetze auswählen und dieselben in gemeinsamer Arbeit mit den Schülern gründlich studieren. Wird hierbei für eine geeignete Verknüpfung der einzelnen Untersuchungen unter einander und mit den im Vorkursus erworbenen Kenntnissen Sorge getragen, so wird der Unterricht durch eine derartige Konzentrierung und Vertiefung wesentlich gewinnen. Nur auf diesem Wege kann ein wirklicher, bleibender Gewinn in formaler Hinsicht für die Schüler erzielt werden, ohne dass auch nur eine Stunde mehr auf den physikalischen Unterricht zu verwenden wäre, als dies seither geschah.

Als ein hervorragend schönes Muster derartiger Behandlung erscheint mir das vorliegende Buch der angesehenen englischen Physiker. Freilich ist dasselbe für andere Verhältnisse zugeschnitten, indem die Autoren einen Laboratoriums-Kursus in der von ihnen dargestellten Weise erledigt wissen wollen. Hierfür dürfte freilich bei uns augenblicklich so gut wie keine Gelegenheit sein, obgleich der Einführung eines Praktikums, natürlich als fakultativer Unterrichtszweig, an Schulen, die für diesen Zweck reich genug dotiert sind, ein grundsätzliches Bedenken kaum entgegenstehen dürfte. Ein solches wird auch in den Preussischen Lehrplänen für höhere Schulen vom Jahre 1882 (Seite 38) nicht erhoben, vielmehr wird dort unter Wahrung des fakultativen Charakters der Wert solcher praktischen Übungen bei verständiger Leitung ausdrücklich anerkannt. Allein die hier angewendeten Methoden können allesamt auch im Klassen-Unterricht selbst verwendet werden, die meisten mit den englischen Originalapparaten, die übrigen mit Apparaten anderer Anordnung, über die ich demnächst an anderer Stelle berichten werde.

Soviel über die Bedeutung der „praktischen Physik" für die Methode des physikalischen Unterrichts und ihre Verwendung in der Schule. Allein auch über diese Grenzen hinaus erstreckt sich die Brauchbarkeit des kleinen Buches, indem es für die jüngeren Studierenden, insbesondere diejenigen, die das Studium der Physik nicht als Selbstzweck betreiben, ein ausgezeichnetes Lehrmittel bildet.

Zuletzt, doch ist dies nicht der unwichtigste Punkt gewesen, der mich zur Übersetzung des Buches veranlasste, gebe ich dem Wunsche Ausdruck, dass dasselbe denjenigen älteren Schülern unserer höheren Lehranstalten, die für den physikalischen Unterricht ein hervorragendes Interesse haben, ohne dass wir bei der Lage der Dinge imstande wären, sie demgemäss zu fördern, ein nützlicher und zuverlässiger Führer für Privatstudien sein möge. Die Darstellungsweise ist eine so klare und elementare, dass jeder Obersekundaner ohne erhebliche Schwierigkeiten die Arbeiten bewältigen kann; die Herstellung der Apparate ist derart einfach, dass auch ohne grössere Geschicklichkeit in mechanischen Dingen, als sie eben das Interesse am Gegenstand mit sich bringt, die jungen Leute sich ohne erhebliche Kosten in den Besitz der erforderlichen Vorrichtungen und Instrumente setzen können, insbesondere wenn sich mehrere zu diesem Zweck vereinigen. Sollten sie der Hilfe bedürfen, so werden sie dieselbe jederzeit bei ihrem Lehrer finden.

Von diesem Gesichtspunkt aus gebe ich mich auch der Hoffnung hin, dass das Buch sich brauchbar für die Zwecke des Handfertigkeitsunterrichts erweisen wird, indem es Mittel und Wege zeigt, diesen Unterrichtszweig den wissenschaftlichen Fächern dienstbar zu machen und so in engeren Zusammenhang mit den übrigen Schuldisciplinen zu bringen.

Über die Übersetzung selbst habe ich kaum etwas zu sagen. Ich habe es vermieden, mich sklavisch an das englische Original zu halten und mich bemüht, bei treuer Wiedergabe des Sinnes möglichst deutsch im Ausdruck zu bleiben. Die vorkommenden Mafse wurden, soweit dies nicht schon in der englischen Ausgabe der Fall war, in C. G. S. umgerechnet.

Zum Schlusse möchte ich noch die Hoffnung aussprechen, dass auch der zweite Teil des Werkes bald erscheinen und sich in Form und Inhalt dem Vorgänger gleichwertig zur Seite stellen möge.

Giessen, im März 1889.

**Dr. Karl Noack.**

# Inhaltsübersicht.

## Vorbereitende Messungen.

| Abschnitt: | | Artikel | Seite |
|---|---|---|---|
| | Definition von Normalmeter | 1 | 1 |
| | Flächen und Räume | 2 | 1 |
| | Aufgaben | 2 | 2 |
| | Anwendung der Maſsstäbe | 3 | 2 |
| | Einführung des Vernier | 4 | 4 |
| | Der gerade Vernier | 5 | 4 |
| | Gebrauch des Greifzirkels. Schlittendickzirkel | 6 | 5 |
| | Die Mikrometerdrahtlehre | 7 | 6 |
| | Die Drahtlehre | 7a | 7 |
| | Die Normal-Drahtlehre | 8 | 9 |
| | Definition der Gewichtseinheit | 9 | 9 |
| | Die Wage | 10 | 9 |
| | Der Gewichtssatz | 11 | 12 |
| | Verfahren der Wägung | 12 | 13 |
| | Bestimmung der Dichtigkeit | 13 | 15 |
| | Bestimmung der Zeit | 14 | 15 |
| | Winkelmessung | 15 | 15 |
| | Die Kreisteilung | 16 | 15 |
| | Übertragung einer Kreisteilung | 17 | 16 |
| | Spiegel und Skala | 18 | 16 |

## ERSTES KAPITEL.

## Elektrostatik.

| | | | | |
|---|---|---|---|---|
| 1. | Elektrisierung durch Reibung u. Leitung | | 1 | 17 |
| | Goldblattelektroskop | | 1 | 17 |
| | Behandlung des Blattgoldes | | 1 | 18 |
| | Elektrisier-Amalgam | | 1 | 18 |
| | Ebonit und Vulkanit | | 1 | 18 |
| | Paraffin | | 1 | 18 |
| | Trockenofen | | 1 | 19 |
| 2. | Elektrisierung durch Induktion | | 2 | 22 |
| 3. | Volta's Elektrophor | | 3 | 25 |
| 4. | Faraday's Eiseimer-Versuche | | 4 | 27 |

| Abschnitt: | | Artikel | Seite |
|---|---|---|---|
| 5. | Elektrisierung durch Reibung (Fortsetzung) | 5 | 30 |
| 6. | Wirkung einer leitenden Umhüllung | 6 | 31 |
| | Übersicht der Gesetze | 7 | 32 |
| | Quantitatives Grundgesetz | 8 | 34 |
| | Definition der elektrostatischen Einheit der Elektricität | 9 | 34 |
| | Potential-Niveauunterschied | 10 | 34 |
| | Meterkilo, Dyn und Erg | 11 | 35 |
| | Vergleichung von Elektricität und Schwere | 12 | 36 |
| | Flächen gleichen Potentials | 13 | 38 |
| | Das Null-Potential | 14 | 38 |
| | Der positive Strom wird allein betrachtet | 15 | 39 |
| | Die Einheiten der Dichtigkeit und Kapazität | 16 | 39 |
| | Anwendung der Definitionen | 17 | 40 |
| | Kondensatoren | 18 | 41 |
| | Definition der spezifischen, induktiven Kapazität | 18a | 42 |
| | Entladung eines Kondensators | 19 | 42 |
| | Aufgaben | 20 | 42 |
| 7. | Versuche über das Potential am Elektrometer | 21 | 43 |
| 7a. | Der Kondensator | 21a | 46 |
| 7b. | Vergleichung von Kondensatoren. Spezifische induktive Kapazität | 21b | 48 |
| 7c. | Vergleichung der Leitungsfähigkeit von Ölen | 21c | 50 |

## ZWEITES KAPITEL.

## Magnetismus.

| | Elementare Definitionen | 22 | 52 |
|---|---|---|---|
| 8. | Grundlegende Versuche | 23 | 53 |
| 9. | Das magnetische Feld | 24 | 56 |
| 10. | Der magnetische Meridian | 25 | 58 |
| 11. | Gesetz der umgekehrten Quadrate | 26 | 62 |
| | Kraftlinien | 27 | 65 |
| 12. | Die magnetische Wirkung der Erde | 28 | 67 |
| 13. | Bestimmung der Inklination | 29 | 70 |
| | Wirkung eines Magnets auf einen anderen | 30 | 78 |
| 14. | Wirkung eines Magnets auf einen anderen (Versuche) | 31 | 80 |
| 15. | Beobachtung eines schwingenden Magnets | 32 | 82 |
| 16. | Bestimmung von $H$ und $M$ | 33 | 87 |
| | Einführung des Vergleichs-Magnetometers | 34 | 88 |
| 17. | Gebrauch des Vergleichs-Magnetometers | 35 | 89 |
| | Verteilung des Magnetismus | 36 | 93 |
| 18. | Die Probierstift-Methode | 37 | 93 |

## DRITTES KAPITEL.

## Berührungselektricität. — Grundgesetze und Messungen.

| Abschnitt: | | Artikel | Seite |
|---|---|---|---|
| 19. | Grundversuche | 38 | 96 |
| | Einführung der Elektrolyse | 39 | 109 |
| 20. | Das Daniell'sche Element und die Verkupferung | 40 | 109 |
| | Einführung des Galvanoskopes | 41 | 113 |
| 21. | Das Galvanoskop | 42 | 114 |
| | Theorie der Batterieströme | 43 | 118 |
| | Elektromotorische Kraft | 44 | 121 |
| | Ohm's Gesetz | 45 | 122 |
| | Die theoretischen und praktischen Einheiten | 46 | 126 |
| | Einführung des Spiegelgalvanometers | 47 | 128 |
| 22. | Konstruktion des Spiegelgalvanometers | 48 | 129 |
| | Widerstandskasten | 49 | 133 |
| | Behandlung und Anwendung des Widerstandskastens | 50 | 135 |
| | Der Rheochord | 51 | 136 |
| | Definition des Skalenwertes | 52 | 137 |
| 23. | Der Skalenwert des Galvanometers | 53 | 137 |
| | Bestimmung der elektromotorischen Kraft | 54 | 139 |
| 24. | Vergleichung elektromot. Kräfte | 55 | 140 |
| 25. | Nachweis des Ohm'schen Gesetzes | 56 | 141 |
| | Wheatstone's Brücke. Beweis des Prinzips | 57 | 143 |
| 26. | Gebrauch von Wheatstone's Brücke | 58 | 144 |
| 27. | Anfertigung einer 1 Ohm-Rolle | 59 | 148 |
| 28. | Aichung eines Galvanoskopes | 60 | 149 |

## VIERTES KAPITEL.

## Das Tangentengalvanometer.

| | | | |
|---|---|---|---|
| | Das Tangentengalvanometer | 61 | 151 |
| 29. | Prüfung des Tangentengesetzes | 62 | 151 |
| 30. | Prüfung des Gesetzes der Entfernung | 63 | 153 |
| 31. | Bestimmung der Konstanten des Tangentengalvanometers | 64 | 156 |
| 32. | Bestimmung des Widerstandes und der E. M. K. | 65 | 158 |
| | Weitere Aufgaben zur Anwendung des Tangentengalvanometers | 66 | 162 |
| | Das Spiegelgalvanometer als Tangentengalvanometer | 67 | 163 |

XII  Inhaltsübersicht.

## FÜNFTES KAPITEL.
## Messung von Widerständen.

Abschnitt:  Seite
Messung des Widerstandes . . . . . . . 68  164
Theorie und Anwendung von Nebenschlüssen  69  164
33. Die Anwendung des Widerstandskastens als Brücke . . . . . . . . . . . 70  165

## SECHSTES KAPITEL.
## Das Quadrantelektrometer.

Einführung des Quadrantelektrometers . . . 71  171
34. Gebrauch des Quadrantelektrometers . 72  171

## ANHANG.

A. Weitere praktische Einzelheiten . . . . . . . 175
   1. Batteriumschalter . . . . . . . . . . . . 175
   2. Seide zur Aufhängung von Galvanometernadeln . 175
   3. Polschrauben und Verbindungsschrauben . . . . 176
   4. Das Löten . . . . . . . . . . . . . . 177
   5. Ersatz für Spiegelgalvanometer . . . . . . . 177
B. Preisverzeichnis von Apparaten u. Materialien  178
   1. Allgemeines . . . . . . . . . . . . . 178
   2. Elektrostatik . . . . . . . . . . . . 179
   3. Magnetismus . . . . . . . . . . . . . 180
   4. Berührungselektricität . . . . . . . . . . 181
   5. Teile von Apparaten . . . . . . . . . . 182
C. Die Werkstatt des physikalischen Laboratoriums  182
   1. Geräte . . . . . . . . . . . . . . . 182
   2. Drehbank und dazu gehörige Werkzeuge . . . . 182
   3. Schreinerwerkzeug . . . . . . . . . . . 183
   4. Werkzeuge zur Metallbearbeitung . . . . . . 183
   5. Materialien . . . . . . . . . . . . . 184
D. Das Anschreiben und Berechnen der Versuchsresultate . . . . . . . . . . . . . . 184
E. Die Erfordernisse eines physikalischen Schullaboratoriums . . . . . . . . . . . . . 186
   1. Die Einrichtung eines Laboratoriums . . . . . 186
   2. Die Arbeitstische der Schüler . . . . . . . 190
F. Bemerkungen über die Einrichtung der Laboratoriumsarbeit . . . . . . . . . . . . 191
   1. Der Gehilfe . . . . . . . . . . . . . 191
   2. Die Anfertigung von Apparaten . . . . . . . 191
   3. Das System der gemeinsamen und getrennten Arbeit  192
   4. Der Arbeitsplan . . . . . . . . . . . . 192
   5. Das gemeinsame Arbeiten . . . . . . . . . 192

# Vorbereitende Messungen.

## Längen.

**1.** Längen werden durch Vergleichung mit einem Maſsstab oder einer Skala gemessen.

Bei der Mehrzahl der Völker, sowie ganz allgemein für wissenschaftliche Zwecke, dient als Längenmaſs das Meter, welches theoretisch der 10 000 000te Teil der Entfernung eines Erdpoles vom Aequator, entlang einem Meridian gemessen, sein soll. Allein in Wirklichkeit ist das Meter die Länge eines bestimmten Platinstabes bei einer Temperatur von $0^0$. Die Unterabteilungen des Meters sind decimal; jedes Meter enthält 10 Decimeter, jedes Decimeter 10 Centimeter, jedes Centimeter 10 Millimeter. Die höheren Vielfachen des Meters: Dekameter, Hektometer und Kilometer, die gleich 10, 100 und 1000 Meter sind, kommen im Laboratoriumsgebrauch selten vor.

Man bedient sich folgender Abkürzungen:
Meter = m; Centimeter = cm; Millimeter = mm.
Eine Darstellung dieses Maſses giebt die umstehende Fig. 1.

## Flächen und Volumina.

**2.** Die im Laboratorium gebräuchlichste Flächeneinheit ist das Quadratcentimeter.

Um die Flächen regelmässiger Figuren zu finden, bedient man sich gewisser Regeln, deren wir zwei anwenden werden:

*Die Fläche eines Quadrates oder eines Rechtecks findet man, indem man Länge mit Breite multipliziert.*

*Die Fläche eines Kreises findet man, indem man das Quadrat des Radius mit 3,14159 oder angenähert $\frac{22}{7}$ multipliziert.*

Stewart und Gee.

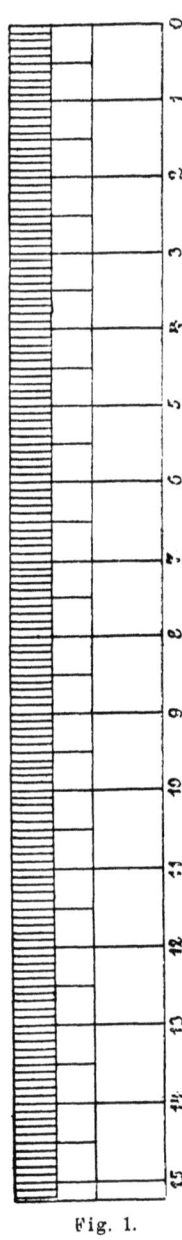

Fig. 1.

Man schreibt 1 Quadratcentimeter = 1 qcm.

Die gebräuchlichste Raumeinheit ist das Kubikcentimeter.

*Der Rauminhalt eines Prismas oder eines Cylinders wird erhalten, indem man die Grundfläche mit der Höhe multipliziert.*

Das Volumen einer Flüssigkeit bestimmt man mit Hilfe geteilter Gefässe. Die zweckmässigste Teilung ist die in Kubikcentimeter. Tausend Kubikcentimeter sind ein Liter. Es giebt Flaschen zu 1, $1/2$ und $1/4$ Liter.

Man schreibt 1 Kubikcentimeter = 1 ccm; 1 Liter = 1 l.

## Anwendung der Maſsstäbe.

**3. Aufgabe.** Zwei kleine Kreuze sind auf ein Pfennigstück eingeritzt. Es soll der Abstand der beiden Schnittpunkte bestimmt werden.

**Apparat.** Ein Zirkel, am besten ein Federzirkel mit Schraube, wie Fig. 2 zeigt, verschiedene Maſsstäbe, einer in halbe Millimeter geteilt, ein Transversalmaſsstab und eine Millimeterskala auf Glas.

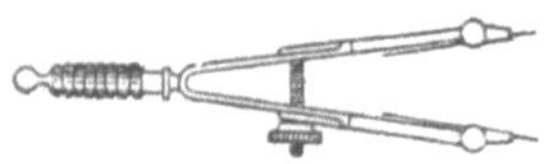

Fig. 2. Federzirkel.

**Methode.** Man setzt den Zirkel so auf den Pfennig, dass die eine Spitze sich in dem Mittelpunkt des einen Kreuzes, die andere in der Mitte des zweiten befindet. Dann legt man die Zirkelöffnung an die verschiedenen Maſsstäbe an.

Einrichtung und Verwendung eines Transversalmaſsstabes sind aus Fig. 3 zu ersehen. Durch die Länge der ganzen Skala sind elf parallele, gleich weit von einander abstehende horizontale Linien gezogen, welche dieselbe in zehn Streifen teilen. Diese sind rechtwinklig in Abständen gleich der Einheit durch senkrechte Linien ge-

schnitten, die mit 0, 1, 2 u. s. f. bezeichnet sind und den ganzen
Maſsstab in eine Anzahl von Feldern teilen.

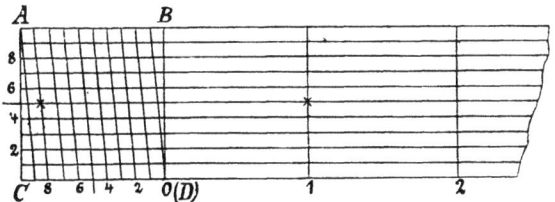

Fig. 3. Transversalmaſsstab.

In dem Feld am einen Ende der Skala sind die Linien $AB$
und $CD$ in zehn gleiche Teile geteilt und durch die Teilpunkte
Transversalen in der aus der Figur ersichtlichen Weise gezogen.
Es entstehen demnach an den Enden des Feldes zwei Dreiecke mit
den Seiten $AC$ und $BD$ und dazwischen neun Parallelogramme. Um
eine Strecke mittels des Transversalmaſsstabes zu messen, setzt man
eine Zirkelspitze auf einen der Teilstriche 0, 1, 2 u. s. f. in der
horizontalen Grundlinie, während die andere Spitze ebenfalls in die
Grundlinie zwischen zwei der schrägen Transversalen fällt.

Wäre z. B. die eine Spitze auf 1 und die andere zwischen 8 und 9
der Transversalen, so läge der Wert der Länge zwischen 1,8 und 1,9.
Um eine weitere Decimalstelle des Wertes zu finden, schiebt man
den Zirkel parallel seiner Lage nach oben, indem man die rechte
Spitze auf der mit 1 bezeichneten Vertikalen lässt, bis die linke
den Schnittpunkt einer Transversalen mit einer der horizontalen
Linien trifft. Wenn etwa eine Zirkelspitze sich bei dem Sternchen
auf der Vertikalen 1 befindet, die andere auf dem Sternchen an
der Transversale 8 und der Horizontalen 5, so ist das Resultat
1,85 Einheiten.

Der Transversalmaſsstab kann statt eines feiner geteilten Maſsstabes benutzt werden und gestattet eine Messung bis zu $\frac{1}{100}$ der
Einheit. Da er aber meist aus Buchsbaumholz konstruiert wird,
so ist er nicht bis zu dieser Grenze zuverlässig, weil das Material
nicht unveränderlich ist.

Beim Uebertragen des Maſses auf den Maſsstab kann ein
Fehler eintreten, von dem man sich befreien kann, indem man eine
Glasskala anwendet, die mit der Teilung abwärts direkt auf den
Pfennig aufgelegt wird. Obgleich dieser Maſsstab nur in ganze
Millimeter geteilt ist, gelingt es doch leicht, mit unbewaffnetem Auge

1*

den zehnten Teil eines Millimeters zu schätzen, indem man sich denselben in 10 Teile geteilt denkt. Genauigkeit bei solchen Schätzungen, die eine der ersten Aufgaben des physikalischen Messens sind, kann nur durch Uebung erworben werden. Man hat gefunden, dass ungeübte Beobachter geneigt sind, 0,3 zu gross und 0,7 zu klein zu schätzen.

*Beispiel:* Eine Länge wurde an einem in halbe Millimeter geteilten Mafsstab von Glas = 10,75 mm gefunden, während eine Messung an einem Transversalmafsstab den Wert 10,8 mm ergab.

4. Wie wir sahen, kann mit gewöhnlichen Mafsstäben mit unbewaffnetem Auge unter günstigen Bedingungen 0,1 mm geschätzt werden. Eine grössere Genauigkeit kann man erzielen, wenn man sich des Schlittenmafsstabes bedient, den Pierre Vernier*) im Jahre 1631 erfunden hat und der nach seinem Erfinder benannt ist. Der Vernier oder Nonius hat im Gebrauche den Transversalmafsstab vollständig verdrängt.

## Der gerade Nonius.

5. *Aufgabe.* Die Länge einer Stange mit Mafsstab und Nonius zu bestimmen.

*Apparat.* Eine Papierskala mit Centimeterteilung ist auf Holz aufgezogen und mit einem Nonius versehen. Der Nonius ist 9 cm lang und in 10 gleiche Teile geteilt.

*Verfahren.* Nachdem man das eine Ende des Stabes $AB$ (Fig. 4) an den Nullpunkt des Mafsstabes angelegt hat, schiebt

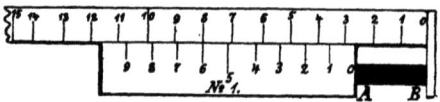

Fig. 4. Der Nonius.

man den Nonius an das andere Ende heran, wie die Figur zeigt. Man sieht dann, dass der Stab zwischen 2 und 3 cm lang ist und dass der Teilstrich 6 des Nonius mit einem des Mafsstabes zusammenfällt. Die wahre Länge der Stange ist dann, wie folgende einfache Betrachtung lehrt, gleich 2,6 cm. Da 10 Teile des No-

---

*) Pierre Vernier, *La* construction, l'usage et les propriétés du quadrant nouveau de Mathématiques. Bruxelles 1631.

nius gleich 9 Skalenteilen sind, so entspricht 1 Teil des Nonius $\frac{9}{10}$ Skalenteilen oder jeder Skalenteil ist 0,1 cm grösser als 1 Teil des Nonius.

Da nun der Teilstrich 6 des Nonius mit einem Skalenteil zusammenfällt, so ist der Zwischenraum zwischen

7 an der Skala und 5 am Nonius = 0,1 cm
6 „ 4 „ = 0,2 „
5 „ 3 „ = 0,3 „
4 „ 2 „ = 0,4 „
3 „ 1 „ = 0,5 „
2 „ 0 „ = 0,6 „

Man sieht demnach, dass die Stange um 0,6 cm grösser ist, als 2 cm, d. h. ihre Länge ist gleich 2,6 cm.

## Gebrauch des Greifzirkels. Schlittengreifzirkel.

**6.** *Aufgaben:* 1) Durchmesser und Dicke einer Anzahl von Metallscheiben oder gewöhnlicher Münzen zu bestimmen, sowie Fläche und Volum einer jeden zu berechnen. 2) Den inneren und äusseren Durchmesser einiger Metallringe zu messen und die Fläche derselben auszurechnen. 3) Den inneren und äusseren Durchmesser, sowie die Länge eines Cylinders zu messen und das Flüssigkeitsvolum zu berechnen, welches derselbe fasst.

*Apparat und Verfahren.* Greifzirkel werden besonders zur Ausmessung des äusseren oder inneren Durchmessers gewölbter Körper verwendet. Der Dickzirkel ist ein Zirkel mit krummen Schenkeln; die Spitzen müssen so gestellt werden, dass sie gerade über den Cylinder oder sonst auszumessenden Körper gleiten, und werden dann an den Mafsstab angelegt. Der Hohlzirkel wird in ähnlicher Weise verwendet, um den inneren Durchmesser hohler Cylinder, Halbkugeln u. s. f. zu messen. Das Gerät wird in die Höhlung eingeführt und die Spitzen wie oben angelegt. Figur 5 zeigt eine Vereinigung beider Arten in einem Instrument. Sowohl beim Zirkel (Fig. 2), als auch beim Greifzirkel, werden die Spitzen mittels einer Schraube eingestellt.

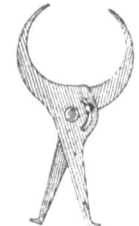

Fig. 5.
Der Greifzirkel.

Das Instrument kann ebenfalls nach dem Grundsatz des Schlittens eingerichtet werden, und wenn es geteilt und mit einem Vernier versehen wird, ist es eine für genaue Messungen weit **geeignetere**

Vorrichtung, als das gewöhnliche Laboratoriumsgerät. Fig. 6 stellt einen Schlittengreifzirkel dar, der mit Hilfe des Vernier 0,1 mm abzulesen gestattet. Bei der Benutzung des Instrumentes muss

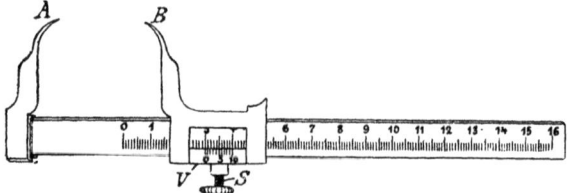

Fig. 6. Schlittengreifzirkel.

man sich zunächst davon überzeugen, dass bei der Berührung von $A$ und $B$ der Nullpunkt des Vernier mit dem des Maſsstabes zusammenfällt. $S$ ist eine Klemmschraube.

## Die Mikrometer-Drahtlehre.

**7. Aufgabe.** Den Durchmesser verschiedener Stahl- und Kupferdrähte zu bestimmen.

**Apparat.** Eine Drahtlehre, die 0,01 mm zu messen gestattet (vergl. Fig. 7).

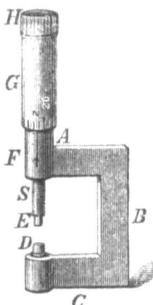

Fig. 7. Mikrometerdrahtlehre.

Dieselbe besteht aus einem gebogenen Arm $ABC$ mit einem kleinen cylindrischen Stahlknopf $D$, der mittels einer Schraube regulierbar befestigt ist. Bei $A$ ist eine mit Gewinde versehene Röhre $F$ befestigt, in welche eine lange Schraube $S$ genau passt. Diese Schraube endigt ebenfalls mit einem Stahlknopf. $G$ ist eine an dem oberen Teil von $S$ befestigte überfallende Hülse mit gerändertem Kopf $H$, deren unterer Rand $A$ in 50 gleiche Teile geteilt ist. Die Röhre $F$ ist mit einer linearen Skala versehen, von der ein Teil gleich der Höhe eines Schraubenganges ist. Man kann also mittels der linearen Skala die ganzen Schraubenumgänge zählen und mit Hilfe der Teilung am Umfang halbe fünfzigstel, d. i. hundertel einer Umdrehung schätzen.

Der Abstand zweier benachbarter Schraubengänge ist meist 1 mm, und da derselbe in 100 Teile geteilt werden kann, so gestattet die Vorrichtung 0,01 mm zu messen. Gingen genau 10 Umgänge der Schraube auf 1 cm, so wäre obige lineare Teilung auf einer geraden Linie parallel zur Bewegungsrichtung der Schraube aufzutragen. Ist aber die Schraube nicht ganz genau, so kann eine solche Ungenauigkeit berichtigt werden, wenn man die Skala nicht auf einer geraden, sondern auf einer schwach spiralförmigen Linie aufträgt, die so angeordnet ist, dass der Fehler der Schraube aufgehoben wird.

***Verfahren.*** Zunächst ist die Schraubenhöhe zu bestimmen. Dies kann in der Weise geschehen, dass man die Teilung der linearen Skala untersucht; findet man, dass zehn Teilstriche ein Centimeter ausmachen, so kann man als erwiesen annehmen, dass eine Umdrehung der Schraube einem Millimeter entspricht. Die Kreisteilung am Umfang besteht gewöhnlich aus 50 Strichen, so dass ein Teilstrich $\frac{1}{50}$ mm darstellt.

Dann schraube man, bis die Knöpfe in Berührung sind; ist das Instrument richtig, so müssen beide Skalen auf 0 stehen. Ist dies nicht der Fall, so dreht man die Justierschraube, mit der $D$ befestigt ist, oder der Fehler des Nullpunktes muss bestimmt und später zu den Messungen addiert oder von ihnen subtrahiert werden.

Zuletzt soll der Durchmesser eines Drahtes bestimmt werden. Nachdem man den Draht zwischen die Knöpfe gebracht hat, dreht man $E$, bis der Draht durch die Knöpfe gehalten wird, so dass man eben die Berührung an beiden Seiten des Drahtes fühlt. Damit kein übermässiger Druck ausgeübt wird, dreht sich bei einigen Lehren der gerändelte Kopf ohne weiteres Vorrücken des Knopfes $E$ zu bewirken, wenn die Berührung einmal eingetreten ist. Hätte die Ablesung an der linearen Skala 4 Teilstriche und an der Kreisteilung 13,5 Teile betragen, so wäre

$$\begin{aligned}4 \text{ Teile der linearen Skala} &= 0{,}4 \text{ cm}\\ 13{,}5 \text{ Teile der Kreisteilung} &= \underline{0{,}027 \text{ cm}}\\ \text{Durchmesser des Drahtes} &= 0{,}427 \text{ cm}\end{aligned}$$

**7a.** Die Durchmesser von Drähten und die Blechdicken werden im Handel durch eine Zahl angegeben, die als „Nummer der Drahtlehre" bekannt ist; dabei führt eine Drahtsorte als Nummer diejenige Zahl, die man erhält, wenn man den Durchmesser in Millimetern mit 10 multipliziert; z. B. bedeutet 24 eine Drahtstärke von 2,4 mm und $^2/_8$ eine von 0,28 mm. Da insbesondere die Stärke von Stahldrähten häufig nach der englischen S. W. G. (Standard Wire-gauge) angegeben wird, so mag die Tabelle auf Seite 8 zur Reduktion der Angaben dienen.

Die angenäherte Dicke eines Drahtes kann leicht mit einer

Fig. 8.
Normal-Drahtlehre.

Lehre von Blech ermittelt werden (Fig. 8), die aus einer kreisförmigen Blechscheibe mit einer abgestuften Reihe von Kerben am Umfang besteht, von denen jede eine Nummer der gebräuchlichen Drahtlehre trägt. Es ist nur erforderlich, die Nummer derjenigen Kerbe zu bestimmen, in welche der Draht gerade passt, um mit Hilfe der Tabelle den Durchmesser angeben zu können.

### Tabelle I.
### Die englische Normaldrahtlehre (S. W. G.)

| Nummer der S. W. G. | Durchmesser in cm. | Querschnitt in □ cm. | Nummer der S. W. G | Durchmesser in cm. | Querschnitt in □ cm. |
|---|---|---|---|---|---|
| 7/0 | 1,270 | 1,267 | 23 | 0,0610 | 0,00292 |
| 6/0 | 1,179 | 1,091 | 24 | 0,0559 | 0,00245 |
| 5/0 | 1,097 | 0,946 | 25 | 0,0508 | 0,00203 |
| 4/0 | 1,016 | 0,811 | 26 | 0,0457 | 0,00164 |
| 3/0 | 0,945 | 0,701 | 27 | 0,0417 | 0,00136 |
| 2/0 | 0,884 | 0,614 | 28 | 0,0376 | 0,00111 |
| 0 | 0,823 | 0,532 | 29 | 0,0345 | 0,000937 |
| 1 | 0,762 | 0,456 | 30 | 0,0315 | 0,000779 |
| 2 | 0,701 | 0,386 | 31 | 0,0295 | 0,000682 |
| 3 | 0,640 | 0,322 | 32 | 0,0274 | 0,000591 |
| 4 | 0,589 | 0,273 | 33 | 0,0254 | 0,000507 |
| 5 | 0,538 | 0,228 | 34 | 0,0234 | 0,000429 |
| 6 | 0,488 | 0,187 | 35 | 0,0213 | 0,000358 |
| 7 | 0,447 | 0,157 | 36 | 0,0193 | 0,000293 |
| 8 | 0,406 | 0,130 | 37 | 0,0173 | 0,000234 |
| 9 | 0,366 | 0,105 | 38 | 0,0152 | 0,000182 |
| 10 | 0,325 | 0,0830 | 39 | 0,0132 | 0,000137 |
| 11 | 0,295 | 0,0682 | 40 | 0,0122 | 0,000117 |
| 12 | 0,264 | 0,0548 | 41 | 0,0112 | 0,0000982 |
| 13 | 0,234 | 0,0429 | 42 | 0,0102 | 0,0000811 |
| 14 | 0,203 | 0,0324 | 43 | 0,00914 | 0,0000657 |
| 15 | 0,183 | 0,0263 | 44 | 0,00813 | 0,0000519 |
| 16 | 0,163 | 0,0208 | 45 | 0,00711 | 0,0000397 |
| 17 | 0,142 | 0,0159 | 46 | 0,00610 | 0,0000292 |
| 18 | 0,122 | 0,0117 | 47 | 0,00508 | 0,0000203 |
| 19 | 0,1016 | 0,00811 | 48 | 0,00406 | 0,0000130 |
| 20 | 0,0914 | 0,00657 | 49 | 0,00305 | 0,00000730 |
| 21 | 0,0813 | 0,00519 | 50 | 0,00254 | 0,00000507 |
| 22 | 0,0711 | 0,00397 | | | |

## Die Normal-Drahtlehre.

**8. *Aufgabe*.** Die Nummer der Drahtlehre für eine Sammlung von Drähten mittels einer Lehre von Blech aufzusuchen, und die in der Tabelle angegebene Dicke mit derjenigen zu vergleichen, die man durch direkte Messung mit der Mikrometer-Drahtlehre gefunden hat.

*Apparat.* Eine Lehre von Blech, eine Mikrometer-Drahtlehre und eine Anzahl von Kupfer- oder Stahldrähten.

## Bestimmung von Massen.

**9.** Die Masse oder die Menge des Stoffes in einem Körper wird in verschiedenen Normalmafsen angegeben.

Das Normalmafs des metrischen Systemes ist das „Kilogramme des Archives", welches dieselbe Masse haben sollte, wie ein Kubikdecimeter reines, destilliertes Wasser von grösster Dichte, d. h. bei $4^0$ C. Die genauen Messungen von Kupffer haben aber ergeben, dass die wahre Masse eines Kubikdecimeter Wasser von $4^0$ C. gleich 1,000013 Kilogramm ist, so dass für die Praxis das metrische Normalmafs als übereinstimmend betrachtet werden kann mit demjenigen Wert, den seine Gründer ihm geben wollten, obgleich es in Wahrheit nicht streng damit übereinstimmt. Kopieen dieses Kilogramme des Archives sind für diejenigen Kulturvölker angefertigt worden, die sich dem metrischen System zugewendet haben.

Man schreibt 1 Kilogramm = 1 kg und 1 Gramm = 1 g.

## Die Wage.

**10.** Fig. 9 giebt die äussere Ansicht einer Balkenwage von 40 cm Länge, angefertigt von Oertling in London, mit der Gewichte von 1 kg bis zu 0,5 mg (Milligramm) bestimmt werden können.

Ihre Hauptteile sind:

1) Der Wagebalken, aus Messing gefertigt, hat die Gestalt eines in die Länge gezogenen Rhombus mit durchbrochenen Armen, eine Form, welche, wie die Rechnung lehrt, Starrheit mit Leichtigkeit verbindet. An dem mittleren Teil, bei $P$ Fig. 10, befindet sich ein dreikantiges Messingprisma mit einer abwärts gerichteten Schneide von Achat. An den Enden des Wagebalkens befinden sich ähnliche aufwärts gewendete Schneiden (siehe $p$ in Fig. 10 und 11).

Über der Mitte ist eine Messinglinse $L$ angebracht, die durch eine kleine Schraubenbewegung gehoben und gesenkt werden kann und **Schwerpunktslinse** heisst. Unter der Schwerpunktslinse befindet sich ein leichter Flügel $f$, welcher geringe Abweichungen vom Gleich-

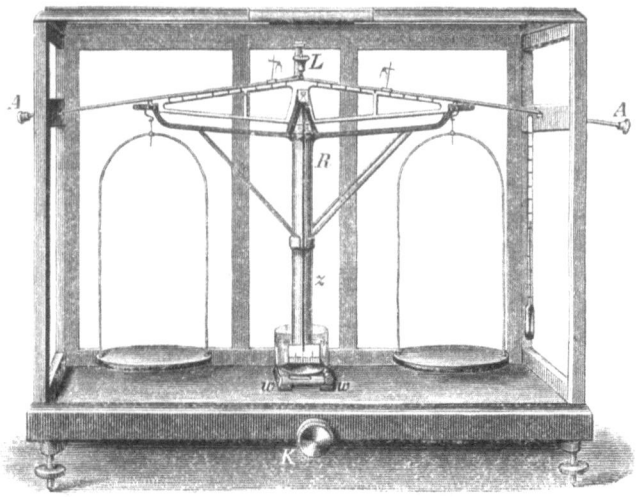

Fig. 9. Die Wage.

gewicht zu verbessern gestattet, indem man ihn ein wenig nach rechts oder links dreht.

2) Der **Zeiger** $z$ von 320 mm Länge ist an dem Mittelpunkt des Wagebalkens befestigt. Er bewegt sich vor einer geteilten

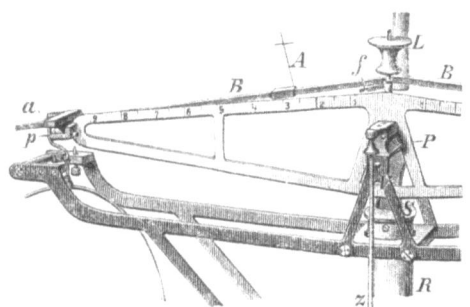

Fig. 10. Der Wagebalken.

Elfenbeinskala mit 20 Abteilungen, deren jede bei dieser Wage 1,28 mm beträgt.

3) Die **Säule** $S$, Fig. 10, ein hohler Messingcylinder, trägt

den Wagebalken. Sie ist mit einer ebenen Achatscheibe bedeckt, auf welcher die mittlere Achatschneide ruht.

4) Von den Schalenträgern (Fig. 10 und 11) besteht jeder aus einem gebogenen Arm an einem Messingstäbchen, welches an seiner Unterfläche ein ebenes Achatscheibchen ($a$) trägt; dieses Scheibchen ruht auf der Endschneide $p$. Jede Schale ist mit Hilfe eines Hakens $H$ an dem Schalenträger aufgehängt.

5) Die Schneiden und Platten von Achat haben den Zweck, die Reibung möglichst zu vermindern. Deshalb muss die Schärfe der Schneiden und die Glätte der Lager notwendig bewahrt werden und damit ist die Forderung gestellt, dass die Schneiden und Platten nur beim Gebrauch der Wage mit einander in Berührung gebracht werden.

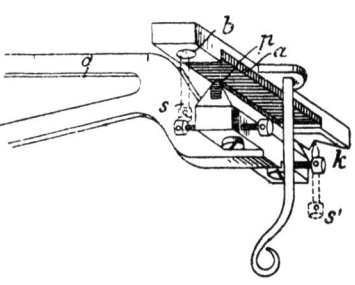

Fig. 11. Ende des Wagebalkens.

Daher haben alle feinen Wagen ein Gestell, welches die Schneiden und Scheiben in die erforderliche Lage zu bringen gestattet, wenn die Lage benutzt werden soll. Die Unveränderlichkeit dieser Lage ist in einer sogleich zu beschreibenden Weise gesichert.

6) Die Arretierung, das schattierte Gestell Fig 9 und 10, ist an einer konzentrischen Röhre $R$ befestigt, die einen äusseren Mantel um den grösseren Teil der Säule bildet, welch letztere ihrerseits unbeweglich befestigt ist. Mittels des grossen geränderten Knopfes $K$, der von ausserhalb des Wagekastens eine excentrische Bewegung auszulösen gestattet, kann die Arretierung gehoben oder gesenkt werden. Wenn die Arretierung ihre höchste Stellung hat, so ist die mittlere Schneide eben von der Achatplatte abgehoben und ebenso die Platten an den Enden des Wagebalkens von den Endschneiden. Jedes der ebenen Lager hat eine Bohrung $b$ und eine Kerbe $k$ (Fig. 11), in welche bei der gehobenen Stellung der Arretierung zwei Schrauben $s$ und $s'$ mit konischen Spitzen passen, die in das Ende der Arretierung so eingesetzt sind, dass sie eben die Platten und die Schneiden trennen. Gleichzeitig heben zwei V-förmige Arme der Arretierung die Mittelschneide von ihrem Lager V ab (Fig. 10). Da von der vollkommenen Wirkung der Arretierung sehr viel abhängt, ist es die Aufgabe des Mechanikers, die Bewegung so sanft wie möglich zu machen.

7) Zwei von aussen bewegliche Arme $AA$ können entlang zweier Stangen $BB$ (Fig. 9 und 10) verschoben werden, die oberhalb des Wagebalkens befestigt sind. Sie gestatten ein kleines Gewicht von gebogenem Draht, Reiter genannt, auf irgend einen Strich des geteilten Wagebalkens zu setzen. Der Reiter wiegt gewöhnlich 1 Centigramm, und da der Wagebalken von der Schneide bis zum Drehpunkt meist in 20 gleiche Teile geteilt ist, so können mit diesem Hilfsmittel leicht Gewichte von $\frac{1}{20}$ Centigramm oder 0,5 Milligramm bestimmt werden.

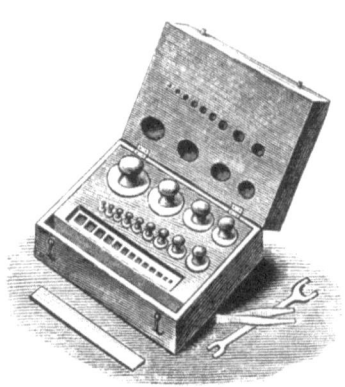

Fig. 12. Gewichtsatz.

Die Wage hat ein Gehäuse mit Glasthüren, so dass sie bei voller Zugänglichkeit vor Luftströmungen geschützt ist. Sie steht auf vier Stellschrauben und ist mit zwei rechtwinklig zu einander gestellten Wasserwagen $ww$ (Fig. 9) versehen.

**11. Gewichtsatz.** Die Gewichte sind gewöhnlich in einem Kasten in folgender Reihenfolge angeordnet (vergl. Fig. 12):

| Messinggewichte. | | | Platingewichte. | Platin- oder Aluminium-Gewichte. |
|---|---|---|---|---|
| 1000 g | 50 g | 5 g | 0,5 g | 0,05 g |
| 500 | 20 | 2 | 0,2 | 0,02 |
| 200 | 10 | 1 | 0,1 | 0,01 |
| 100 | 10 | 1 | 0,1 | 0,01 |
| 100 | | | | |

Die Gewichte 0,005, 0,002, 0,001 werden selten benutzt, weil sie sehr klein sind. Weit zweckmässiger ist der erwähnte Draht von Aluminium oder vergoldetem Messing (Fig. 13), ein Centigramm-Reiter genannt, der in der oben beschriebenen Weise auf verschiedene Punkte des Wagebalkens aufgesetzt werden kann.

Fig. 13. Centigramm-Reiter.

Werden die kleineren Gewichte nicht benutzt, so schützt man sie durch einen Glasstreifen, der über die Abteilung gedeckt wird, in der sie sich befinden. Die grösseren Gewichte sollen ausschliesslich mit einer Gabel von Messing behandelt werden und die kleineren mit einer Zange (Fig. 12). Sie müssen mit einem Metall überzogen sein, welches der Oxydation nicht ausgesetzt ist; häufig werden sie platiniert. Sind sie vergoldet, so muss man sich hüten, sie mit Quecksilber in Berührung zu bringen. Die gleiche Bemerkung gilt für die Wagschalen.

## Verfahren der Wägung.

**12. *Apparat*.** Eine Wage, die in richtiger Weise adjustiert sein möge, ein Gewichtssatz, ein Reiter, eine Kamelhaarbürste, und ein Objekt für die Wägung.*)

***Verfahren.*** Auf die linke Wagschale, die sogenannte Objektschale, legt man den zu wiegenden Körper, und in die Mitte der rechten oder Gewichts-Schale soviel Gewichte, als man für erforderlich hält, um Gleichgewicht herbeizuführen. Angenommen, es wären 50 + 20 g aufgelegt und der Zeiger bewege sich bei teilweisem Senken der Arretierung nach dem Objekte hin, so erhellt hieraus, dass das verwendete Gewicht zu gross ist. Ersetzt man nun das 20 g-Stück durch 10 g, so werde dieses Gewicht als zu klein befunden. Die nächsten Stufen des Verfahrens gestalten sich wie folgt:

50 + 10 + 5 g — zu gross
50 + 10 + 2 g — zu klein
50 + 10 + 2 + 2 g — zu klein
50 + 10 + 2 + 2 + 0,5 g — zu klein
50 + 10 + 2 + 2 + 0,5 + 0,2 g — zu klein
50 + 10 + 2 + 2 + 0,5 + 0,2 + 0,1 g — noch zu klein

aber nicht mehr fern vom wahren Wert. Zunächst wird 0,005 hinzugefügt, welches sich als zu gross erweist; wenn man es durch 0,0025 ersetzt, schwingt schliesslich der Zeiger gleich weit nach beiden Seiten vom Mittelpunkt der Skala aus. Das Gewicht ist also gefunden = 64,8025 g.

Wenn der Schüler mit der Wage vertraut wird, so wird er lernen rasch zu wiegen und an den Schwingungen der Wage zu erkennen, wieviel Gewicht hinzuzufügen ist, um Gleichgewicht herbeizuführen.

Bei einer Wägung müssen verschiedene Vorsichtsmaſsregeln beobachtet werden. Zur grösseren Bequemlichkeit wollen wir den Gang einer Wägung im allgemeinen zusammenfassen, nebst den besonderen Vorsichtsmaſsregeln, die dabei beobachtet werden müssen.

---

*) Es ist eine nützliche Übung, eine Anzahl Münzen zu wiegen.

## Vorsichtsmaſsregeln beim Wägen.

1. Man überzeuge sich, ob der Reiter sich an seinem Platz befindet, d. h. auf seinem Träger, und ob er bei den Schwingungen der Wage den Balken nicht berührt.

2. Man reinige die Wagschalen mit einer flachen Kamelhaarbürste.

3. Man überzeuge sich, ob die Wage nach Lösung der Arretierung gleich weit nach beiden Seiten der Skala schwingt. Ist dies nicht der Fall, so stelle man vorsichtig den Flügel so ein, dass diese Bedingung erfüllt ist.*)

4. Man darf die Schwingungen der Wage nicht mit einem Stoss hemmen; am besten hemmt man, wenn der Zeiger in seiner Null-Stellung ist.

5. Man hemme die Schwingungen der Wage, wenn Gewichte aufgelegt oder entfernt werden sollen.

6. Die Stellung des Beobachters muss central sein, damit beim Beobachten der Zeigerstellung keine Parallaxe entsteht.

7. Wenn die Wage nahezu im Gleichgewicht ist, hat es bisweilen seine Schwierigkeit, Schwingungen herbeizuführen; in diesem Fall richte man einen leichten Luftstrom mit der Hand auf eine der Schalen. Oder man hebe und senke die Arretierung wiederholt; ein oder zwei Versuche werden die gewünschte Schwingung herbeiführen.

8. Man lege die schweren Gewichte in die Mitte der Schale und die kleineren in der Reihenfolge ihres Wertes.

9. Die Schluss-Wägung muss bei geschlossenem Gehäuse geschehen, und man muss verhüten, dass die Schalen schwingen.

10. Man wiege keinen heissen Körper, weil die Wärme Luftströmungen veranlasst, welche die Wägung beeinflussen.

11. Alle Substanzen, durch welche die Schalen beschädigt werden können, müssen in geeigneten Gefässen gewogen werden.

12. Hygroskopische und flüchtige Stoffe müssen in verschlossenen Gefässen gewogen werden.

13. Man muss die Gewichte von den Schalen und den Reiter vom Wagebalken entfernen, sowie das Gehäuse schliessen, sobald die Wägung beendigt ist.

---

*) Das häufige Justieren mit Hilfe des Flügels ist unzulässig, da es die Wage schädigt. Wenn daher eine Wage in häufigem Gebrauch ist, korrigiert man besser kleine Fehler derselben durch Zufügen von Gewichten am einen Arm, oder indem man einen Abzug in Skalenteilen vom Ausschlag des Zeigers in Rechnung bringt.

## Bestimmung der Dichtigkeit.

**13.** Die für unsere Zwecke geeignetste Definition der Dichtigkeit eines Körpers ist folgende; Dichtigkeit eines Körpers ist das Gewicht von einem Kubikcentimeter der Substanz, ausgedrückt in Grammen. Daher ist

Gesamtgewicht in g = Volum in ccm mal Dichtigkeit.

Um die Dichtigkeit eines festen Körpers, z. B. eines Stückes Kupferdraht, zu bestimmen, muss man ihn in Luft und dann in Wasser wiegen. Das Gewicht des Körpers in Luft, dividiert durch den Gewichtsverlust in Wasser, giebt die Dichtigkeit.

## Bestimmung der Zeit.

**14.** Die Zeiteinheit ist die Sekunde. Statt einer Uhr kann man eine an seidenem Faden befestigte Bleikugel benutzen, eine Art von Pendel. Die Länge des Fadens ist so zu bemessen, dass das Pendel Sekunden schlägt. Um die Zeitdauer eines Ereignisses zu bestimmen, müssen zwei Schüler $A$ und $B$ zusammen arbeiten. $A$ giebt bei Beginn des Ereignisses einen kurzen Schlag auf den Tisch; in demselben Augenblick beginnt $B$ die Schwingungen des Pendels zu zählen, bis $A$ einen zweiten Schlag führt. Auch eine Uhr mit Vorrichtung zum Arretieren kann benutzt werden.

## Winkelmessung.

**15.** Einheiten der Winkelmessung. Die gewöhnliche Einheit ist der Grad, der in 60 Minuten geteilt wird; jede Minute zerfällt wiederum in 60 Sekunden. Der Grad ist ein Winkel, den zwei Radien bilden, die den 360. Teil des Kreisumfanges einschliessen. Grad, Minuten und Sekunden werden in folgender Weise geschrieben: $83^0\ 15'\ 32''$.

**16.** Die Kreisteilung. Die meisten Vorrichtungen zur Winkelmessung sind mit einem geteilten Kreis versehen. Um einen Kreis zu teilen, teilt man ihn gewöhnlich zu allererst in sechs gleiche Teile von je $60^0$; jeder dieser Teile wird dann zweimal halbiert, wodurch man Abschnitte von $15^0$ erhält, die schliesslich durch Ausprobieren in 15 gleiche Teile geteilt werden. Soweit es sich um die Verwendung im Laboratorium handelt, wollen wir annehmen, dass immer ein bereits geteilter Kreis zur Verfügung steht und es nur darauf ankommt, seine Teilung nach dem in der folgenden Lektion mitgeteilten Verfahren zu übertragen.

## Übertragung einer Kreisteilung.

**17. Aufgabe.** Einen Kreis von Kartonpapier in Grade einzuteilen.

**Apparat.** Der erforderliche Apparat besteht aus einem in Grade geteilten Messingkreis (Fig. 14), der einen radialen, um den Mittelpunkt des Kreises drehbaren Arm besitzt. Eine Kante dieses Armes ist abgeschrägt und bewegt sich ganz genau als Radius des Kreises. Ebenso hat man Kartonpapier, eine Ziehfeder, Tusche etc. nötig.

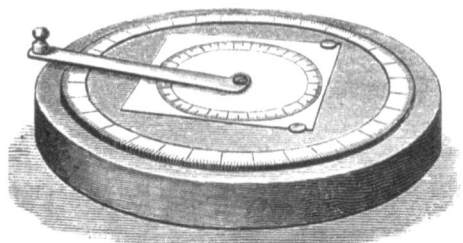

Fig. 14. Kreisteilung.

**Verfahren.** Man entfernt den radialen Arm und steckt den starken Stift, um den er sich dreht, durch den Mittelpunkt des Karton-Kreises. Alsdann bringt man den Arm, der nun den Kreis unter sich hat, an seinen Platz zurück, und schützt den Kreis mittels Reissstiften vor Verschiebungen. Dann legt man den radialen Arm genau an den Nullpunkt der Messingskala an, indem man nur eben Raum für die Ziehfeder lässt; während der Arm hier festgehalten wird, zieht man einen Teilstrich auf den Karton. Auf diese Weise überträgt man die Teilstriche des äusseren Messingkreises, indem man den 5., 10. u. s. f. etwas länger macht, als die übrigen. Der Erfolg der Arbeit hängt von der Erhaltung der gegenseitigen Lage von Reissfeder und Lineal bei jedem Striche ab.

**18.** Sehr kleine Winkelbewegungen werden mit Hilfe von Spiegel und Skala in später zu beschreibender Weise gemessen.

# ERSTES KAPITEL.
# Grunderscheinungen und Gesetze der statischen Elektricität.

## Abschnitt 1.
### Elektrisierung durch Reibung und Leitung.

**1. Apparat.** 1) Zwei Stücke Glasrohr, ungefähr 350 mm lang und 15 mm dick, beide an einem Ende zugeschmolzen. Die Röhren müssen ganz rein und trocken sein; das offene Ende wird durch einen Kork gegen eindringende Feuchtigkeit geschützt. 2) Einige Ebonitfederhalter. 3) Ein Bügel von mit Guttapercha überzogenem Kupferdraht, der an zwei schmalen Seidenbändchen aufgehängt ist; Fig. 15 zeigt die Form desselben. 4) Ein Kissen von guter Seide, welches etwa 150 mm im Quadrat hat. 5) Elektrisieramalgam mit etwas Talg gemischt. 6) Ein Stück Katzenfell oder anderer Pelz. 7) Zwei kleine Goldblattelektroskope, von denen Fig. 16 eine zweckmässige Form zeigt. $A$ ist eine Kochflasche von etwa 120 ccm, mit einem Gummistopfen verschlossen, durch den ein kurzer Ebonitstab $e$ führt. Der Ebonitstab ist so durchbohrt, dass ein Messingstab gerade hindurchgeht, der an einem Ende eine Messingscheibe trägt, während das andere zu einer keilförmigen Schneide zugefeilt ist, an die zwei Streifen von Blattgold angeklebt sind. Bei $b$ ist in die Messingscheibe ein Loch gebohrt, um Drähte anhängen zu können. Die Flasche muss ganz rein und trocken sein; deshalb wird sie sorgfältig gewaschen, zuletzt mit destilliertem Wasser und

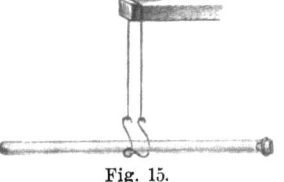

Fig. 15.

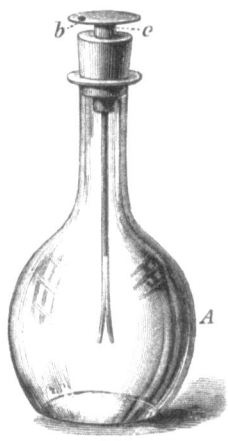

Fig. 16.
Goldblattelektroskop.

dann über Feuer getrocknet und noch warm mit dem gut passenden Stopfen verschlossen. 8) Ein Blechcylinder, 10 cm hoch und 7 cm weit. 9) Ein Block von Paraffin. 10) Einige Meter Kupferdraht No. $^3/_0$. 11) Einige Meter Seidefaden. 12) Ein Stück Glasrohr, das zum Studium der Leitung hergerichtet ist.
Bemerkungen.

Behandlung von Blattgold. Die Ausrüstung eines Elektroskopes mit Blattgold ist eine verhältnismässig einfache Sache, wenn man mit folgenden Werkzeugen des Vergolders ausgerüstet ist. 1) Ein Kissen, bestehend aus einem Brett, 20 cm lang und 15 cm breit, welches zunächst mit Flanell und dann mit straff gespanntem Büffelleder überzogen ist. Einerseits hat dasselbe einen aufrechten Rand von Pergament zum Schutz vor zufälligem Luftzug. 2) Ein Vergolder-Messer, d. i. eine Art von Temperiermesser mit langer, biegsamer Klinge und einer Schneide, die nicht scharf genug ist, um das Leder des Kissens zu schneiden. 3) Ein Vergolder-Pinsel, ein langer, flacher Pinsel von Eichhörnchenhaar, um die Goldstreifen aufzuheben und zu legen. 4) Pulver von gebranntem Talk, womit das Kissen bestäubt wird, um dem Anhaften der Goldstreifen vorzubeugen. Das Blatt wird mit Hilfe des Messers auf das Kissen gelegt und nun schneidet man durch Druck auf das Messer. Der abgeschnittene Streifen wird mit dem Pinsel aufgenommen, der schwach eingefettet ist.

Elektrisier-Amalgam. Dasselbe besteht aus einer Legierung von gleichen Teilen Zinn und Zink, die mit ihrem eigenen Gewicht an heissem Quecksilber amalgamiert ist. An Stelle dieses Amalgams wird häufig Musivgold verwendet, eine dem Chemiker unter dem Namen Zinndisulfid bekannte Schwefelverbindung des Zinn.

Ebonit und Vulkanit. Diese Stoffe sind Mischungen von Kautschuk und Schwefel, die unter Druck erhitzt worden sind. Der einzige Unterschied zwischen beiden besteht in den angewandten färbenden Bestandteilen. Man muss Ebonit vor der Einwirkung des Lichtes schützen, das eine oberflächliche Oxydation des Schwefels veranlasst und den Stoff für elektrische Zwecke untauglich macht.

Paraffin. Dies ist ein farbloser, fester Kohlenwasserstoff, der bei $54^0$ C. schmilzt und, über diese Temperatur erhitzt, seine isolierenden Eigenschaften in hohem Mafse einbüsst.

Die folgenden Versuche müssen entweder in einem geheizten Raume ausgeführt werden oder man muss sich eines Luftbades von Weissblech bedienen, Fig. 17, auf dessen Decke die Reibzeuge von Seide oder Pelz gelegt werden, während in das Innere die Elektroskope und Glasstäbe kommen. Geheizt wird das Luftbad durch einen Gasofen $O$, der auf einem Ziegelstein steht.

Fig. 17. Trockenofen.

**Versuch 1.** Elektrisierung durch Reibung. Man wärmt beide Glasröhren und reibt die eine mit warmer, trockener Seide, auf welche Amalgam gestreut ist. In Ermangelung von Amalgam thut auch die warme, trockene Seide allein den Dienst, allein minder gut. Die so geriebene Röhre wird mit ihrer Mitte auf den Bügel gelegt. Darauf wird die andere Glasröhre in derselben Weise gerieben. Indem man den geriebenen Teil der zweiten Röhre dem geriebenen Teil der ersten nähert, wird die letztere abgestossen. Alles dies muss rasch geschehen, da sonst die Ladung verloren geht. Nun reibt oder erregt man einen Ebonit-Federhalter mit warmem, trockenem Pelz oder ebensolchem Flanell und vertauscht die Glasröhre in dem Bügel mit dem Federhalter. Wenn man nun den erregten Teil eines zweiten, ebenso geriebenen Federhalters dem erregten Teil des ersten nähert, so wird der letztere abgestossen.

Es ist also klar, dass erregtes Glas durch erregtes Glas abgestossen wird, und ebenso erregtes Ebonit durch erregtes Ebonit. In ganz derselben Weise kann man nachweisen, dass erregtes Glas von erregtem Ebonit angezogen wird und erregtes Ebonit durch erregtes Glas. Wir sehen hieraus, dass der Zustand, der durch Erregung im Ebonit hervorgerufen wird, verschieden ist von dem im Glas hervorgerufenen. Erregtes Glas nennt man positiv, erregtes Ebonit negativ elektrisiert. Es sind hierbei die Worte positiv und negativ bloss bequeme Ausdrücke, durch die keineswegs gesagt sein soll, dass etwas wirklich Positives in dem Zustand des erregten Glases, oder etwas wirklich Negatives in dem des erregten Ebonits vorhanden sei.

**Versuch 2.** Elektrisierung durch Leitung. Man setzt den Blechcylinder auf den Paraffinblock und verbindet ihn mit der Platte des Elektroskopes durch einen Kupferdraht von ungefähr 2 m Länge (vergl. Fig. 18, wo das Elektroskop von einem Holz-

Fig. 18. Elektrisierung durch Leitung.

gestell getragen wird). Der Kupferdraht darf auf seinem Weg von einem Gefäss zum andern nirgends einen anderen Körper berühren. Wenn man nun den Blechcylinder mit einem erregten Ebonitfederhalter berührt, stossen die Goldblättchen des Elektroskopes einander sofort ab und divergieren. Hierbei wird das Elektroskop durch Leitung elektrisiert, da der Kupferdraht ein Leiter der Elektricität ist. Vertauscht man nun den Kupferdraht mit einem Seidefaden, so wird man finden, dass das Elektroskop unbeeinflusst bleibt, da die Seide ein Isolator oder Nichtleiter der Elektricität ist. Benetzt man aber die Seide mit Wasser, und wiederholt den Versuch, so erweist sich die benetzte Seide als ein Leiter der Elektricität. Beim Gebrauch des Elektroskopes muss man sich hüten, demselben zu starke Ladungen zuzuführen, da hierdurch die Blättchen verdorben werden können.

Wenn wir eine hinreichende Anzahl von Stoffen untersuchen, so werden wir finden, dass kein wesentlicher Unterschied zwischen Leitern und Nichtleitern besteht, dass vielmehr der Unterschied mehr in dem Grad der Leitungsfähigkeit der verschiedenen Substanzen besteht; man wird nämlich bei hinreichend starker Elektrisierung des Blechcylinders nach einiger Zeit finden, dass die

Blättchen des Elektroskopes langsam zu divergieren beginnen, selbst wenn Cylinder und Elektroskop durch einen guten Isolator verbunden sind.

*Versuch 3.* Untersuchung der Leitungsfähigkeit von Glas. Glas wird so vielfach zur Konstruktion elektrischer Apparate verwendet, dass es gut für uns sein wird, die Bedingungen kennen zu lernen, unter welchen es ein Nichtleiter ist. Man nimmt ein Stück Glasstab, etwa 80 mm lang und 5 mm dick, und befestigt es in der aus Figur 19 ersichtlichen Weise. Hier sind $e$ und $e'$ zwei auf hölzerner Unterlage stehende Ebonitstäbe, $gg'$ ist der Glasstab, der von ersteren mit Hilfe von Kupferdrähten $k$ und $k'$ getragen wird. Das Ende $w$ wird mit einem Elektroskop, das andere $w'$ mit der Gas- oder Wasserleitung verbunden.

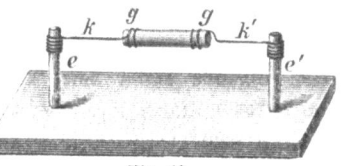

Fig. 19.

Erwärmt man nun $gg'$ mit einem Bunsen'schen Brenner, so wird man finden, dass das Elektroskop, wenn es elektrisirt wird, entweder geladen bleibt oder seine Ladung langsam verliert; wird dagegen $gg'$ stark erhitzt, so verliert das Glas seine Isolierfähigkeit. Nun lässt man das Glas sich langsam abkühlen und beobachtet, wann es wieder ein Isolator wird; hat es wieder seine isolierende Eigenschaft erlangt, so haucht man dagegen, so dass es sich mit einer Schicht von Feuchtigkeit bedeckt, und wird nun finden, dass es nicht mehr isoliert.

*Bemerkung*: Eine bessere Form des Apparates hat zwei Messinggabeln statt der Drähte $k$ und $k'$, auf welchen leicht verschiedene Stoffe befestigt und geprüft werden können.

Die folgende Zusammenstellung giebt eine Übersicht von Stoffen in der ungefähren Reihenfolge ihrer Leitungsfähigkeit.

Reihenfolge der Leitungsfähigkeit.

Gute Leiter: Metalle, Kohle, Säuren, Salzlösungen, Wasser.

Halb-Leiter: { Der menschliche Körper, Baumwolle, trockenes Holz, Papier.

Nicht-Leiter: { Oele, Porzellan, Wolle, Seide, Siegellack, Schwefel, Harz, Guttapercha, Gummi, Schellack, Paraffin, Ebonit, Glas, trockene Luft.

*Versuch 4.* Alle Stoffe verschiedener Art können durch Reibung an einander elektrisirt werden. Um einen metallischen Körper oder einen anderen Leiter zu elektrisieren, muss man ihn mit einem isolierenden Halter versehen. Man kann beispielsweise den Blechcylinder auf den Paraffinblock stellen und ihn mittels eines Kupferdrahtes mit dem Elektroskope verbinden; schlägt man den Cylinder mit dem warmen, trockenen Pelz, so zeigen die Goldblättchen durch ihre Divergenz, dass derselbe erregt worden ist.

## Abschnitt 2.
## Elektrisierung durch Induktion.

**2. *Apparat*.** Zu dem Apparat des vorigen Abschnitts kommen noch folgende Teile: Zwei Messingknöpfe (gewöhnliche Thürgriffe sind sehr geeignet), die mittels Ebonitfederhalter auf Holzfüssen befestigt sind (vergl. Fig. 20).

***Versuch 1.*** Behandlung des Elektroskopes. Wird ein elektrisierter Körper dem Goldblattelektroskop genähert, so divergieren die Blättchen und zeigen dadurch an, dass eine Elektrisierung hervorgebracht werden kann durch Einwirkung eines elektrisierten Körpers aus der Ferne. Man nennt diese Erscheinung Elektrisierung durch Induktion. Wir wollen diese Erscheinung beim Elektroskop genauer untersuchen, wobei wir zugleich den richtigen Gebrauch dieses Instrumentes zum Nachweis der Art einer elektrischen Ladung kennen lernen werden.

Fig. 20. Inductionsapparat.

1) Zuerst geben wir dem Elektroskop eine positive Ladung, indem wir die Messingplatte mit einem erregten Glasstab berühren, den wir nachher entfernen. Diese Ladung bewirkt eine gewisse Divergenz der Goldblättchen.

*Bemerkung.* Bisweilen divergieren die Goldblättchen des Elektroskopes mit negativer Elektricität, wenn die Messingplatte desselben mit einem nicht sehr stark positiv geladenen Glasstab gerieben oder nur berührt wurde. Der Grund liegt in der Reibung von Glas und Messing, durch welche letzteres negativ erregt wird.

Wenn wir nun von oben der Platte des Elektroskopes entweder diesen geladenen Glasstab oder einen anderen ähnlich erregten Körper nähern, so bemerken wir, dass die Goldblättchen in demselben Mafse stärker und stärker divergieren, als das positive Glas der Platte genähert wird.

2) Wenn wir darauf der positiv geladenen Platte des Elektroskopes einen erregten Ebonitstab nähern, so werden wir wahrnehmen, dass die negative Ladung des Ebonitstabes die Divergenz der Goldblättchen zu vermindern strebt. Ist seine negative Ladung sehr stark und bringt man ihn noch näher, so beginnen die Goldblättchen wieder zu divergieren. Wird eine solche Ladung rasch dem Elektroskop genähert, so kann es geschehen, dass das erste Zusammenfallen der Goldblättchen der Wahrnehmung des Beobachters entgeht.

3) Wenn ein leitender Körper, wie die Hand, der Platte des geladenen Elektroskopes genähert wird, so zeigen die Goldblättchen die Neigung zusammenzufallen.

Wir sehen aus diesen Versuchen, dass die langsame Annäherung eines geladenen Körpers an die gleichartig geladene Platte des Elektroskopes die Divergenz der Blättchen vergrössert, während die langsame Annäherung eines mit entgegengesetzter Elektricität geladenen Körpers den Ausschlag der Blättchen vermindert und, wenn die Ladung stark genug ist und die Annäherung fortdauert, nachher einen neuen Ausschlag bewirkt.

Wir sehen ebenso, dass die Annäherung eines neutralen Leiters, dessen Teile verschiedene Entfernung von der Platte haben, den Ausschlag der Goldblättchen vermindert.

*Versuch 2.* Ladung durch Induktion.

1) Nachdem das Elektroskop entladen ist, erregt man einen Ebonitstab und nähert ihn der Platte, wobei die Goldblättchen divergieren. Während der Ebonitstab in dieser Lage, nahe der Platte, erhalten wird, berührt man die letztere für einen Augenblick mit dem Finger, den man dann wegzieht; die Blättchen fallen zusammen. Entfernt man aber nun den Ebonitstab, so schlagen die Blättchen wieder aus. Prüft man die Art der Ladung, so findet man, dass dieselbe positiv ist, d. h. entgegengesetzt derjenigen des Ebonits.

2) Hätten wir statt des Ebonitstabes einen solchen von Glas benutzt, so wäre die Ladung negativ gewesen. Diese Methode, ein Elektroskop zu laden, wird die Ladung durch Induktion genannt; sie ist häufig besser, als das andere Verfahren durch Leitung aus dem in obiger Bemerkung angegebenen Grunde.

*Versuch 3.* Studium der Induktionserscheinungen. Wir wollen jetzt die Erscheinungen der Induktion eingehender untersuchen.

1) Wir nehmen die beiden auf Ebonitfederhaltern befestigten Messingknöpfe und bringen ihre Ränder in Berührung mit einander; dann bringen wir einen elektrisierten Stab, z. B. einen mit negativer Elektricität geladenen Ebonitstab, nahe an den einen Knopf, aber ohne ihn zu berühren. Während der Ebonitstab sich in dieser Lage befindet, trennen wir die Knöpfe von einander, und prüfen ihre Ladung. Man findet beide mit entgegengesetzter Elektricität geladen, so, dass der eine, der dem elektrisierten Ebonitstab am nächsten war, positiv geladen ist.

2) Man wiederholt den Versuch; anstatt aber, während der elektrisierte Ebonitstab in der Nähe ist, die Knöpfe zu trennen, berührt man einen davon vorübergehend mit dem Finger. Hierauf findet man beide Knöpfe positiv geladen.

3) Wir machen denselben Versuch, wie bei 2, nur berühren wir den Knopf statt mit dem Finger mit der Platte des Elektroskopes, welches dabei eine negative Ladung empfängt.

Wir erkennen aus diesen verschiedenartigen Versuchen, dass bei der Elektrisierung durch Induktion beide Arten von Elektricität in dem neutralen Konduktor erzeugt oder vielmehr die eine von der anderen getrennt wird, wobei die der Ladung des induzierenden Körpers gleichnamige Elektricität das Bestreben hat, zu entweichen. Sie wird deshalb **ungebunden** oder **frei** genannt, während die entgegengesetzte so lange **gebunden** genannt wird, als der induzierende Körper nahe ist.

*Bemerkung.* Um dem Studierenden das Verständnis der folgenden Erklärungen zu erleichtern, empfehlen wir, Zeichnungen der auf einander folgenden Stufen des Versuches zu entwerfen. Für positive Elektricität dient das Zeichen +, für negativ —; oder man benutzt einen Blau- und einen Rotstift. Fig. 21 zeigt die Art und Weise, wie solche Skizzen anzufertigen sind.

*Erklärung der Experimente.* Der Schüler wird jetzt im stande sein, die Induktions-Versuche am Elektroskop zu verstehen. Bei Versuch 1 z. B. sehen wir, warum die langsame Annäherung eines geladenen Körpers an die Platte des mit gleichnamiger Elektricität geladenen Elektroskopes die Divergenz der Goldblättchen vergrössert; indem nämlich der genäherte Körper, wie man sich vorstellen kann, die neutrale Elektricität des Elektroskopes zerlegt, die entgegengesetzte anzieht oder bindet, die gleichnamige soweit als möglich wegstösst, bewegt sich die letztere in die Goldblättchen, die infolgedessen weiter ausschlagen.

Aus ähnlichen Gründen bewirkt die langsame Annäherung eines Körpers, der mit entgegengesetzter Elektricität geladen ist, zuerst ein Zusammenfallen der Blättchen und darauf bei fortdauernder Annäherung neuen Ausschlag mit entgegengesetzter Elektricität.

Wenn ein neutraler Körper, wie die Hand, nahe an die Platte des geladenen Elektroskopes gehalten wird, so wird die Divergenz der Goldblättchen geringer, weil die Elektricität des Instrumentes auf die Hand einwirkt, indem sie sozusagen deren neutrale Elektricität zerlegt, die entgegengesetzte so nahe als möglich heranzieht und die gleichnamige durch den Körper in die Erde abstösst. Hierdurch wird ein Teil der Ladung gebunden, und da derselbe von den Goldblättchen weggezogen ist, vermindert sich deren Divergenz.

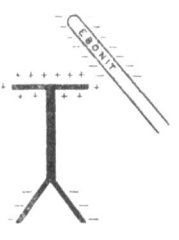

Fig 21.

Anderseits ist es klar, dass, wenn das Elektroskop durch Induktion geladen wird, die Aufgabe des Fingers beim Berühren der Platte die ist, die freie oder mit der Ladung des induzierenden Körpers gleichnamige Elektricität weg zu leiten. Was dann zurückbleibt, ist die Ladung dieses Körpers und ein fast gleicher Betrag entgegengesetzter Elektricität auf der Platte des Elektroskopes. Diese sind beide gegenseitig gebunden und üben daher keinen Einfluss auf die Goldblättchen; entfernt man aber den induzierenden Körper, so wird die Elektricität des Elektroskopes frei und wirkt daher auf die Goldblättchen.

Abschnitt 3.

## Volta's Elektrophor.

**3. Apparat.** 1) Ein einfacher Elektrophor (Fig. 22). Eine geeignete Form desselben besteht aus einer Ebonitscheibe, dem Kuchen, von ungefähr 60 mm Durchmesser, an dessen Unterfläche eine Metallscheibe vom nämlichen Umfang, der Teller genannt, angeschraubt ist. Eine besondere Messingscheibe mit abgerundeten Rändern und etwas kleiner als der Kuchen ist mit einem Ebonitstab als Handgriff versehen und bildet den Deckel des Instrumentes. Ein in dieser Weise konstruierter Elektrophor ist ein sehr befriedigendes Instrument. Eine einfachere Art erhält man, wenn man gewöhnlichen Siegellack in dem Deckel einer runden Blechbüchse schmilzt, wodurch ein glatter Kuchen entsteht. Eine Blechscheibe mit einem Handgriff von Siegellack dient als Deckel. 2) Ein Elektroskop. 3) Pelz oder Flanell.

Gebrauch des Instrumentes. Zuerst muss der Kuchen erregt werden. Einige Streiche mit einem Katzenfell genügen, um das polierte Ebonit oder den Siegellack stark zu elektrisieren. Kann ein solches nicht beschafft werden, so kann an seiner Stelle irgend eine andere Pelzart oder ein Stück warmer Flanell dienen. Dann legt man den Deckel auf den Kuchen und berührt das Metall des Deckels vorübergehend mit dem Finger. Hebt man den Deckel auf, so erweist er sich als geladen und fähig, Funken zu geben. So oft man das Verfahren wiederholt, wird der Deckel geladen, vorausgesetzt, dass man gelegentlich den Kuchen frisch erregt. Der Elektrophor ist demnach eine einfache elektrische Maschine. Die Mühe, den Deckel zu berühren, kann umgangen werden, wenn ein Metallstift durch eine Durchbohrung des Kuchens geht, so dass der Deckel, wenn er aufgelegt ist, in leitender Verbindung mit dem Teller steht.

Fig. 22. Der Elektrophor.

Theorie des Instrumentes. Man wird dieselbe verstehen lernen, wenn man folgende Versuche ausführt: 1) Man suche die Art der Ladung der Ebonitplatte; dieselbe erweist sich als negativ elektrisch. 2) Man bestimme die Art der Ladung des Deckels, nachdem er zuerst berührt und dann vom Elektrophor abgehoben worden ist; man findet, dass dieselbe in positiver Elektricität besteht. 3) Stellt man einen geladenen Elektrophor mit unberührtem Deckel auf die Platte des Elektroskopes, so divergieren die Goldblättchen, sobald man den Deckel berührt, und erweisen sich als positiv elektrisch geladen. 4) Indem man die Anordnung von 3 beibehält, entfernt man jetzt den Deckel vom Elektrophor, worauf die Goldblättchen des Elektroskopes sofort zusammenfallen.

Der Elektrophor wirkt demnach durch Induktion. Die mit Pelz oder Flanell gepeitschte Ebonitplatte ist negativ elektrisiert und diese negative Elektricität zerlegt die neutrale Elektricität des Tellers, die positive nach sich hin ziehend, die negative in die Erde stossend. Die Wirkung der positiven Elektricität des Tellers auf die negative des Kuchens dient dazu, die letztere in der Substanz des Ebonits zu binden. Wird der Deckel aufgelegt, so teilt sich ihm die Elektricität des Ebonits nicht durch Berührung mit, da letzteres ein Nichtleiter ist und den Deckel nur in wenigen Punkten berührt. Dagegen erregt die negative Elektricität des Kuchens den Deckel durch Induction, und wenn man den Deckel mit dem Finger berührt, wird seine freie Elektricität durch den Körper des Experimentators hindurch in die Erde gestossen und gleichzeitig wird die gebundene, positive Elektricität des Tellers frei. Wird der Deckel aufgehoben, so findet man ihn demnach positiv elektrisirt.

Wenn der Elektrophor auf ein Elektroskop gestellt und in dieser Lage der Deckel berührt wird, so kann die nunmehr frei gewordene positive Elektricität des Tellers auf die Goldblättchen übergehen, die folglich divergieren. Wenn dagegen der Deckel entfernt wird, so wird diese positive Elektricität in den Teller zurückgezogen und die Goldblättchen fallen zusammen.

Abschnitt 4.
## Faraday's Eiseimer-Versuche.

**4. Apparat.** 1) Zwei Weissblechcylinder, der eine 10 cm tief bei 7 cm Weite, der andere 7 cm tief bei 5 cm Weite. Der Boden des grösseren Cylinders ist mit einer Schicht von Paraffin bedeckt,

Fig. 23.       Fig. 24.

der kleinere ist mit einem Ebonitfederhalter als Handgriff versehen (vergl. Fig. 23). 2) Ein Block von Paraffin, der als isolirende Unterlage dient. 3) Ein kleiner Elektrophor. 4) Zwei Elektroskope. 5) Verbindungsdrähte. 6) Es ist zweckmässig, sich eines Elektrophordeckels zu bedienen, der kleiner ist als der im vorigen Abschnitt erwähnte, z. B. eines an einem Ebonitfederhalter befestigten Zweipfennigstücks.

*Bemerkung.* Der Schüler muss sich von den folgenden Experimenten Skizzen in der angedeuteten Weise in sein Notizbuch machen.

*Versuch 1.* Man stellt den grösseren Blechcylinder auf den Paraffinblock und verbindet ihn mit dem Elektroskop; dann lädt man den Elektrophordeckel und senkt ihn in den Cylinder, ohne dabei dessen Wände zu berühren. Die Blättchen des Elektroskopes werden divergieren, während man den Deckel einsenkt, aber diese Divergenz erreicht ein Maximum und bleibt dann unverändert, wenn derselbe eine gewisse Tiefe in dem Cylinder erreicht hat. Nun berühre man die Metallwand des letzteren mit dem Elektrophordeckel nahe am Boden; es wird hierdurch keine Änderung im Betrag der Divergenz der Goldblättchen herbeigeführt. Die Ladung des Elektroskopes ergiebt sich als gleichnamig mit derjenigen des Elektrophordeckels. Zieht man den Deckel zurück und prüft ihn an einem zweiten Elektroskop, so wird man ihn **vollkommen entladen** finden.

*Versuch 2.* Man wiederholt den vorigen Versuch, aber wenn der Elektrophordeckel nahe am Boden des Cylinders angelangt ist, ohne mit dem Metall in Berührung gekommen zu sein, berührt man die Aussenseite des Cylinders mit dem Finger, um die äussere Ladung zu entfernen. Die Blättchen des Elektroskopes fallen jetzt zusammen, aber wenn der Elektrophordeckel zurückgezogen wird, ohne dabei den Cylinder zu berühren, so zeigen die Goldblättchen von neuem einen Ausschlag von demselben Betrag, wie zuvor. Prüft man die Ladung des Elektroskopes, so findet man, dass sie von entgegengesetzter Art, wie die des Elektrophordeckels, ist.

*Versuch 3.* Man stellt den kleineren Cylinder in den grösseren, so dass er auf die Paraffinschicht am Boden derselben zu stehen kommt, und führt in den kleineren den positiv elektrischen Elektrophordeckel ein. Dies giebt Veranlassung zu einer Elektrisierung, bei welcher die Innenseiten der Cylinder negativ, die Aussenseiten positiv geladen sind.

Nun führt man Berührung zwischen den beiden Cylindern mit Hilfe des isolierenden Handgriffs des kleineren herbei; danach ist die innere Oberfläche des inneren Cylinders negativ und die äussere des äusseren Cylinders positiv elektrisch. Nun entfernt man den Elektrophordeckel, ohne ihn zu entladen, entfernt dann auch das innere Gefäss und entlädt es, und bringt schliesslich beide an ihre

Stelle zurück. Man kann nun dem äusseren Gefäss die doppelte Ladung erteilen, indem man obigen Prozess wiederholt. Auf diese Weise kann eine kleine anfängliche Elektrisierung soviel mal multipliziert werden, als man wünscht.

*Bemerkung.* Der Schüler soll die folgende Erklärung mit Hilfe von angefertigten Skizzen zu erfassen suchen.

**Erklärung dieser Versuche.** Ist der Elektrophordeckel hinreichend tief in den Cylinder (wie im 1. Versuch) eingesenkt worden, so wirkt er induzierend auf denselben, indem er auf die Innenseite eine gewisse Menge Elektricität gleichen Betrages, aber entgegengesetzter Art mit der eigenen zieht und nach der Aussenseite eine Menge gleichen Betrages und gleicher Art abstösst. Berührt der Deckel die Innenseite des Cylinders, so verbindet sich seine Elektricität mit der gleichen, aber entgegengesetzten Ladung, die er auf der Innenseite induziert hat, während die Elektrisierung der Aussenseite gänzlich unbeeinflusst bleibt. Man findet nun, dass der Elektrophordeckel keine Ladung hat, weil er in Berührung mit der Innenseite eines Konduktors gewesen ist, dessen Ladung an der Aussenseite haftet (vergl. Abschnitt 6).

Beim 2. Versuch wird durch Berührung der Aussenseite des Gefässes Elektricität im gleichen Betrag und gleicher Art mit der des Deckels zur Erde abgeführt und hierdurch das Zusammenfallen der Goldblättchen bewirkt. Wird aber der geladene Deckel aus dem Innern entfernt, so wird die Elektricität der Innenseite, die entgegengesetzt derjenigen des Deckels ist, und vorher durch diesen gebunden war, frei und vermag auf die Goldblättchen einzuwirken.

Nachdem im 3. Versuch die Berührung zwischen den beiden Gefässen stattgefunden hatte, ist das äussere positiv, das innere negativ geladen. Wird nun das innere entfernt, entladen und dann zurückgebracht, so haben wir natürlich positive Elektricität im äusseren und keine im inneren Gefäss. Wenn aber jetzt der geladene Elektrophordeckel abermals in das innere Gefäss eingeführt und wie zuvor Berührung zwischen den beiden Cylindern hergestellt wird, so ist kein Grund vorhanden, weshalb nicht eine zweite Ladung positiver Elektricität an das äussere Gefäss abgegeben werden sollte.

In der That bedarf man für diesen Zweck nicht zweier Cylinder, denn wenn der Elektrophordeckel, nachdem er, wie in Versuch 1, entladen worden ist, von neuem geladen in den Cylinder eingeführt worden ist, so wird nach Berührung mit der Innenseite eine doppelte Ladung an die Aussenseite abgegeben worden sein. Die Anwendung des inneren Gefässes macht eben nur das Entladen des Deckels überflüssig.

Abschnitt 5.
## Elektrisierung durch Reibung.
(Fortsetzung von Abschnitt 1.)

**5. Apparat.** 1) Glasstab, Ebonit, Elektroskop u. s. f. 2) Eine Anzahl verschiedener Isolatoren, wie Flanell, Siegellack, Paraffin, Guttapercha u. s. w. 3) Die kleine unten beschriebene Elektrisiermaschine.

**Versuch 1.** *Bei der Reibung entstehen beide Arten der Elektricität.* Das Reibzeug von amalgamierter Seide oder Pelz ist meist kein guter Isolator, so dass seine Ladung gewöhnlich verloren geht, wenn man es mit der Hand hält, bevor seine Elektrisierung nachgewiesen werden kann. Um die Elektrisierung des Reibzeuges zu zeigen, legt man das Kissen von Seide oder Pelz auf die Platte des Elektroskopes und reibt es mit dem Glas- oder Ebonitstab. Dann prüft man die Art der Elektricität, mit welcher das Elektroskop geladen ist, und findet, dass dieselbe entgegengesetzt derjenigen des Glases oder Ebonits ist. Man prüfe in dieser Weise die Elektrisierung, welche verschiedene Stoffe hervorbringen, und bestätige die Richtigkeit folgender Zusammenstellung, in welcher die Substanzen so geordnet sind, dass eine Substanz der Liste negativ wird, wenn man sie mit einem der vorhergehenden Körper reibt, dagegen positiv, wenn sie mit einem der in der Liste nachfolgenden Stoffe gerieben wird.

Reihenfolge der Elektrisierung*).

| | | |
|---|---|---|
| Katzenfell | Schwefel | Harz |
| Glas | Flanell | Guttapercha |
| Seide | Baumwolle | Metalle |
| Die Hand | Schellack | Schiessbaumwolle. |
| Holz. | Gummi. | |

**Weitere praktische Aufgabe.** Man wähle eine Sammlung verschiedener Substanzen aus und ordne dieselben auf Grund von Prüfungen mit dem Elektroskop nach der Reihenfolge der Elektrisierung.

---

*) Die Reihenfolge in dieser Aufstellung ist etwas veränderlich, indem sie von der Zusammensetzung und der Oberflächenbeschaffenheit der Substanz abhängt.

*Versuch 2.* *Beide Arten der Elektricität werden durch Reibung in gleichem Betrag erzeugt.* Man kann dies nachweisen, wenn man zwei Körper in einer isolierten, leitenden Hülle, die mit einem Elektroskope in Verbindung steht, an einander reibt; es würde dann nach aussen kein Zeichen von Elektrisierung wahrzunehmen sein. Zu diesem Zweck kann ein einfacher Apparat dienen, dessen Einrichtung Fig. 25 zeigt. *A* ist ein in einen Paraffinblock *B* eingelassener Blechcylinder auf hölzernem Fuss. In *A* steht ein kleiner Cylinder *C*, der nicht notwendig metallisch zu sein braucht, aber aus Gründen der Zweckmässigkeit aus Weissblech angefertigt und an den Boden von *A* mit Paraffin angekittet ist. Die Innenseite von *C* ist mit Pelz bekleidet. Ein Metallstab, der an den Boden von *C* angelötet ist, trägt einen Ebonitcylinder *E*, so dass der letztere leicht gedreht werden kann und sich dabei an dem Pelz reibt.

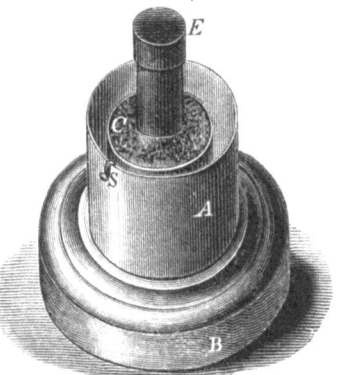

Fig. 25.

Der äussere Cylinder ist mittels des Hakens *S* mit dem Elektroskope verbunden. Wird *E* in Drehung versetzt, so zeigt sich keine Wirkung, bis man den Ebonitcylinder aus dem äusseren Gefäss herauszieht, worauf das Elektroskop positive Elektricität anzeigt, denn die im Pelz entwickelte positive Elektricität zerlegt die neutrale Elektricität des äusseren Gefässes, indem sie die positive an sich heranzieht und die negative nach dem Elektroskop sendet.

Abschnitt 6.
## Wirkung einer leitenden Umhüllung.

**6. *Apparat.*** 1) Ein Cylinder von Weissblech, der hinreichend gross ist, um ein Elektroskop aufnehmen zu können. Er muss mit Schlitzen versehen sein, die einander gegenüber stehen und das hineingestellte Elektroskop zu beobachten gestatten. 2) Zwei Elektroskope. 3) Ein Paraffinblock, Leitungsdraht u. s. w.

*Versuch 1.* *Im Inneren eines Konduktors ist keine Elektricität vorhanden.* Nachdem man das kleine Goldblattelektroskop in den Weissblechcylinder gestellt hat, verbindet man es durch einen

Kupferdraht mit der inneren Oberfläche des Cylinders. Der letztere wird auf einen Paraffinblock gestellt und seine äussere Oberfläche mit einem zweiten Elektroskop verbunden (Fig. 26). Elektrisirt man nun den Cylinder, so wird das Elektroskop $A$ sofort die Anwesenheit von Elektricität zeigen, während das Elektroskop $B$ nicht beeinflusst wird. Es wird sich ergeben, dass, so stark auch das Gefäss elektrisirt sein mag, das Elektroskop $B$ keine Spur von Elektricität erkennen lässt.

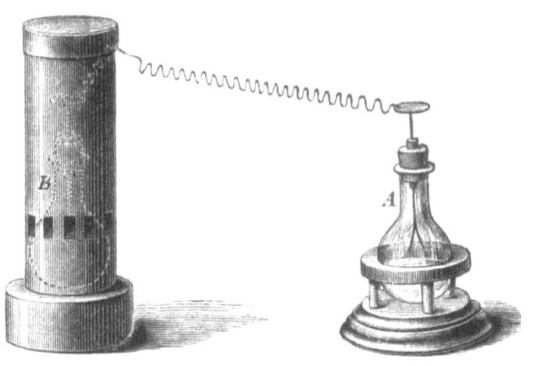

Fig. 26.

*Versuch 2. Schutz vor äusseren Einflüssen.* Man entfernt den Draht von der inneren Oberfläche des Cylinders und erteilt dem Elektroskope $B$ eine Ladung mittels des Elektrophors. Elektrisirt man jetzt den Cylinder, so lässt sich keine weitere Wirkung auf das Elektroskop in demselben beobachten. Es erhellt hieraus, dass ein Körper in einer metallischen Hülle in seinem elektrischen Zustande nicht beeinflusst wird, wenn man die Hülle von aussen elektrisirt. Bringt man ferner einen elektrischen Körper nahe an die Aussenseite des Cylinders, so kann ebenso gezeigt werden, dass das Elektroskop im Innern ganz unbeeinflusst durch seine Induktionswirkung bleibt. Diese Thatsache gestattet wichtige praktische Anwendungen, wie wir später sehen werden.

## Übersicht der Gesetze.

**7.** Durch die vorausgegangenen Versuche ist der Studierende in Stand gesetzt, die folgenden Gesetze zu erläutern.

I. *Die gesamte Elektricität eines Körpers oder eines Systems* von Körpern bleibt immer dieselbe, ausgenommen den Fall, dass er Elektricität von anderen Körpern empfängt oder an sie abgiebt.

Je mehr wir die Isolation eines geladenen Körpers verbessern, desto länger bleibt die Ladung erhalten, und es ist daher anzunehmen, dass eine vollkommen isolierte Ladung unverändert bleibt. Eine Ladung kann auf Jahre hinaus in einem chemisch ausgetrockneten, hermetisch versiegelten Glasgefäss bewahrt werden.

II. *Wenn ein Körper einen andern durch Leitung elektrisiert, so bleibt die gesamte Elektricität der beiden Körper dieselbe, das heisst, der eine verliert soviel positive oder gewinnt soviel negative Elektricität, wie der andere positive gewinnt oder negative verliert.*

Dies kann bewiesen werden, wenn man zwei ungleich stark und ungleichartig elektrisierte Körper mit einander in Berührung bringt und zwar im Innern einer isolierten Hülle, die mit einem Elektroskope verbunden ist; man wird dann finden, dass die Divergenz der Goldblättchen vor und nach der Berührung ganz dieselbe ist.

III. *Wenn Elektricität durch Reibung oder eine andere bekannte Methode erzeugt wird, entstehen gleiche Mengen positiver und negativer Elektricität.*

Dieses Gesetz wird durch Versuch 2 im 5. Abschnitt erläutert.

IV. *Wenn ein elektrisierter Körper oder ein System von solchen von einer leitenden Oberfläche umschlossen ist, so ist die innere Elektrisierung dieser Oberfläche gleich und entgegengesetzt der Elektricität des Körpers oder des Systems.*

In dem Falle, dass ein elektrisierter Körper in dem Laboratorium oder einem anderen Raum, in dem das Experiment ausgeführt wird, aufgestellt ist, nehmen Boden, Wände und Decke eine entgegengesetzt gleiche Ladung, wie der Körper, an.

Wir sehen dies nach Analogie der Versuche 1 und 2 im 4. Abschnitt, wo wir fanden, dass die Innenseite des Blechcylinders eine gleiche Menge von Elektricität enthielt, wie der Elektrophordeckel, aber von entgegengesetzter Art.

V. *Wenn kein elektrisierter Körper sich im Innern einer leitenden Fläche befindet, so ist die Elektrisierung dieser Fläche Null. Dieser Satz ist nicht nur richtig bezüglich der Elektricität der Fläche als Ganzes, sondern auch in Bezug auf jeden ihrer Teile.*

Dies ergiebt sich aus Versuch 1 im 6. Abschnitt, wo keine Wirkung auf das Elektroskop stattfand, das in einer auf ihrer Aussenseite elektrisierten Blechbüchse stand.

**8. Quantitatives Grundgesetz.** Wenn wir zu den obigen fünf Grundgesetzen der elektrischen Erscheinungen ein sechstes, quantitatives Gesetz hinzugefügt haben werden, wird der Schüler im Besitz alles dessen sein, was zur Erklärung der Erscheinungen der elementaren Elektrostatik erforderlich ist.

Nehmen wir an, im Punkt $A$ wären $m$ Einheiten positiver Elektricität und in $B$ $m'$ Einheiten derselben Art vorhanden, die Entfernung zwischen $A$ und $B$ betrage $d$ cm, so hat man gefunden, dass die Kraft $f$ der Abstossung durch den Ausdruck dargestellt werden kann

$$f = \frac{m \cdot m'}{d^2} \quad \ldots \ldots \ldots \ldots (1.)$$

Ist $A$ oder $B$ negativ elektrisirt, so muss vor das Zeichen der Menge ein — gesetzt werden. Ist z. B. $A$ geladen mit $+$ 3 Einheiten, $B$ mit — 6, während der Abstand 2 cm beträgt, so hat man

$$f = \frac{(+3) \cdot (-6)}{2^2} = -4{,}5.$$

Ein negatives Vorzeichen bedeutet also Anziehung. Der direkte Nachweis dieses sehr wichtigen Gesetzes ist experimentell schwierig; er wurde zuerst von Coulomb mit Hilfe der Drehwage zu führen versucht.

**9. Definition der elektrostatischen Einheit der Elektricitätsmenge.** Der obige Ausdruck (1) setzt uns in Stand, die elektrostatische Mengeneinheit zu definieren. Es seien $f=1$, $d=1$ und $m=m'$, so muss $m=1$ sein; mit anderen Worten, wenn $A$ und $B$ jedes mit der elektrostatischen Einheit der Elektricität geladen und in die Einheit der Entfernung gebracht sind, so haben diese Punkte das Bestreben, sich mit der Einheit der Kraft von einander zu entfernen. Die Einheit der Kraft, die wir zu Grund legen wollen, ist das Dyn, dessen Definition später gegeben werden wird.

## Weitere theoretische Bemerkungen.

**10. Potential — Niveauunterschied.** Jedermann weiss, was unter Niveauunterschied zu verstehen ist. Wenn wir sagen, dass die Oberfläche eines Teiches 100 m und die eines anderen 50 m über dem Meeresniveau liegt, so geben wir eine durchaus bestimmte Erklärung. Es ist dennoch von Wichtigkeit, genau zu untersuchen, was diese sehr einfache Angabe in sich schliesst und was sie nicht in sich schliesst. Zunächst ist damit gesagt, *dass alle Teile der Oberfläche des einen Teiches in einer Höhe von*

*100 Meter, und alle Teile der Oberfläche des anderen in eine rHöhe von 50 Meter über dem Nullpunkt der Meereshöhe liegen.*

Die verschiedenen Teile jedes Teiches sind demnach in einem Zustand des Gleichgewichtes, und es findet in demselben Teich kein Strömen des Wassers von einer Stelle zu einer anderen statt.

Dann aber ist mit dem Ausdruck nicht gesagt, *dass alle Stellen desselben Teiches dieselbe Wassertiefe haben.* Im Gegenteil können einige Stellen sehr seicht, andere sehr tief sein, ohne das Gleichgewicht im geringsten zu stören.

Anderseits kann sich der eine Teich in der Gestalt sehr von dem anderen unterscheiden, und es kann nötig sein, dem einen eine sehr grosse Wassermenge zu entziehen, wenn man sein Niveau um 1 m erniedrigen will, während dem anderen nur eine kleine Menge Wasser genommen zu werden braucht, um dasselbe Resultat herbeizuführen.

Wir können diesen Unterschied zum Ausdruck bringen, wenn wir sagen, *dass die Kapacität des einen Teiches viel grösser, als die des anderen, sei.*

Um unsere Vorstellungen zu vereinfachen, wollen wir uns denken, dass von den beiden Teichen der eine auf der Höhe, der andere am Fuss einer senkrechten Wand liege, und dass wir an dieser Wand eine Pumpe hätten, mit der wir das Wasser von dem niedrigeren zu dem höheren Niveau heben könnten. Es ist klar, dass jedes auf diese Weise fortgeführte Kilo Wasser um 50 m senkrecht gehoben werden muss, so dass eine Arbeit 50 Meterkilo aufgewendet werden muss, um 1 kg Wasser von dem niederen Niveau nach dem höheren zu heben. Zum wenigsten trifft dies bei Beginn des Verfahrens zu, bevor wir die Niveaus der beiden Teiche merklich geändert haben.

**11. Meterkilo, Dyn und Erg.** Wir können sogleich diese Angabe verallgemeinern, indem wir sagen, dass *die Arbeit, die wir aufwenden müssen, um m Kilogramm Wasser von dem einen Niveau auf das andere d Meter hoch zu erheben, m d Arbeitseinheiten oder sogenannte Meterkilo beträgt.* Anderseits können wir eine Röhre zwischen dem höheren und dem niedrigeren Teich öffnen und das fallende Wasser nutzbare Arbeit thun lassen; und hier können wir ebenfalls verallgemeinern, indem wir sagen, *dass m Kilogramm durch die Röhre um d Meter vertikal herabgeführt, nützliche Arbeit im Betrag von m d Meterkilo leisten können.*

Wenn wir von Meterkilo reden, so nehmen wir dem Wesen

nach die Anziehung der Erde auf ein Kilogramm als unsere Krafteinheit an, und den Meter als Längeneinheit. Solche wohlbekannte Einheiten sind von wesentlichem, vorläufigem Nutzen, indem sie den Schüler befähigen, eine Naturkraft, wie die Schwere, in ihrem ganzen Umfang zu verstehen, und indem sie ihm eine klare Vorstellung von Energie und Arbeit geben. Dennoch ist es aus manchen Gründen sehr wünschenswert, in den verschiedenen Zweigen der Physik das Centimeter-Gramm-Sekunden-System zu benutzen, welches abgekürzt als C. G. S-System bezeichnet wird.

Während auch in diesem System die Sekunde die Einheit der Zeit bleibt, ist der Centimeter die Einheit der Länge und das Gramm die Einheit der Masse. Die Einheit der Kraft, das Dyn genannt, ist diejenige Kraft, welche auf die Einheit der Masse (ein Gramm) während der Einheit der Zeit (eine Sekunde) wirkend, die Einheit der Geschwindigkeit (d. h. ein Centimeter in einer Sekunde) erzeugt.

In diesem System wird die Anziehung der Erde auf ein Gramm dargestellt durch 981 Dyn, da die Schwere, wenn sie eine Sekunde lang auf ein Gramm wirkt, demselben eine Geschwindigkeit von 981 cm erteilt.

Schliesslich wird die Einheit der Energie das Erg genannt; es ist die Energie, die erforderlich ist, einen Körper entgegen der Einheit der Kraft (das Dyn) durch die Einheit der Länge (der Centimeter) zu bewegen. Wenn wir also ein Gramm einen Centimeter hoch gegen die Kraft der Schwere heben, so beträgt der Arbeitsaufwand = 981 Erg.

**12. Vergleichung von Elektricität und Schwere.** Nun besteht ein Niveauunterschied bei der Elektricität ganz ebenso gut, wie bei der Schwere; denn ebenso wie Wasser, wenn wir eine Leitungsröhre öffnen, vom höheren zum tieferen Niveau fliessen wird, so wird auch die Elektricität, wenn wir zwei elektrisierte Körper von verschiedenem elektrischen Niveau durch einen Draht mit einander verbinden, einen Strom vom einen zum anderen bilden.

Aber während nach manchen Seiten sehr grosse Ähnlichkeit zwischen Schwere und Elektricität besteht, giebt es doch auch Züge von Verschiedenheit, die wir im Auge behalten müssen.

Bei der Schwere verbinden wir naturgemäss Niveauunterschied mit Höhenunterschied, so dass wir nicht zwei Wasserbehälter haben können, die mit ihren Oberflächen einander ganz umschliessen und gleichwohl einen grossen Niveauunterschied besitzen. Andersseits können wir bei der Elektricität (z. B. in der äusseren und inneren Belegung einer Leydener Flasche) zwei Oberflächen von sehr verschiedenem elektrischen Niveau haben, die einander dennoch vollständig einschliessen. Kurzum wir müssen gänzlich auf den Gedanken verzichten, in dem Mafsstab ein Mittel zur Messung elektrischer Niveauunterschiede zu besitzen. Sogar in Beziehung auf die Schwere ist die Methode, Niveauunterschiede mit dem Mafsstab zu messen, obwohl praktisch sehr bequem, theoretisch keineswegs vollkommen.

Thatsächlich können wir die Erde nicht verlassen, aber in unserer Vorstellung können wir uns in eine zehnmal so grosse Entfernung vom Erdmittelpunkt versetzt denken, als wir sie augenblicklich haben. Wir können beispielsweise ein Kilogramm Wasser mit uns nehmen, und dasselbe in dieser grossen Entfernung vom Erdmittelpunkt ebenso gut um einen Meter senkrecht heben, wie wir dies an der Erdoberfläche thun können. Allein es wird uns dieses in der vergrösserten Entfernung nicht dieselbe Arbeit kosten, wie an der Oberfläche, weil in dieser neuen Lage die Schwere nur noch $\frac{1}{100}$ ihres Wertes an der Erdoberfläche hat. Wir können daher in dieser grösseren Entfernung ein Kilo Wasser hundert Meter hoch mit dem nämlichen Arbeitsaufwand heben, den es uns an der Erdoberfläche gekostet hätte, dasselbe einen Meter hoch zu heben.

So sehen wir also, dass zwei Wege zur Messung von Niveauunterschieden eingeschlagen werden können, nämlich die praktische, aber unwissenschaftliche Methode mit dem Mafsstab und die unpraktische, aber gleichwohl hervorragend wissenschaftliche Methode, die Arbeit zu berechnen, die aufgewendet wird, ein Kilogramm Gewicht von einem Niveau auf ein anderes zu bringen.

Wenn wir das letztere Verfahren einschlagen, müssen wir als Einheit des Niveauunterschiedes an der Erdoberfläche 1 m betrachten, dagegen in der grösseren Entfernung 100 m.

Von diesem Gesichtspunkte aus werden die Niveauunterschiede als Potentialunterschiede bezeichnet. Von zwei Punkten kann daher gesagt werden, dass zwischen ihnen die Einheit des Potentialunterschiedes herrscht (bezüglich der Anziehung der Erde), wenn die Einheit der Arbeit aufgewendet werden muss, um die Einheit der Masse (1 Kilogramm) von dem einen zu dem anderen Punkt zu bringen. Es leuchtet ein, dass wir auf diese Art eine allgemeine Vorstellung erhalten, die uns weit über der Erdoberfläche von

Nutzen sein wird, wenn wir übereinkommen, Potential- oder Höhenunterschiede mit Hilfe der Arbeit und nicht mit dem Maſsstab zu messen.

**13. Flächen gleichen Potentials (Niveauflächen).** Nehmen wir an, wir hätten eine Anzahl von Punkten gleichen Potentials oder gleichen Niveaus, so ist es einleuchtend, dass kein Arbeitsaufwand erforderlich ist, um 1 kg von einem dieser Punkte zu einem anderen zu bringen. Eine durch solche Punkte hindurchgelegte Fläche heisst eine **Fläche gleichen Potentials** oder eine **Niveaufläche**. Die beiden Wasseroberflächen, von denen wir geredet haben, sind Niveauflächen, während jedoch das Potential der einen um 50 Einheiten von dem der anderen verschieden ist. Ebenso ist das Potential der einen Wasseroberfläche um 50 Einheiten, das der anderen um 100 Einheiten verschieden von dem der Meeresoberfläche, das wir als das **Null-Potential** annehmen wollen.

Allein diese neue Betrachtungsweise der Verhältnisse wird uns nicht nur nützen, wenn wir von der Erdoberfläche zu entfernteren Punkten übergehen, sondern sie dient uns in gleicher Weise, wenn wir uns von einer Kraft zu einer anderen wenden, z. B. von der Schwere zur Electricität, indem sie ebensowohl auf die eine, wie auf die andere, anwendbar ist.

Bei der Schwere sagen wir, dass zwischen zwei Punkten die Einheit der Potentialdifferenz herrscht, wenn die Arbeitseinheit aufgewendet werden muss, um die Masseneinheit von dem einen zu dem andern Punkt der Schwerkraft entgegen zu bewegen. Ebenso können wir auch bei der Electricität sagen, *dass zwischen zwei Punkten die Einheit des elektrischen Potentialunterschieds besteht, wenn es den Aufwand einer Arbeitseinheit erfordert, die Einheit der Electricität entgegen der elektrischen Kraft der Anziehung oder Abstossung von dem einen Punkt zu dem andern zu befördern.* Unsere Leser werden sich erinnern, dass die Einheit der Electricität bereits definiert wurde (Art. 9).

**14. Das Potential Null.** Wenn wir nun mit Hilfe eines Drahtes zwischen zwei elektrischen Körpern verschiedenen Potentials eine Verbindung herstellen, so entsteht ein elektrischer Strom von dem Körper höheren zu dem niederen Potentials. Stellen wir dagegen zwischen zwei Körpern gleichen Potentials eine Verbindung her, so findet zwischen diesen kein Übergang von Electricität statt.

Und ebenso, wie wir in dem Fall der Schwere das Meeresniveau als Normalniveau oder Nullpotential betrachten, so *wählen wir in dem Fall der Elektricität das Potential der Erde als Nullpotential.* Daraus folgt, dass, wenn ein Körper ein höheres positives Potential, als die Erde, hat, durch eine hergestellte Verbindung ein Strom positiver Elektricität von dem Körper nach der Erde stattfindet; und dass, wenn ein Körper ein niedrigeres positives Potential, als die Erde, hat, ein Strom positiver Elektricität von der Erde nach dem Körper fliesst. Letzteres ist nichts anderes, als wenn wir sagten, es findet ein Strom negativer Elektricität von dem Körper nach der Erde statt.

*Bemerkung.* Um die Art des Potentials eines Körpers zu bestimmen, können wir untersuchen, ob eine kleine, eingebildete Ladung positiver Elektricität, die von dem Körper nach der Erde gebracht wird, hierbei von der elektrischen Kraft unterstützt oder gehemmt wird; ist ersteres der Fall, so ist das Potential des Körpers positiv, wenn letzteres, negativ.

**15.** Der positive Strom wird allein betrachtet. Wir wollen im folgenden den Strom positiver Elektricität von der Erde zu dem Körper und den Strom negativer vom Körper zu der Erde nicht als zwei verschiedene Dinge betrachten; vielmehr können diese beiden Ausdrücke lediglich als verschiedene Betrachtungsweisen desselben Übergangs aufgefasst werden und demgemäss möge in dieser Elektricitätslehre ausschliesslich der positive elektrische Strom berücksichtigt werden.

*Bemerkung.* Wir haben nicht die Absicht, die Frage zu erörtern, ob es zwei Arten von Elektricität oder nur eine einzige giebt. Aber wir wollen, um der Bequemlichkeit willen, die erstere Annahme als richtig gelten lassen. Der Studierende muss dann vor Augen behalten, dass ein isolierter Körper, der von anderen geladenen Körpern weit entfernt ist, besitzt

1) ein positives Potential bei positiver Ladung,
2) ein negatives Potential bei negativer Ladung.

Wenn dagegen der Körper in der Nähe von anderen ist, besteht kein so einfacher Zusammenhang zwischen der Art der Ladung und des Potentials. Man wird das aus den unten folgenden Versuchen erkennen.

**16.** Die Einheiten der Dichtigkeit und Kapacität. Wir haben bereits die Einheit der elektrischen Masse und die Einheit der Potentialdifferenz oder des elektrischen Niveauunterschiedes definiert und es wird nun sehr leicht sein, auch die Einheit der Dichtigkeit und die Einheit der Kapacität zu definieren. *Wenn die Einheit der Oberfläche eines Konduktors mit der Einheit der elektrischen Masse geladen oder bedeckt ist, so sagen wir, diese Fläche habe die elektrische Dichtigkeit 1.* Es wird demnach die Dichtigkeit gemessen durch die Zahl der elektrischen Masseneinheiten auf dem Quadratcentimeter der Oberfläche.

*Wenn ferner die Einheit der Elektricitätsmenge erforderlich ist, um das elektrische Niveau (Potential) eines Konduktors um die Einheit zu erhöhen, so hat dieser Konduktor eine elektrische Kapacität gleich 1.* Es wird also die elektrische Kapacität eines Konduktors gemessen durch die Anzahl elektrischer Masseneinheiten, die erforderlich sind, um sein Potential um die Einheit zu erhöhen.

So können wir in gleicher Weise auch sagen, dass, wenn die Einheit der Masse oder 1 kg Wasser erforderlich ist, um das Niveau eines Wasserbehälters um 1 m zu erhöhen, dieser Behälter die Einheit der Kapacität besitzt. Wenn aber für den gleichen Zweck 2 oder 3 kg Wasser erforderlich sind, so hat das Gefäss die Kapacität 2 oder 3.

**17. Anwendung der Definitionen.** Die von der Schwere hergeleitete Analogie kann beispielsweise dazu dienen, uns zum Verständnis der Auflösung einer grossen Zahl elektrischer Aufgaben zu befähigen. Nehmen wir etwa an, wir hätten ein Gefäss mit Wasser von der Kapacität 1, d. h. es ist 1 kg Wasser nötig, um seinen Inhalt um 1 m steigen zu machen, und es würde gefragt, welcher Energie-Aufwand erforderlich ist, um dasselbe, sagen wir bis zu 6 m Höhe, zu füllen. Hierbei ist es einleuchtend, dass die erste in das Gefäss gegossene Wassermenge nur zu einer vergleichsweise geringen Höhe gehoben zu werden braucht, während die letzte Menge auf die volle Höhe von 6 m gehoben werden muss. Es folgt daraus, dass die ganze Energie, die erforderlich ist, um das Niveau auf 6 m (vom Boden an) zu erhöhen, dieselbe ist, wie diejenige, welche man aufwenden muss, um 6 kg Wasser 3 m hoch, d. h. um die **mittlere Höhe**, zu heben. Dies sind aber 18 Meterkilo oder Arbeitseinheiten.

Wir können dieses Resultat verallgemeinern und sagen, dass der Energieaufwand, wenn wir ein Gefäss von der Kapacität $K$ bis zur Höhe $H$ füllen, gleich ist

$$(K.H) \cdot \frac{H}{2}$$

worin der linke Faktor die ganze erforderliche Wassermenge, der rechte die mittlere Höhe bedeutet, um welche das Niveau desselben erhöht worden ist.

Haben wir dem entsprechend einen Konduktor von der elektrischen Kapacität $K$, der zu dem Potential oder dem elektrischen Niveau $V$ erhoben werden soll, so muss eine Arbeitsmenge aufgewendet werden, die dargestellt ist durch

$$KV \cdot \frac{V}{2}$$

worin der linke Faktor die ganze Elektricitätsmenge darstellt, die zur Ausführung des Verfahrens erforderlich ist, der rechte die mittlere Höhe über dem Erd-Potential oder Null bedeutet, auf welche dieselbe entgegen der Wirkung der elektrischen Kräfte erhöht werden soll.

Unsere Leser möchten vielleicht wissen, weshalb wir den Buchstaben $V$ zur Bezeichnung eines elektrischen Potentials angewendet haben. Es ist dies eine Anerkennung für Volta, den ausgezeichneten Elektriker, von dessen Name $V$ der Anfangsbuchstabe ist. Ebenso ist $K$ der Anfangsbuchstabe von Kapacität und $H$ derjenige von Höhe.

**18. Kondensatoren.** Bisweilen wird der Name Kondensator für Konduktor angewendet, wenn es sich um eine metallische Oberfläche handelt, die mit Elektricität geladen ist. Hier ist das Wort in einer besonderen Bedeutung gebraucht, um eine Vorrichtung zu bezeichnen, bei der wir zwei metallische Platten nahe bei einander benutzen, mit einem Dielektrikum, wie Luft, Glas oder Ebonit dazwischen. In diesem Sinne ist die Leydener Flasche ein Kondensator, ihre innere Belegung mag etwa das Potential des ersten Konduktors der Elektrisiermaschine haben, mit der sie geladen wurde, während die äussere Belegung das Potential Null hat, weil die Flasche während des Ladungsprozesses in der Hand gehalten wurde, und demnach dasselbe elektrische Potential besitzt, wie die Erde. Man kann demnach sagen, dass ein Kondensator aus zwei metallischen, nahe bei einander befindlichen Platten, mit einem Dielektrikum dazwischen, besteht, die verschiedenes Potential haben. Wir dürfen uns aber nicht vorstellen, dass ein derartiges System wesentlich verschieden von demjenigen ist, welches ein isolierter, geladener Konduktor bildet. Hier haben wir in Wirklichkeit genau ebenso wie bei einem Kondensator zwei Konduktoren, deren äusserer aus den Metallgegenständen, den menschlichen Körpern und anderen Leitern besteht, die den inneren isolierten Konduktor umgeben, während die dazwischen liegende Luft als Dielektrikum wirkt. Wird daher ein isolierter Konduktor in einem gewissen Betrag geladen, etwa mit positiver Elektricität, so werden wir, entsprechend dem Versuch von Abschnitt 4, auf den umgebenden Leitern einen gleichen Betrag von negativer Elektricität haben.

**18 a.** Definition der spezifischen induktiven Kapacität. Der Koefficient, mit welchem die Kapacität eines Luftkondensators multipliziert werden muss, um die Kapacität zu erhalten, die er mit einem anderen Dielektrikum besitzt, heisst die spezifische induktive Kapacität des Dielektrikums.

**19.** Entladung eines Kondensators. Wenn wir einen Kondensator, z. B. eine Leydener Flasche, entladen, indem wir die gegenüberstehenden Platten in Verbindung mit einander bringen, so wird die Energie der elektrischen Trennung, die in der Flasche angesammelt ist, in Wärme umgesetzt, und der Betrag an erzeugter Wärme entspricht der Energie, die beim Laden des jetzt entladenen Kondensators aufgewendet wurde. Diese Energie ist, wie wir bereits sahen,

$$KV \cdot \frac{V}{2} = \frac{KV^2}{2} = \frac{(KV)^2}{2K}$$

wo $K$ die Kapacität des Kondensators und $V$ das Potential seiner inneren Oberfläche ist, während die äussere das Potential Null hat. Nun ist die Elektricitätsmenge, die dem Kondensator mitgeteilt wurde, $KV$, und demnach sehen wir nach obiger Formel, dass für denselben Kondensator die bei der Entladung erzeugte Wärme proportional dem Quadrat der Elektricitätsmenge ist, mit welcher der Kondensator geladen wurde.

**20.** *Aufgaben.*

1. Die Konstruktion eines Goldblattelektroskopes zu beschreiben?

2. Warum divergieren die Goldblättchen eines geladenen Elektroskopes?

3. Wie wird ein Goldblattelektroskop positiv durch Leitung, und wie durch Induktion elektrisiert?

4. Wie wird ein Goldblattelektroskop negativ durch Leitung, und wie durch Induktion elektrisiert?

5. Ein Goldblattelektroskop ist geladen und seiner Platte wird von oben langsam eine erregte Siegellackstange genähert. Bei einem bestimmten Punkt der Annäherung fallen die Goldblättchen zusammen, wenn aber die Stange noch näher gebracht wird, divergieren sie aufs neue. Das Verhalten zu erklären.

6. Ein geladener und mit seinem Deckel versehener Elektrophor ist auf die Platte eines Goldblattelektroskopes gestellt. Der

Deckel wird mit dem Finger berührt, worauf die Blättchen divergieren. Erkläre diese Erscheinung.

7. Ein isolierter Blechcylinder wird geladen und ein isolierter Konduktor in das Innere desselben eingeführt, wo man ihn mit der Cylinderwand in Berührung bringt. Wird er herausgenommen, so findet man ihn unelektrisch. Warum?

8. Ein isolierter Blechcylinder wird geladen und ein mit der Erde leitend verbundener Konduktor in das Innere desselben eingeführt, wo er mit der Wand in Berührung gebracht wird. Was wird erfolgen und wie ist dieses Resultat zu erklären?

9. Wieviel Dyn beträgt die Kraft, mit welcher die Erde ein Kilogewicht anzieht?

10. Wieviel Erg enthält die Energie von einem Meterkilo?

11. Ein elektrisierter Punkt zieht einen anderen entgegengesetzt und gleich stark elektrisierten Punkt aus einer Entfernung von 5,3 cm mit einer Kraft von 8,5 Dyn an. Wieviel Einheiten elektrischer Masse hat jeder der beiden Punkte?

12. Ein Punkt ist mit 6 Einheiten positiver und ein anderer mit 4 Einheiten negativer Elektricität geladen, während ihre gegenseitige Entfernung 7 cm beträgt. Mit welcher Kraft ziehen die Punkte einander an?

13. Ein Konduktor von der Kapacität 5 ist auf das Potential 6 geladen worden. Welche Arbeit ist bei dem Ladungsprozess aufgewendet worden?

### Abschnitt 7.
## Versuche über das Potential am Elektrometer.

**21. *Apparat.*** Wir haben in dem folgenden Abschnitt ein besonderes Elektroskop nötig, welches auch als ein rohes Elektrometer dienen kann. Fig. 27 zeigt eine Form dieses Instrumentes, welche den Vorzug ausgezeichneter Isolation mit dem anderen verbindet, dass seine Blättchen vor Elektrisierung der Glashülle geschützt sind, ein Fehler, dem das seither benutzte Elektroskop in hohem Mafse unterworfen war. Das vorliegende Instrument besteht aus einem Glascylinder, geschlossen durch einen Kork $K$, durch den ein Glasarm $gg'$ geführt ist, der einen kleinen Ebonitblock $e$ trägt. Durch eine Bohrung in $e$ geht ein Messingdraht $m$, der hinreichend steif ist, um verschoben werden zu können, und an einem Ende die sehr schmalen Goldblättchen, am anderen den kleinen Knopf $k$

trägt. Da durch den Kork $K$ eine Bohrung $l$ führt, die viel weiter ist, als der Messingdraht dick, so ist der letztere ausschliesslich getragen und isoliert durch den Glasstab und Ebonitblock, ohne irgendwo mit dem Kork $K$ in Berührung zu kommen. Um den Glasstab trocken zu erhalten, ist der Boden des Cylinders mit Asbest $a$ bedeckt, der durch eine durchbohrte Bleiplatte $P$ an seiner Stelle erhalten wird und mit konzentrierter Schwefelsäure befeuchtet ist. Ist das Instrument ausser Gebrauch, so kann ein kleiner Stopfen an $m$ herabgeschoben werden, um die Durchbohrung des grossen Korkes zu verschliessen.

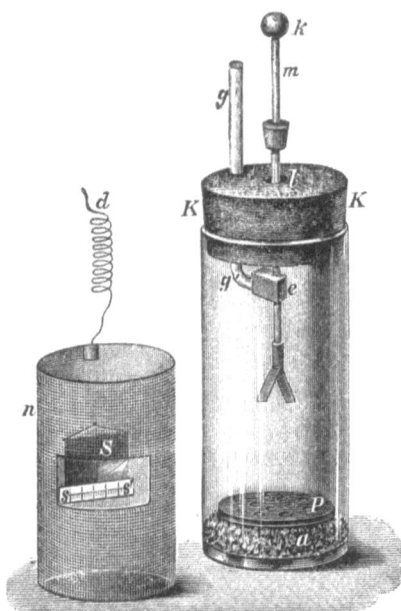

Fig. 27. Goldblatt-Elektrometer.

Um das Instrument soviel als möglich vor äusserer Elektrisierung zu wahren, ist ein oben und unten offener Cylinder $n$ von Kupferdrahtnetz genau in das Elektroskop eingepasst. (In der Figur ist derselbe im Interesse der Deutlichkeit vom Cylinder getrennt gezeichnet.) Zur Beobachtung der Goldblättchen ist ein quadratisches Fenster in dieses Netz geschnitten, und um die Divergenz der Blättchen messen zu können, ist an die gegenüberliegende Seite des Drahtnetzes ein Stück Spiegelglas $S$ mit einer Skala $ss'$ befestigt. Um Berührung mit dem Drahtnetz herstellen zu können, ist an dem Netz ein Draht $d$ angebracht.

Ausserdem ist noch erforderlich ein Ebonitstab, Katzenfell und ein Paraffinblock.

*Bemerkung.* Eine andere Form des Elektrometers, hergestellt aus einer Blechbüchse\*), zeigt Fig. 28, deren Bezeichnung dieselbe ist, wie in Fig. 27. Der Glasstab $gg'$ geht durch einen Gummistopfen $t$. Die

---

\*) Die Blechbüchse entspricht dem Schirm von Drahtnetz in Fig. 27. — Es muss noch bemerkt werden, dass in einem theoretisch vollkommenen Elektroskop oder Elektrometer der Schirm die Goldblättchen und den Zuleiter vollständig umgeben müsste, damit dieselben vor äusserer Elektrisierung durchaus geschützt wären. Da aber das Instrument häufig dazu

Vorderseite der Büchse ist ein Fenster $D$, welches mit gekreuzten Streifen von Zinnfolie beklebt ist. Bei $a$ befindet sich der Asbest in einem Trog von Blei.

**Versuch 1.** Man setzt das Elektroskop auf den Paraffinblock und verbindet $m$ mit $d$. Nun wird der Knopf elektrisiert; wie stark die erteilte Ladung auch sein mag, die Blättchen bleiben geschlossen.

**Erklärung.** Beide Blättchen und der Schirm besitzen dasselbe Potential, da sie leitend mit einander verbunden sind. Zwischen Körpern von demselben Potential besteht keine elektrische Kraft.

**Versuch 2.** Man trennt $m$ und $d$ und verbindet den Schirm mit der Erde, während der Knopf isoliert und entladen bleibt. Wird jetzt $k$ geladen, so divergieren die Blättchen.

**Erklärung.** Wir erhöhen das Potential des Knopfes und damit auch das der Blättchen um einen gewissen Betrag über das des Schirmes.

**Versuch 3.** Man isoliert den Schirm und lädt ihn durch fortgesetzte kleine Ladungen derselben Art; die Goldblättchen fallen allmählich zusammen. Fährt man mit der Ladung von $d$ fort, so divergieren die Goldblättchen aufs Neue.

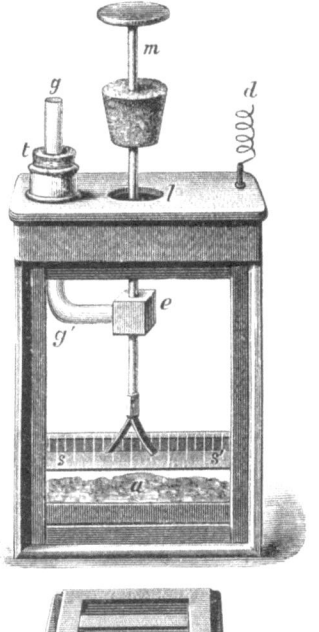

Fig. 28. Goldblatt-Elektrometer.

**Erklärung.** Sie fallen zusammen, weil der Schirm durch die Reihe kleiner Ladungen auf dasselbe Potential, wie die Blättchen, gebracht wird. Sie divergieren wieder, weil das Potential des Schirmes wächst, so dass nun eine Differenz zwischen ihm und den Goldblättchen besteht.

Die soeben angestellten Versuche werden dem Studierenden die wahre Bedeutung der Angaben eines Elektroskopes erschlossen haben.

---

dienen soll, äussere Ladungen nachzuweisen, die vermittels eines Drahtes zugeführt werden müssen, so kann ein so vollkommener Schutz nicht angebracht werden.

Abschnitt 7a.
## Der Kondensator.

**21a. *Apparat.*** Ein wohl isolierter Plattenkondensator ist erforderlich; Fig. 29 zeigt eine Form desselben. $A$ und $B$ sind zwei Messingplatten mit abgerundeten Rändern, die mittels Metallhülsen $b$ und $b'$ an Glasstäben $y$ und $y'$ befestigt sind. Diese Glasstäbe werden dadurch trocken erhalten, dass sie mit Glascylindern $g$ und $g'$ umgeben sind, die Asbest und Schwefelsäure bei $a$ und $a'$ enthalten. Ein Bleiblock $B$ mit centraler Bohrung dient als Träger für den Glasstab $y'$, der ohne zu berühren durch eine Bohrung $l$ des Korkes $K$ hindurchgeht. Zwei Stopfen $s$ und $s'$ schliessen die Feuchtigkeit aus, wenn das Instrument nicht im Gebrauch ist, andernfalls werden sie gehoben, so dass sie von den Cylindern getrennt sind.

*Bemerkung.* Bei einer neueren und besseren Form des Instrumentes sind die Platten $A$ und $B$ senkrecht auf einem hölzernen Gestell befestigt. Die Glasstäbe werden trocken gehalten durch Asbest und Schwefelsäure, die in ringförmigen Bleibechern, umhüllt von Glascylindern, enthalten ist.

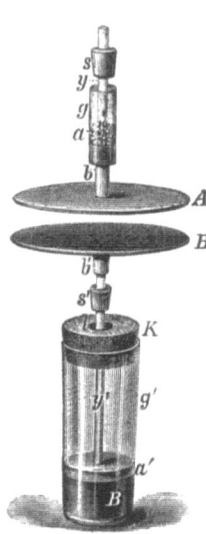

Fig. 29.
Der Kondensator.

Diese Form hat den Vorzug, dass die Platten um einen gewissen Betrag verschoben werden können, während in Fig. 29 die obere Platte $A$ entweder besonders befestigt werden, oder mit Hilfe von Ebonitstückchen von der untern getrennt erhalten werden muss. Ein Vorzug der Form Fig. 29 ist der, dass die untere Platte $B$ ein ausgezeichnet isoliertes Stativ bildet.

Ferner sind zwei Goldblatt-Elektroskope nötig, am besten solche von der zuletzt beschriebenen Form. Ein Ebonitstab und Pelz; ein Glasstab und Seide. Ein Paraffinblock.

***Versuch 1.*** Man bringt die Platten fast in Berührung und verbindet $A$ mit dem Schirm und $B$ mit dem Knopf des Elektroskopes (Fig. 30), welches durch einen Paraffinblock isoliert sein muss. Giebt man nun $A$ eine $+$ Ladung, bis die Goldblättchen divergieren, und entfernt dann $A$ von $B$, so werden die Goldblättchen mehr und mehr divergieren, je weiter die Platten von einander entfernt werden.

*Erklärung.* B, ein isolierter Körper in dem Kraftfeld von A, besitzt ein positives Potential. Einen Beweis für diese Behauptung bildet die Thatsache, dass positive Elektricität nach der Erde fliesst, wenn man B mit letzterer verbindet (vergl. den nächsten Versuch). Auch ist das positive Potential von B um so grösser, je näher B und A einander sind, und das Potential von A nimmt ab mit Annäherung von B; daher wächst die Potentialdifferenz zwischen A und B, je weiter dieselben von einander entfernt werden.

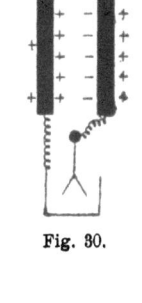

Fig. 30.

*Bemerkungen:* 1) Auf B befinden sich beide Elektricitäten, positive und negative, aber die Platte B als Ganzes besitzt nichtsdestoweniger ein Potential.

2) Die Zusammenstellung von A und B ist ein Kondensator, dessen Kapazität kleiner wird, wenn man A und B trennt. Nun muss aber die Bedingung Q (Elektricitätsmenge) $= K \cdot V$ (vergl. Art. 17) erfüllt werden, und da Q konstant ist, muss V (der Potentialunterschied zwischen A und B) bei der Trennung der Platten wachsen.

*Versuch 2.* Man nehme zwei Elektroskope und stelle die Verbindung her, die in Fig. 31 dargestellt ist. Giebt man A eine $+$ Ladung, so findet man auf B ein $+$ Potential.

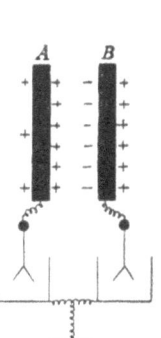

Fig. 31.

*Erklärung.* A hat ein positives Potential und da B ein Leiter in dem Kraftfeld von A ist, so hat B ebenfalls ein positives, aber kleineres Potential (vergl. Art. 15).

*Versuch 3.* Stellt man eine leitende Verbindung zwischen B und der Erde her, so zeigt das mit B verbundene Elektroskop keine Ladung, während das mit A verbundene weniger divergiert.

*Erklärung.* Der elektrische Zustand ist aus Fig. 32 ersichtlich. A hat eine positive Ladung und B eine negative. Die Ladung von B wird unter diesen Bedingungen „gebunden" genannt; sie kann B nicht verlassen, weil ihr Potential Null ist.

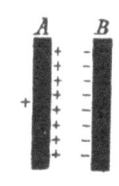

Fig. 32.

Aber die Anwesenheit von B in dieser Stellung vermindert das Potential von A.

*Versuch 4.* B bleibt zur Erde abgeleitet und A wird ihm genähert; dann zeigt das mit A verbundene Elektroskop eine verminderte Divergenz, entfernt man $A$ wieder, so wächst der Ausschlag.

*Erklärung.* Die Erklärung mag als Aufgabe betrachtet werden.

Abschnitt 7b.

## Vergleichung von Kondensatoren nach Cavendish's Methode.*) Spezifische, induktive Kapacität.

**21b.** *Apparat.* Die isolierten Kondensatoren von Abschnitt 7a; Goldblatt-Elektrometer. Ein Elektrophor. Isolierende Ebonithalter. Zwei cylindrische Kondensatoren, jeder bestehend aus einer Blechbüchse innerhalb einer anderen, von der sie isoliert ist. Bei dem einen Kondensator ist der Zwischenraum zwischen den Cylindern mit Paraffin ausgefüllt. Ein Maſsstab, um die Entfernung der Kondensatorplatten zu bestimmen.

*Verfahren und Theorie.* Um die Verbindungen herzustellen und zu unterbrechen, ohne Rollen anwenden zu müssen, wie es von Cavendish geschah, müssen zwei Studierende zusammen arbeiten. Das Verfahren ist folgendes:

1. Man stellt die in Fig. 33 angegebene Verbindung her, wo $A$ und $B$ die Platten des Kondensators, $C$ und $D$ die beiden Leiter eines Cylinderkondensators, $a$ und $b$ Ebonitstäbe als Handgriffe der

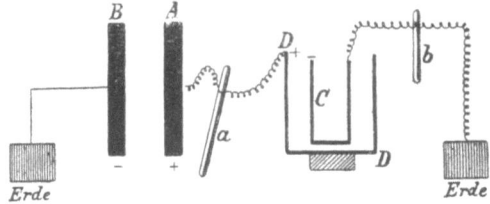

Fig. 33.

Verbindungsdrähte sind, und teilt $A$ mit Hilfe des Elektrophors einige Funken mit. Bezeichnen wir mit $K$ die Kapacität des Plattenkondensators, mit $K'$ diejenige des Cylinderkondensators und bedenken, dass zwischen den Belegungen beider Kondensatoren dieselbe Potentialdifferenz $V$ herrscht, so ist der Betrag der Elektricität,

---

*) Vgl. *The Electrical Researches of the Honourable* Henry Cavendish, *F.R.S. Edited by J. Clerk Maxwell.* Dieser interessante Bericht über eine wichtige wissenschaftliche Arbeit, die mit rohen Apparaten ausgeführt ist, sollte in jeder wissenschaftlichen Bibliothek einen Platz finden.

mit der die beiden Kondensatoren geladen sind, für den Plattenkondensator
$$Q = K \cdot V$$
und für den Cylinderkondensator
$$Q' = K' \cdot V.$$

2. Man verwandle jetzt die Verbindungen nach Angabe von Fig. 34. Was wird dann eintreten? Die Elektricitätsmenge $Q$ wird sich vermischen mit derjenigen von $C$, die der Menge nach $= Q'$, aber von entgegengesetzter Art ist, wie die in $A$. Wäre $+ Q = - Q'$, so würde vollständige Neutralisation eintreten, und wenn man ein Elektroskop mittels des isolierenden Stabes $c$ in leitende Verbindung mit dem Draht zwischen $A$ und $C$ brächte, so würde man keine rückständige Ladung finden. Fände man aber eine negative Ladung, so wäre der Kondensator $AB$ von kleinerer Kapacität, als der Kondensator $CD$.

3. Man verkleinert den Abstand zwischen $A$ und $B$ und wiederholt den Versuch; dieses Verfahren setzt man so lange fort, bis die rückständige Ladung Null wird. Dann haben die Kondensatoren gleiche Kapacität. Man misst nun die Entfernung zwischen $A$ und $B$.

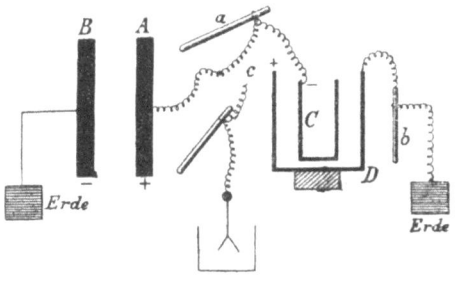

Fig. 34.

4. Ersetzt man den Kondensator $CD$ durch den anderen cylindrischen Kondensator, der Paraffin enthält, so kann man ebenso den Plattenkondensator auf gleiche Kapacität bringen, indem man die Plattendistanz ändert, und ihren Abstand messen.

Dividiert man den Abstand der Platten in dem ersten Fall durch den Abstand derselben in dem Falle, wo der Cylinderkondensator Paraffin enthält, so stellt das Resultat das Verhältnis zweier gleichen Kondensatoren dar, von denen der eine mit Paraffin, der andere mit Luft gefüllt ist, und diese Zahl ist die spezifische induktive Kapacität des Paraffins.

*Bemerkung.* Wir haben hierbei angenommen, dass der Plattenabstand umgekehrt proportional der Kapacität des Kondensators ist; dies ist nicht streng richtig, aber wenn der Abstand nicht gross ist, so ist die Annahme für unsere Experimente genau genug.

**Beispiel.** Ursprung der Ladung war ein Funke von dem grossen Elektrophor.

### Cylinderkondensator mit Paraffin.

| Plattenabstand. | Ablesung am Elektrometer. | Resultat. |
|---|---|---|
| 12,5 mm | — 50 | Kapazität des Plattenkondensators zu klein. |
| 10 „ | — 30 | |
| 7,5 „ | — 20 | |
| 5 „ | — 16 | |
| 3 „ | + 2 | Kapazität des Plattenkondensators zu gross. |
| 2,5 „ | + 10 | |

Kapazität = der eines Plattenkondensators von 3 mm Abstand.

### Cylinderkondensator mit Luft.

| | | |
|---|---|---|
| 15 mm | — 40 | Kapazität des Plattenkondensators zu klein. |
| 12,5 „ | — 25 | |
| 7,5 „ | — 14 | |
| 5 „ | + 12 | Kapazität des Plattenkondensators zu gross. |
| 6 „ | + 1 | |

Kapazität = der eines Plattenkondensators von 6 mm Abstand. Daher ist die spezifische induktive Kapazität von Paraffin

$$= \frac{6}{3} = 2.$$

Abschnitt 7 c.

## Vergleichung der Leitungsfähigkeit von Ölen.

**21c. *Apparat.*** Kondensator. Goldblatt-Elektrometer. Ein Becher von Ebonit für Aufnahme der Öle, mit 2 Verbindungsschrauben versehen. Ein Elektrophor.

***Verfahren.*** Wenn die Platten eines geladenen Kondensators durch einen schlechten Leiter verbunden sind, so entlädt sich der Kondensator langsam; ist ein Elektrometer mit ihm verbunden und werden die Zeiten beobachtet, die der Kondensator mit verschiedenen schlechten Leitern braucht, um von einem gegebenen Potential auf ein niedrigeres gegebenes Potential zu fallen, so stehen die Leitungsfähigkeiten jener im umgekehrten Verhältnis der beobachteten Zeiten.

Fig. 35 zeigt die für den Versuch, der von zwei Beobachtern angestellt werden muss, erforderlichen Verbindungen. Die Platten $A$ und $B$ des Kondensators sind einander sehr nahe gerückt; der

Ebonitbecher e muss zuerst leer sein. Nachdem der Platte $A$ eine Ladung mitgeteilt ist, verfolgt der Beobachter die Goldblättchen des Elektrometers mit dem Auge in solcher Höhe, dass die reflektierten Bilder von den Blättchen bedeckt sind. (Diese Vorsicht ist nötig, um den Fehler der Parallaxe zu vermeiden.) Wenn die Abweichung einen bestimmten Betrag erreicht, führt der Elektrometerbeobachter einen kurzen Schlag auf den Tisch, worauf der zweite Beobachter die Zeit auf die Sekunde genau notiert. Der erste Beobachter behält fortwährend die Blättchen im Auge, und wenn die Abweichung ungefähr die Hälfte des ersten Wertes erreicht, giebt er ein zweites Zeitsignal, worauf der zweite Beobachter die Zeit abliest, die der Kondensator gebraucht hat, um sich von dem höheren zu dem niedrigeren Potential zu entladen. Ist die Zeitdauer eine lange, so geht daraus hervor, dass die Isolation des Apparates eine befriedigende ist, und der Becher kann mit Öl gefüllt werden. Bei der Wiederholung des Versuches wird ein viel rascheres Sinken des Potentials gefunden, so rasch, dass thatsächlich das Sinken ohne Öl in derselben Zeit vernachlässigt werden kann. In derselben Weise werden verschiedene Öle geprüft.

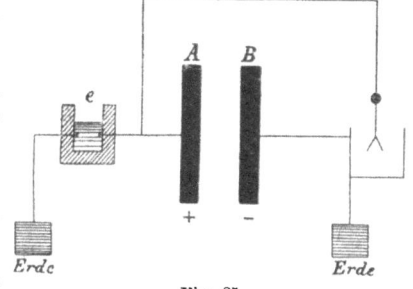

Fig. 35.

**Beispiel:** Das Potential sinkt von 40 auf 20 Teilstriche.

| No. des Versuches | Paraffinöl. | Olivenöl |
|---|---|---|
| 1. | 32 s. | 15 s. |
| 2. | 35 „ | 15 „ |
| 3. | 30 „ | 16 „ |
| 4. | 38 „ | 15 „ |
| 5. | 33 „ | 15 „ |
| 6. | 33 „ | 14 „ |
| | Mittel 33,5 s. | Mittel 15 s. |

Daher hat man: Leitungsfähigkeit des Olivenöls: Leitungsfähigkeit des Paraffinöls = 33,5 : 15 = 2,2.

## ZWEITES KAPITEL.

## Magnetismus.

**22.** Ein **Magnet** kann, soweit die Zwecke dieses Buches in Betracht kommen, als ein Stück Stahl oder Eisen aufgefasst werden, welches fähig ist, Stahl oder Eisen anzuziehen. Jeder Magnet hat zwei **Pole**, d. h. Stellen, an denen der Magnetismus am stärksten erscheint. Die gerade Linie, welche diese Punkte verbindet, heisst die **magnetische Achse**. Ein frei aufgehängter und ins Gleichgewicht gebrachter Magnet, der in horizontaler Ebene schwingen kann, stellt sich so, dass seine Achse eine bestimmte Richtung annimmt, die als **magnetischer Meridian** bekannt ist. Diese Richtung bildet an einem gegebenen Ort und zu gegebener Zeit einen bestimmten und im allgemeinen kleinen Winkel mit dem geographischen Meridian. Im Hinblick auf diese von dem Magnet angenommene Stellung wird derjenige Pol, der nach Norden gewendet ist, gewöhnlich **Nordpol**, der nach Süden gewendete **Südpol** genannt; doch haben die beiden Pole auch andere Namen erhalten, die in folgender Aufstellung zusammengestellt sind:

Benennung der Pole.

| Nach Norden weisender oder Nord-suchender Pol. | Nach Süden weisender oder Süd-suchender Pol. | |
|---|---|---|
| Nord-Pol | Süd-Pol | Gewöhnl. Bezeichnung |
| Austral-Pol | Boreal-Pol | Französ. Bezeichnung |
| Markierter Pol | Unmarkierter Pol | Faraday |
| Roter Pol | Blauer Pol | Sir G. Airy |
| Wahrer Süd-Pol | Wahrer Nord-Pol | Sir Wm. Thomson |
| Positiver (+) Pol | Negativer (—) Pol | Mathem. Bezeichnung |

Wir wollen in diesem Buche den Buchstaben **N** oder das Zeichen + anwenden, um den Nord-suchenden Pol, und **S** oder —, um den Süd-suchenden Pol eines **Magnetes** zu bezeichnen.

## Abschnitt 8.
## Grundlegende Versuche.

**23. *Apparate*.** Stab- und Hufeisenmagnete mit bezeichneten Polen, einige dünne Stricknadeln, Stücke von Uhrfedern, Nägel von weichem Eisen, Seidefasern, Probierröhrchen mit Stopfen, Gebläselampe, Bunsen'scher Brenner, Siegellackfirniss, Stahlfeilspäne, ein Stab von sehr weichem Eisen, Eisendraht No. 10, ein Streifen verzinntes Eisen, verschiedene Proben von Stahl und Eisen, zwei Klemmschrauben.

Zuerst wollen wir ein empfindliches Instrument zum Nachweis der Gegenwart von Magneten und magnetischer Körper anfertigen; es möge das Magnetoskop heissen. Wir erhitzen zunächst ein Stück Uhrfeder in der Gebläseflamme zu heller Rotglut und tauchen es rasch in einen Becher mit kaltem Wasser. Man findet, dass dann die Uhrfeder hart und spröde ist. Hiervon bricht man nun ein Stückchen ab, welches ein wenig kürzer, als der Durchmesser der Probierröhre, ist, und magnetisirt dasselbe, indem man es immer in der nämlichen Richtung an dem einen Pol eines Stabmagnetes reibt. In das offene Ende der Probierröhre passt man einen Stopfen mit einer Glasröhre ein, die, wie Fig. 36 zeigt, in einem Haken endigt.*) Darauf befestigt man eine sehr feine Seidenfaser an das kleine Stückchen magnetisirte Uhrfeder, was mit etwas Wachs leicht geschehen kann; wird der Magnet an dem Seidefaden aufgehängt, so muss er horizontal hängen. Um diese Stellung herbeizuführen, kann an das eine Ende etwas Siegellackfirniss gebracht werden, wodurch man zweierlei erreicht, einmal die horizontale Lage zu vervollkommnen und dann Nord- und Südpol des Magnetes von einander unterscheiden zu können. Das andere Ende des Seidefadens ist an dem Glashaken befestigt und das so aufgehängte System in die Probierröhre eingesenkt. Die Probierröhre kann von einem grossen Kork getragen werden, in welchen zur Aufnahme des Röhrenendes ein Loch gebohrt ist.

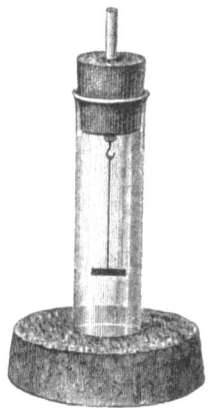

Fig. 36.
Der Magnetoskop.

---

*) Statt der Probierröhre kann auch eine Glasflasche verwendet werden.

## Magnetische Induktion.

Mit Hilfe dieses Instrumentes und der aufgezählten Gegenstände möge der Schüler folgende Versuche ausführen.

*Versuch 1.* Nachzuweisen, dass gleichnamige Pole einander abstossen, ungleichnamige einander anziehen, wobei der Nordpol des Versuchsmagnets dasjenige Ende ist, welches nach Norden zeigt.

*Versuch 2.* Man magnetisiert ein Stückchen der spröden Uhrfeder, indem man es über den Nordpol eines Magnetes zieht und dabei beachtet, dass dasjenige Ende der Uhrfeder, welches den Pol des Magnetes zuletzt verlässt, ein Südpol ist. Nun zeigt man, dass wenn dasselbe in zwei Teile zerbrochen wird, jeder Teil ein vollständiger Magnet ist, und weiter, dass so oft man auch diesen Prozess des Zerbrechens wiederholen mag, immer der nämliche Erfolg eintritt, jedes Stück bleibt ein vollständiger Magnet.

*Versuch 3.* Man zeige, dass ein Probiergläschen, welches mit Feil- oder Drehspänen von hartem Stahl gefüllt ist, ebenso magnetisiert werden kann, als wäre es ein Stahlstab. Dann zeige man, dass wenn die Späne herausgenommen, gemischt und wieder zurückgebracht werden, die Röhre kein Magnet mehr ist. Um die Feilspähne zu magnetisieren, ist ein starker Magnet erforderlich.

*Versuch 4.* Man glühe ein Stück weichen Eisendrahtes aus, indem man es bis zur Rotglut erhitzt und es dann langsam abkühlen lässt, und zeigt damit, dass der Draht beide Enden des Magnetes anzieht. Einen solchen Körper, der beide Pole eines Magnetes anzieht, nennt man einen magnetischen Körper.

*Versuch 5.* Indem man den weichen Eisendraht quer über den Pol eines Magnetes zieht, versucht man ihn zu magnetisieren; entfernt man ihn, so ergiebt sich, dass er höchstens ein sehr schwacher Magnet geworden ist.

*Versuch 6.* Man zeige nun im Gegensatz hierzu, dass das weiche Eisen, solange es in Berührung oder in der Nähe eines Magnetpoles ist, vorübergehend ein Magnet wird, indem es sich fähig erweist, Eisenfeilicht anzuziehen. Man zeige auch, dass derjenige Teil des weichen Eisens, der etwa mit dem Nordpol in Berührung ist, S-Magnetismus besitzt, dagegen das vom Magnetpol entferntere Ende N-Magnetismus. Zu diesem Nachweis bedient man sich einer kleinen Probiernadel (*A* oder *B* in Fig. 37), die man in einen Magnet verwandelt, indem man sie zuerst an dem Ende *n* reibt, so dass die Nadelspitze dieses Ende zuletzt verlässt. Dann wird, gemäss Versuch 2, wenn die Pole des weichen Eisenstabes in der aus der Figur ersichtlichen Weise verteilt sind, die

## Koërcitivkraft. 55

über das Ende $n$ von $A$ nach $B$ gezogene Nadel in ihrer Spitze $S$ Magnetismus aufweisen müssen. Man nennt diesen Vorgang **Magnetisierung durch Induktion**.

***Versuch 7.*** Man magnetisiert ein Stück Uhrfeder und wickelt ein Stück Draht um dasselbe, um es daran in die Gebläseflamme halten zu können, wo es bis zur hellen Rotglut erhitzt wird. Wird nun das abgekühlte Stück Uhrfeder geprüft, so zeigt sich, dass es kein Magnet mehr ist.

***Versuch 8.*** Man schlage das obere Ende eines vertikal gehaltenen weichen Eisenstabes lebhaft mit dem Hammer. Prüft man nun den noch immer **vertikal** gehaltenen Stab, so erweist er sich als Magnet, indem sein unteres Ende ein nordsuchender Pol ist. Kehrt man den Stab um und wiederholt den Versuch, so findet man auch die Polarität umgekehrt, indem jetzt wieder das untere Ende des Stabes der Nordpol ist. Hierbei wird der Stab durch die induzierende Wirkung der Erde magnetisiert, die wie ein grosser Magnet wirkt.

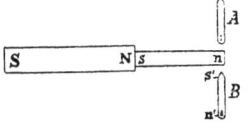

Fig. 37.

***Versuch 9.*** Anstatt des Stabes von weichem Eisen nehme man einen langen und etwas breiten Streifen von verzinntem Eisen und biege denselben, indem man ihn, wie im letzten Versuch, vertikal hält, rückwärts und vorwärts, wobei das Eisen ein Geräusch hören lässt. Er ist dann ein Magnet geworden mit einem Nordpol am unteren Ende. Wird der Streifen dann vorsichtig weggenommen und an das Magnetoskop gebracht, so wird sich wahrscheinlich finden, dass er seinen magnetischen Zustand beibehalten hat. Wenn er aber noch einmal mechanisch gestört wird bei horizontaler, ostwestlicher Lage, so findet man, dass er kein Magnet mehr ist, sondern alle Polarität verloren hat. In diesem Zustand wird er daher in gleicher Weise beide Pole der aufgehängten Nadel anziehen.

***Versuch 10.*** Wenn man die Enden einer grossen Stricknadel in Schraubenzwingen von Messing einklemmt und dann den Draht in der nächsten Nähe eines Magnetes drillt, so findet man, dass derselbe dauernd magnetisiert worden ist.

Diese Versuche lehren uns Verschiedenes.

Zunächst sehen wir, dass der Unterschied zwischen hartem und weichem Eisen darin besteht, dass ersteres fähig ist, den magnetisierten Zustand beizubehalten, nachdem es von der erregenden Ursache entfernt worden ist, während im Gegenteil das weiche

Eisen hierzu unfähig ist und allen oder fast allen Magnetismus wieder verliert, wenn es weggezogen wird.

Nun ist aber ein Körper, der zufolge seiner molekularen Starrheit seinen Magnetismus nicht leicht verliert, aus demselben Grund weniger empfänglich für die Annahme dieses Zustandes. Um seine Empfänglichkeit in dieser Beziehung zu steigern, vermehren wir gewissermafsen seine molekulare Beweglichkeit, sei es durch Wärme oder mechanische Störung, während sich der Körper in einer magnetischen Einflüssen günstigen Lage befindet. Der Magnetismus kann alsdann eintreten und ist er einmal eingetreten, so wird er hier festgehalten, da, sobald der Körper sich abkühlt, oder die mechanische Störung aufhört, die Teilchen wieder im starren Zustand sind. Dem Magnetismus ist also eine Art von Falle gelegt, indem er durch eine offene Thür eintreten kann, die sich sofort schliesst, so dass der Gast in einen Gefangenen verwandelt wird. Diese Eigenschaft des harten Eisens heisst **Koërcitivkraft**, und wir können aus Versuch 8 und 9 schliessen, dass weiches Eisen nicht ganz frei von dieser Eigenschaft ist, dieselbe nur in einem sehr viel kleineren Mafse, als das harte Eisen, besitzt.

Abschnitt 9.

## Das magnetische Feld.

**24. *Aufgabe*.** Magnetische Kurven zu erzeugen und zu fixieren.

***Apparat.*** Stab- und Hufeisenmagnete, Stücke weichen Eisens, ein Stück von sehr dünnem, schwarz lackiertem Eisenblech (Ferrotypeisen), ein Paraffinbad, einige Bogen dünnes Schreibpapier, Eisenfeilicht, ein Stück feinen Musselin, und ein altes Sägeblatt oder ein Stück Stahlblech.

***1. Methode.*** Man schmilzt das Paraffin in dem Bad und tränkt in ihm einen Bogen Schreibpapier; dann hebt man das Papier an einer Ecke aus dem Bad heraus und lässt das geschmolzene Paraffin ablaufen. Der Bogen wird dann an einer Ecke aufgehängt, bis das Paraffin erhärtet ist. In dieser Weise überzieht man mehrere Bogen. Nun legt man einen Bogen präpariertes Papier dicht über einen Stabmagnet und unterstützt das Papier durch Holzstücke so, dass die Oberfläche horizontal und eben ist. Hierauf streut man durch den feinen Musselin Eisenfeilicht über das Papier aus etwa 30 cm Höhe und erschüttert das Papier, bis die Feilspäne sich in Linien anordnen, die **magnetische Kurven**

heissen. Dann fährt man mit der Flamme eines Bunsenbrenners oder einem heissen Eisen über das Paraffin, so dass dasselbe schmilzt, wobei die Feilspäne in der geschmolzenen Substanz einsinken. Entfernt man die Flamme, so wird das geschmolzene Paraffin bald wieder erstarren und so die Feilspäne dauernd in der Lage erhalten, die sie vor dem Schmelzen einnahmen, d. h. geordnet in magnetischen Kurven. Man kann diese Kurven am besten studieren, indem man die Präparate aufrecht gegen das Licht hält, wobei man wegen der Durchsichtigkeit des Papieres die Formen, welche die Eisenteilchen angenommen haben, am besten sieht.

Es mögen so folgende Kurven hergestellt werden:

a) Kurven eines einfachen Stabmagnetes.

b) „ eines Hufeisenmagnetes.

c) „ zweier Stabmagnete, die sich mit gleichnamigen Polen berühren.

d) Kurven zweier Stabmagnete, die sich mit ungleichnamigen Polen berühren.

e) Kurven eines Stabmagnetes mit einem Stück weichen Eisens in seinem Feld.

f) Kurven eines Stabmagnetes nahe einer dünnen Eisenscheibe.

g) Kurven von einem Pol eines Stabmagnetes.

Man wird jetzt erkennen, was mit dem Wort **magnetisches Feld** gemeint ist. Dieser Ausdruck bezeichnet nur *den Raum rings um einen Magnet, innerhalb dessen er fähig ist, eine Wirkung auf weiches Eisen oder andere Magnete zu äussern.* Die magnetischen Kurven, durch die das magnetische Feld ausgedrückt ist, stellen in erster Linie mehr oder minder zusammenhängende Schnüre oder Ketten dar, zu denen sich die Eisenfeilspäne anordnen, wenn sie durch Wirkung des Klopfens freie Beweglichkeit erlangt haben. Hätten wir anstatt der Eisenfeilspäne eine Reihe sehr kleiner frei beweglicher Nadeln angewendet, so würden sich diese in ähnlicher Weise entlang magnetischer Kurven angeordnet haben und die Richtung der auf jede einzelne wirkenden Kraft wäre mit der Tangente der Kurve in diesem Punkt zusammen gefallen. Die Nadel würde sich in der That so stellen, dass sie von dieser Kraft entlang ihrer Achse durchdrungen würde, d. h. sie würde selbst eine Tangente an der Kurve bilden oder ein kleiner Teil der Kurve sein. Eine magnetische Kurve ist daher eine Linie oder eine Bahn von der Art, dass, wenn wir mit einer kleinen

Nadel in der Hand ihr entlang gehen, diese Nadel immer nach der Richtung der Bahn weist.

*2. Methode.* Der Magnetismus eines Magnetes ist nicht immer symmetrisch zu seiner Länge verteilt. Zum Beweis dieser Thatsache wollen wir eine grosse Stricknadel nehmen und, beginnend mit einem Punkt um $1/4$ der ganzen Länge vom einen Ende entfernt, den Nordpol eines Magnetes einigemal bis zu diesem Ende über die Nadel streichen; dann wollen wir, mit demselben Magnetpol und mit demselben Punkt der Nadel beginnend, das nämliche Verfahren nach dem anderen Ende hin ausführen. Auf diese Weise bringt man **Folgepunkte** hervor. Man entdeckt solche Folgepunkte, wenn man mit einem derartigen Magnet nach dem oben beschriebenen Verfahren magnetische Kurven darstellt. Eine derartige besondere Verteilung des Magnetismus ist indessen im allgemeinen eine Quelle von Irrtümern und wir müssen es uns angelegen sein lassen, ihre Entstehung eher zu verhindern, als zu fördern.

*3. Methode.* Benutzt man einen Pol eines starken Magnets wie einen Bleistift und zeichnet damit ein Muster auf eine dünne Stahlplatte, z. B. ein Sägeblatt, indem man jeden Strich mehrmals überfährt, so wird man möglicherweise sehr komplizierte magnetische Figuren erhalten, die unter dem Namen **Haldats Figuren** bekannt sind.

*Aufgabe.* (1) Das Aussehen der erhaltenen magnetischen Kurven zu beschreiben. (2) **Magnetisches Feld** und **Folgepunkte** zu erklären.

Abschnitt 10.

## Der magnetische Meridian.

**25.** *Apparat.* Ein Schiffskompass mit Visier, oder die Materialien zu seiner Herstellung.

*Methode zur Herstellung eines Kompass.* — *Erforderliche Materialien.* 1) Eine viereckige Holzbüchse*) von ungefähr 6 cm Seitenkante und 3 cm Höhe. 2) Kartonpapier. 3) Glasröhre. 4) Mathematische Zeicheninstrumente. 5) Nähnadeln. 6) Stricknadeln. 7) Ein Kitt, etwa Kanadabalsam, in Benzin gelöst, oder Koagulin. 8) Kork.

---

\*) Kästchen von mannigfaltiger Gestalt werden jetzt für Zwecke der Packet- und Briefpost (Mustersendungen) angefertigt. Sie sind äusserst bequem zur Anfertigung von Apparaten.

**Verfahren.** 1) Man schneidet ein gerade in das Kästchen passendes quadratisches Stück Karton aus und zeichnet auf dasselbe eine Windrose mit ihren 32 Strichen (Fig. 38). Durch Ausschneiden

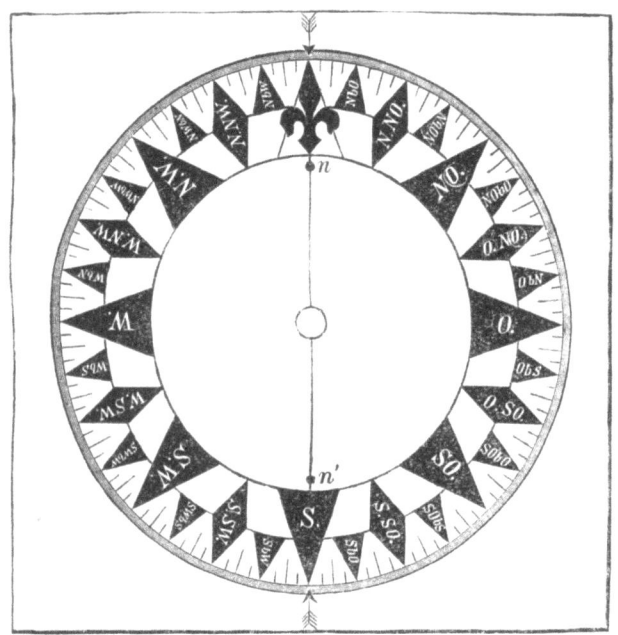

Fig. 38.

des schattierten Ringes teilt man die Windrose in eine zentrale Scheibe, die den beweglichen Teil des Kompasses bildet, und einen äusseren Teil, der den festen Index-Ring giebt. Der letztere ist, wie aus der Figur ersichtlich, mit 2 Index-Pfeilen versehen. 2) Man fertigt ein Glashütchen an, auf dem die Kompassscheibe spielt. Zu diesem Zweck zieht man eine Glasröhre aus (Fig. 39), schmilzt das Ende zu und schneidet die Spitze der Röhre bei $ab$ ab. Dieselbe bildet das Hütchen der Kompassscheibe und muss in ein Loch in der Mitte der letzteren eingesetzt werden.

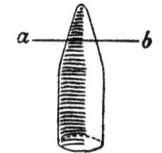

Fig. 39.

3) Man macht vier Magnete von je 4 cm Länge aus einer Stricknadel und befestigt je zwei davon mit Kitt an jeder Seite des Hütchens auf der Kompassscheibe, so dass sie mit ihren Achsen parallel zur Geraden $NS$ liegen (Figur 40) und mit ihren gleichnamigen Polen nach derselben

Richtung zeigen. Um dies genau auszuführen, sticht man zwei Löcher durch die *NS*-Linie und zieht deren Verbindungslinie auf der Rückseite der Scheibe. Um zu untersuchen, ob die Kompassscheibe im Gleichgewicht ist, setzt man sie auf die Spitze einer vertikal gestellten Nähnadel. Ist dies nicht der Fall, so verschiebt man die Magnete so lange, bis die Scheibe balanciert ist, indem man dabei Sorge trägt, die Magnete parallel zur *NS*-Linie zu erhalten. 4) Man befestigt ein Scheibchen Kork mit Kitt in der Mitte des Bodens der Kompassbüchse und steckt senkrecht in dasselbe ein Stück einer Nähnadel. 5) Man befestigt Korkoder Holzscheibchen innerhalb des Holzkästchens als Träger des festen Indexringes, die mit Kitt angeklebt sein müssen. 6) Man bohrt zwei Löcher nahe am Deckel in die Mitte der gegenüberliegenden Seiten der Büchse, in die zwei kurze Glas- oder Messingröhren $t$ und $t'$ (Fig. 41) passen müssen. 7) Nahe den Enden der *NS*-Linie befestigt man aufrecht zwei Nadeln $nn'$ auf der Kompassscheibe (Fig. 38), die Visiernadeln genannt.

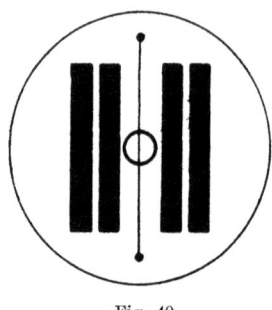

Fig. 40.

Fig. 41. Bestimmung des Meridians.

*Die Lage des magnetischen Meridians auf dem Tisch zu bezeichnen.* Indem man durch eine der Visierröhren sieht, dreht man das Kompassgehäuse, bis die Visiernadeln in der Mitte der Röhren erscheinen. Nun macht man auf ein Stück Kartonpapier, welches von einem Kork getragen wird, einen vertikalen, schwarzen Strich und verschiebt dasselbe so lange, bis die Linie im magnetischen Meridian liegt, d. h. bis man beim Durchblicken durch die Visierröhren die schwarze Linie *l* (Fig. 41) in der Verlängerung der Verbindungslinie der Visiernadeln sieht. Man macht nun eine Marke am Fuss der vertikalen Linie auf den Tisch, die bei *a* (Fig. 42) liegen möge. Schiebt man den Schirm zurück, so erhält man ebenso eine neue Lage bei *b*. Die gerade Verbindungslinie von *a* und *b* liegt im Meridian.

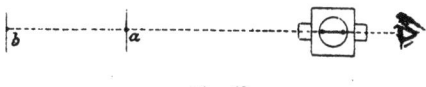

Fig. 42.

Diese Linie soll auf dem Tisch bleibend für künftigen Gebrauch bezeichnet sein.

Die Lage eines Gegenstandes im Raum zu finden. Man dreht den Kompass so lange, bis der Gegenstand, dessen Richtung bestimmt werden soll, durch die Visierröhren gesehen werden kann, dann giebt die Ablesung der Kompassscheibe gegenüber der festen Marke *a* (Fig. 43) die gesuchte Richtung.

**Beispiel.** Wäre z. B. die Richtung des Objektes nordöstlich, so würde die Stellung des Kompassgehäuses die in *B* (Fig. 43) angegebene sein.

*Die Lage des geographischen Meridians auf dem Tisch zu bezeichnen.* Man zieht eine Gerade auf dem Tisch, die einen Winkel von 15⁰ östlich mit derjenigen Geraden bildet, die den magnetischen Meridian bezeichnet. Dieselbe wird sehr nahe den geographischen Meridian geben. Der Winkel, den der eine Meridian mit dem anderen bildet, heisst die magnetische Deklination.

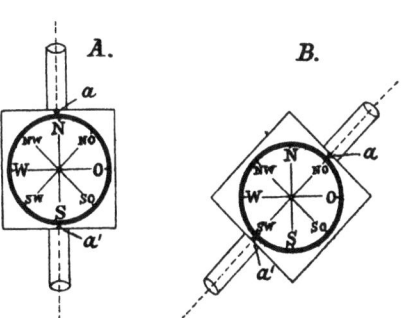

Fig. 43.

*Die Lage des geographischen Meridians zu bestätigen.* Man stellt bei Sonnenschein einen Stab senkrecht und bezeichnet die Lage des Schattens, wenn er am kürzesten ist. Der Schatten des Stabes muss dann mit der von uns gefundenen Linie des geographischen Meridians zusammenfallen.

*Die Verwendung des Kompass zur Bestimmung derjenigen Richtung zu erläutern, in der ein Schiff zu segeln hat.* Ein Kompass ist an Bord des Schiffes so befestigt, dass die Verbindungslinie von $a$ und $a'$ von vorn nach hinten liegt; soll nun das Schiff nach Norden fahren, wie in $A$ (Fig. 43), so liegt $N$ gegenüber $a$. Soll dagegen das Schiff nach Nordosten fahren, wie in $B$ (Fig. 43), so muss der Punkt $NO$ der Kompassscheibe dem Index $a$ gegenüberstehen. Es ist daher einzig und allein nötig, den Punkt der Kompassscheibe zu beachten, der dem Index $a$ gegenüberliegt.

## Abschnitt 11.
## Gesetz der umgekehrten Quadrate.

**26. Apparate.** Mathematische Zeicheninstrumente, Reissbrett etc. Eine sehr kleine auf einer Achse befestigte Kompassnadel und ein langer dünner Stabmagnet.

**Anwendung des Gesetzes der umgekehrten Quadrate.** Wir würden finden, dass die Aufgabe, die Wirkung eines Magnetes auf einen anderen zu berechnen, eine sehr schwierige ist, wenn es uns nicht erlaubt wäre, anzunehmen, dass der Magnetismus so nach aussen wirkt, als wäre er konzentriert in den Enden des Magnetes. Machen wir diese Annahme, wenigstens bei langen und dünnen Magneten, und betrachten wir zwei derartige Magnete $NS$ und $N'S'$ (Fig. 44), die so gestellt sind, dass ihre $S$ und $S'$-Pole hinreichend entfernt sind, um ihre Wirkung vernachlässigen zu dürfen. Die Abstossungskraft zwischen $N$ und $N'$ wird dann von zwei Grössen abhängen:

Fig. 44.

1) von der Stärke der beiden Pole,
2) von der gegenseitigen Entfernung der Pole.

Das genaue Gesetz kann in Buchstaben folgendermaßen geschrieben werden.

### Grundgesetz.

*Sind $f$ und $f'$ die magnetischen Stärken zweier Pole und $d$ deren Entfernung, so ist die ganze Kraft $F$ der gegenseitigen Abstossung oder Anziehung:*

Gesetz der umgekehrten Quadrate.   63

$$F = \pm \frac{f \cdot f'}{d^2}$$

*wobei das obere Zeichen für Abstossung, das untere für Anziehung gilt.*

Es ist von der grössten Wichtigkeit, dass der Leser den Sinn dieses Grundgesetzes richtig begreift; wir geben zu seiner Anwendung ein Zahlenbeispiel.

**Beispiel.** Die Stärke eines Poles sei $+$ 8 Einheiten und die eines anderen $-$ 20 Einheiten, oder in anderen Worten, der eine sei ein Nordpol von der Stärke 8, der andere ein Südpol von der Stärke 20. Angenommen, die Pole hätten eine Entfernung von 2 Einheiten und es sollte die Anziehungs- oder Abstossungskraft zwischen ihnen bestimmt werden. Man hat dann

$$F = \frac{(+8) \cdot (-20)}{2^2} = -\frac{160}{4} = -40,$$

d. h. die Kraft besteht in einer Anziehung von 40 Einheiten.

Anwendung des Grundgesetzes. Das obige Gesetz bietet uns den Schlüssel zur Erklärung der magnetischen Kurven. Der

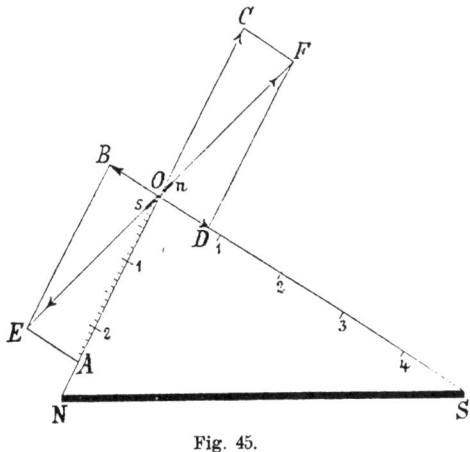

Fig. 45.

Schüler zeichne eine Gerade *NS* (Fig. 45), die einen langen und dünnen Magnet darstellt, und untersuche die Lage, die ein kleiner Magnet *ns* annimmt, wenn er in den Punkt *O* des magnetischen Feldes gebracht wird. Auf die Pole des kleinen Magnetes wirken dann vier Kräfte:

$OA =$ die Anziehung von $N$ auf $s$, den Südpol des kleinen Magnetes.
$OB =$ die Abstossung von $S$ auf $s$.
$OC =$ die Abstossung von $N$ auf $n$, den Nordpol des kleinen Magnetes.
$OD =$ die Anziehung von $S$ auf $n$.

Um die Längen der diese Kräfte darstellenden Linien zu finden, müssen wir das Grundgesetz anwenden. Die Stärke des Poles $N$ sei $+\,100$ und die des Poles $S$ sei $-\,100$ Einheiten, während $n$ eine Polstärke von $+\,2$ und $s$ eine solche von $-\,2$ Einheiten hat. Wir wollen weiter die Annahme machen, dass der kleine Magnet hinreichend klein sei, um den Abstand seiner Pole vernachlässigen zu dürfen, und dann dass $ON = 3$, $OS = 5$ Einheiten lang sei. Das Grundgesetz ergiebt dann

$$OA = \frac{(+\,100).(-\,2)}{3^2} = -\,\frac{200}{9}$$

$$OB = \frac{(-\,100).(-\,2)}{5^2} = +\,\frac{200}{25}$$

$$OC = \frac{(+\,100).(+\,2)}{3^2} = +\,\frac{200}{9}$$

$$OD = \frac{(-\,100).(+\,2)}{5^2} = -\,\frac{200}{25}$$

Die Längen von $OA$, $OB$, $OC$, $OD$ sind demnach bekannt; es ist ganz unwesentlich, welche Längen wir diesen Geraden geben, wenn nur das genaue Verhältnis eingehalten wird. Nun ist aber

$$OA : OB = \frac{200}{9} : \frac{200}{25} = 25 : 9$$

d. h. $OA$ muss 25 Einheiten, $OB$ 9 Einheiten lang gemacht werden. Vollendet man nun das Parallelogramm $AOEB$ und zieht die Diagonale $OE$, so stellt dieselbe Grösse und Richtung der resultierenden Kraft dar. In gleicher Weise können wir $OF$ finden, welches gleich und entgegengesetzt zu $OE$ ist. Der kleine Magnet in $O$ ist demnach im Gleichgewicht und hat kein Bestreben, seine Lage zu verlassen; er wird sich immer von selbst entlang der Linie $OF$ einstellen. *Die Gerade $OF$ wird eine Tangente an die magnetische Kurve oder Kraftlinie sein, die durch den Punkt $O$ geht.*

**Aufgaben.** Nach demselben Konstruktionsverfahren die Lage zu finden, die ein kleiner Magnet annimmt, wenn er in folgende Punkte gebracht wird:

1) Über die Mitte von *NS*.
2) Senkrecht über *N*.
3) In die Verlängerung von *NS*.

**Experimentelle Bestätigung.** Bei der obigen Untersuchung nahmen wir an, dass

1) die Pole an den Enden des langen Magnetes lägen;
2) die Länge desselben im Vergleich zu der des kleinen Magnetes gross wäre;
3) keine anderen Kräfte thätig wären, ausser den zwischen den beiden Magneten wirkenden.

In der Praxis müssen wir daher Sorge dafür tragen, die beiden ersten Bedingungen angenähert zu erfüllen. Die dritte Forderung würde schwer zu erfüllen sein, wenn wir nicht im stande wären, die Wirkung der Erde unschädlich zu machen. Allein dies gelingt in folgender Weise:

Man bringt die kleine Kompassnadel nach *O* und dreht das Reissbrett, bis die Nadel entlang *EF* liegt. Sie ist dann unter der alleinigen Einwirkung der Erdkraft in Ruhe. Nun legt man den langen Magnet auf *NS*, worauf die Nadel nach wie vor entlang *EF* weist, wenn die Theorie richtig ist. Man wiederholt den Versuch in den anderen Lagen. Es ist hier weiter nichts geschehen, als die Richtung der kleinen Kompassnadel in jedem Punkt mit der Richtung des magnetischen Meridians zusammenfallen zu lassen, in welchem Fall die Erdwirkung keinen Einfluss auf die Gleichgewichtslage hat.

**27. *Kraftlinien*.** Die merkwürdigen Kurven aus Eisenfeilspänen werden den Schüler zum Verständnis des Begriffes **Kraftlinien** vorbereiten. Kraftlinien können als eine graphische Darstellung der Wirkung einer Kraft betrachtet werden. Man kann sich eine gegen die Erde hin fallende Masseneinheit oder ein Kilogramm etwa so vorstellen, als wäre an der Masse eine Schnur befestigt, die mit konstanter Kraft immer nach dem Erdmittelpunkt gezogen würde. Diese Vorstellung von Schnüren, welche die Wirkung der irdischen Schwere darstellen, ist einer vorteilhaften Erweiterung fähig.

Wir können z. B. annehmen, dass eine sehr grosse aber doch streng konstante Zahl solcher Schnüre von der Erdmitte nach Punkten gingen, die symmetrisch auf der Erdoberfläche verteilt sind, dass ferner diese Punkte einander sehr nahe liegen, und dass die wohlbekannte Erscheinung des Gewichtes durch derartige Schnüre verursacht sei. (Vergl. Fig. 46.)

Was wird nun nach dieser Hypothese geschehen, wenn wir zu einer Oberfläche übergehen, die zehnmal so weit vom Erdmittelpunkt entfernt ist, als unser jetziger Aufenthalt? Werden diese Schnüre, oder gedachte Verlängerungen derselben, noch immer die Wirkung der Erde auf die Einheit der Masse darstellen, wenn die letztere in diese vergrösserte Entfernung vom Erdmittelpunkt gebracht wird? Wir wollen untersuchen, ob dies der Fall ist, oder nicht. Betrachten wir zunächst die Oberfläche der Erde, wo wir leben, und stellen wir uns vor, dass die auf eine Masseneinheit wirkende irdische Schwere in Wirklichkeit herrühre von einer sehr grossen, aber genau konstanten Anzahl von solchen Schnüren, deren jede denselben Zug ausübt und die ganz symmetrisch über die Erdoberfläche verteilt sind.

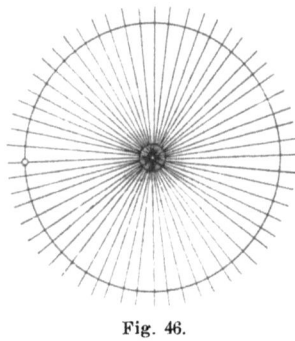

Fig. 46.

Dann können wir in der grösseren Entfernung, zehnmal so weit vom Mittelpunkt der Erde, nur dieselbe Zahl von Schnüren haben, wie hier, wenn wir unser Bild gelten lassen wollen. Aber diese Schnüre oder deren Verlängerungen sind nun über eine hundertmal so grosse Fläche als die Erdoberfläche verbreitet, so dass die Anzahl derjenigen Schnüren, die durch die Masseneinheit hindurchgehen, in der vergrösserten Entfernung nur noch der hundertste Teil ist. Wollen wir demnach die Analogie noch gelten lassen, so muss die Kraft in dieser grösseren Entfernung thatsächlich im nämlichen Verhältnis vermindert sein. Dies ist aber, wie die Astronomen gefunden haben, in der That genau der Fall, denn sie haben gezeigt, dass die Kraft der Schwere sich umgekehrt wie das Quadrat der Entfernung ändert, so dass, wie bereits im 12. Artikel erwähnt wurde, die Kraft in dieser grossen Entfernung $10^2$ oder 100 mal so klein ist, wie an der Erdoberfläche. Es leuchtet demnach ein, dass in diesen beiden Entfernungen und folglich auch in jeder anderen, die Anziehung der Erde auf ein Kilogramm Materie als proportional betrachtet werden kann der Zahl von Kraft-Linien oder Schnüren, welche durch die Substanz hindurchgehen. Und es ist ebenso klar, dass, wenn diese Kraftlinien sehr dicht bei einander liegen, dies eine Gegend bedeutet, wo die Kraft sehr stark ist, wenn dagegen derartige Linien sehr weit von einander entfernt sind, dies eine Gegend von sehr geringer Kraft ist.

Lässt man im obigen Fall einen kleinen Stein zur Erde fallen, so wird er sich entlang einer dieser Kraftlinien und demnach in einer geraden Linie bewegen. In dem Falle eines Magnetes dagegen sind, wie wir sahen, die Kraftlinien gekrümmt und nicht gerade, und die Kraft, die ein solcher Magnet auf eine ausserordentlich kleine Magnetnadel ausübt, ist nur eine richtende; das heisst die kleine Kompassnadel wird nicht als Ganzes entlang der Kraftlinie, die durch sie hindurchgeht, fortgeführt, sondern nur veranlasst, sich so zu richten, dass ihre Achse entlang der Linie liegt, da ihr einer Pol ebenso stark angezogen wird, wie der andere abgestossen.

## Abschnitt 12.
## Die magnetische Wirkung der Erde.

**28. *Apparate*.** Nähnadel, Magnet, Gefäss mit Wasser, Zeicheninstrumente u. s. f.

Die magnetische Erdkraft richtet nur. Man magnetisiert eine Nähnadel und legt dieselbe vorsichtig in horizontaler Lage auf eine Wasseroberfläche; sie schwimmt darauf und kann mit Hilfe einer Magnetnadel auf der Wasseroberfläche hin und her geführt werden. Wenn die Nadel aus dem magnetischen Meridian herausgebracht wird, so wird sie wieder zurückkehren, indem sie mit dem Nordpol nach Norden zeigt, vorausgesetzt, dass kein Magnet in der Nähe ist; dagegen wird sie durchaus kein Bestreben zeigen, sich als Ganzes nach dem Nordpol oder Südpol der Erde zu bewegen. Mit anderen Worten, die Wirkung der Erde ist nur richtend.

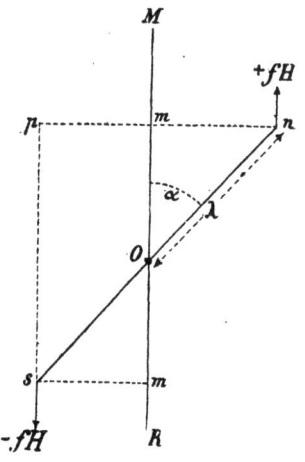

Fig. 47.

Um diese Thatsache zu erklären, müssen wir uns des Abschnittes 11 erinnern, wo wir fanden, dass ein kleiner Magnet, wenn er in das Kraftfeld eines grossen gebracht wird, unter der Einwirkung

5*

von zwei gleichen und entgegengesetzten Kräften steht, die nur eine Drehung hervorrufen können. Nehmen wir an, es stelle in Fig. 47 $nOs$ eine Kompassnadel dar, die aus dem Meridian $MR$ abgelenkt ist, so dass sie einen Winkel $\alpha$ mit ihm bildet; sie steht unter der Wirkung der beiden gleichen und entgegengesetzten Kräfte, die das magnetische Kräftepaar der Erde genannt werden, und die das Bestreben haben, die Nadel in den magnetischen Meridian zurückzuführen.

Da wir nun weder über die Stärke der Magnetpole der Erde, noch über deren Entfernung von der Nadel etwas wissen, so wollen wir die Kraft, die auf den Nordpol von der Stärke $f$ wirkt, bezeichnen durch

$$+ f . H,$$

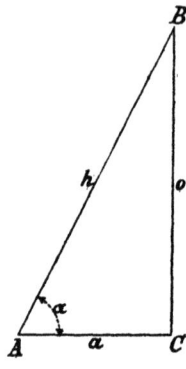

Fig. 48.

wo $H$ die Horizontalkomponente der magnetischen Erdkraft heisst. Entsprechend ist die Kraft, die auf den Südpol wirkt

$$- f . H,$$

dieses sind also die beiden Kräfte, die das magnetische Kräftepaar der Erde bilden.

Der Leser, der mit Trigonometrie nicht vertraut ist, muss mit der Bedeutung des Ausdrucks Sinus bekannt gemacht werden. Man zeichne ein Dreieck $ABC$ (Fig. 48) mit einem rechten Winkel $BCA$. Es sei

der Winkel $BAC = \alpha$,

$BC$, die $\alpha$ gegenüberliegende Seite $= o$,

$AC$, die $\alpha$ anliegende Seite $= a$,

$AB$, oder die Hypotenuse $= h$.

Misst man $o$, $a$ und $h$, so ist der Sinus des Winkels $\alpha$ das Verhältnis der gegenüberliegenden Seite $o$ zur Hypotenuse $h$, oder in Zeichen

$$\sin \alpha = \frac{o}{h}$$

**Beispiel:** Es sei $o = 8$ und $h = 12$, so ist sin. $\alpha = \frac{8}{12}$ $= 0,66 \ldots$

Wir bedürfen noch zweier anderer Verhältnisse, nämlich des Kosinus und der Tangente.

Kosinus von $\alpha$ (abgekürzt cos $\alpha$) $= \dfrac{a}{h}$

Tangente von $\alpha$ (abgekürzt tang $\alpha$) $= \dfrac{o}{a}$.

Um den Winkel zu finden, der einem gegebenen Sinus, Kosinus oder einer Tangente entspricht, muss man mathematische Tafeln benutzen (vergl. Anhang *D*).

Kehren wir nun zu Fig. 47 zurück und bezeichnen die halbe Länge der Nadel mit $\lambda$, so haben wir

$$\sin \alpha = \frac{mn}{\lambda}$$

oder

$$mn = \lambda . \sin \alpha$$

ebenso

$$m's = \lambda . \sin \alpha$$

und

$$pn = 2 . mn = 2\,\lambda . \sin \alpha$$

Nun ist aber $pn$ der senkrechte Abstand der Kräfte, die das Kräftepaar bilden; in den Lehrbüchern der Mechanik wird bewiesen, dass man das Moment eines Kräftepaares findet, indem man den Betrag der einen Kraft mit dem senkrechten Abstand beider multipliziert. Daher ist das Moment $F$, welches die Nadel in den Meridian zu bringen strebt,

$$F = f . H . 2\,\lambda . \sin \alpha.$$

Dieser Ausdruck (der gleichbedeutend ist mit $2\,\lambda\,f\,H \sin \alpha$) kann durch Einführung des Begriffes **Moment eines Magnetes** vereinfacht werden.

***Erklärung.*** *Das Moment eines Magnetes ist das Produkt seiner Polstärke mit dem Abstand der beiden Pole.*

Bezeichnet man das Moment eines Magnetes mit $\mu$, so ist

$$\mu = 2\,\lambda\,f$$

und daher

$$F = \mu\,H \sin \alpha$$

oder das Moment, welches die Kompassnadel in den Meridian zu bringen strebt, ist gleich dem *Produkt aus dem magnetischen Moment der Nadel, der horizontalen Komponente des Erdmagnetismus und dem Sinus der Ablenkung aus dem Meridian*. Der Studierende muss diese Formel im Gedächtnis behalten.

***Aufgaben.*** 1) Wenn $\lambda = 4$ cm, $f = 1$ Einheit, $H = 6$ Einheiten ist, wie gross ist dann das Drehungsmoment für $\alpha = 30^0$ oder $= 45^0$. 2) Wie gross ist das Moment eines Magnetes, dessen halbe Länge oder $\lambda = 6$ ist, während die Polstärke 5 ist. 3) Wie gross ist die Stärke des Erdmagnetismus an einem Orte, wo das erforderliche Moment, um eine Nadel vom Moment 5 um $30^0$ abzulenken, gleich 50 Einheiten ist.

## Abschnitt 13.
## Bestimmung der Inklination.

**29. Apparat.** Eine Inklinationsnadel mit Kreis oder die Materialien, um die Vorrichtung herzustellen. Fig. 49 zeigt eine Form der Inklinationsnadel, die besonders für die Arbeiten dieses Abschnittes bestimmt ist. Fig. 50 ist eine einfachere Form, wie sie vom Schüler hergestellt werden kann.

Materialien zur Anfertigung einer Inklinationsnadel. 1) Ein Holzblock 10 cm im Quadrat und 2,5 cm dick. 2) Vier Korke. 3) Glasstab. 4) Streifen von Spiegelglas. 5) Nähnadel. 6) Kartonpapier.

Fig. 49. Das Inklinatorium.

**Verfahren.** 1) Man mache das Gestell und die Säulen in Dimensionen und Material nach Figur 50. Die Träger für die Nadel sind bei $ab$ und $cd$ zu sehen; die Enden bei $b$ und $c$ werden Vförmig gemacht, indem man das Glas in der Gebläselampe erhitzt und es dann mit dem Ende einer erhitzten Feile berührt. 2) Man teile einen Kreis von Karton in Grade und numeriere dieselben in vier Quadranten nach der Reihenfolge $0^0$, $90^0$, $0^0$, $90^0$; dann schneide man zwei ringförmige Sektoren $ss'$ aus, die sich etwa von $60^0$ zu $60^0$ erstrecken, und kitte zwei Stückchen Spiegelglas hinter diese Öffnungen. 3) Man fertige die Nadel an. Eine brauchbare Nadel kann bei einiger Geduld in folgender Weise hergestellt werden: a) Man nimmt ein Stück Krinolinstahl und schneidet es mit Hilfe einer Schere so genau wie möglich in die gewünschte

Gestalt aus. b) Man bohrt durch die Mitte ein Loch, welches eben weit genug ist, um eine Nähnadel hindurch zu lassen. Der von der Nähnadel als horizontale Achse getragene Stahlstreifen muss in jeder Stellung im Gleichgewicht sein; ist dies nicht der Fall, so muss vollkommenes Gleichgewicht durch Abfeilen der Enden des Stahlstreifens herbeigeführt werden. c) Man umwickelt den Stahlstreifen mit Eisendraht und erhitzt ihn in der Gebläselampe zu heller Rotglut; dann taucht man ihn senkrecht in kaltes

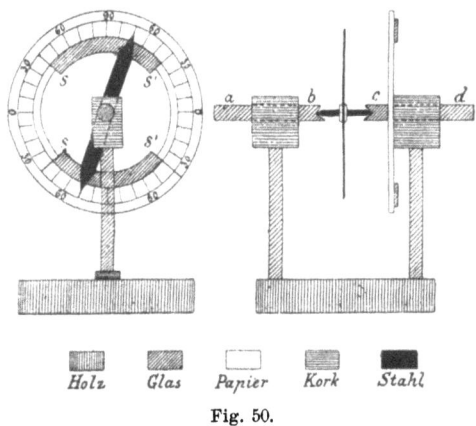

Fig. 50.

Wasser. Ist die Gebläseflamme nicht gross genug, um den ganzen Stahlstreifen auf einmal zu erhitzen, so muss zuerst das eine Ende und dann das andere gehärtet werden. 4) Man schneide mittels eines Korkbohrers zwei Pfröpfe aus Pappendeckel aus, lege einen davon auf jede Seite des Stahlstreifens und stosse eine Nadel, die als Achse dient, durch die Mitte des einen Pfropfes, durch das Loch im Stahlstreifen, und zuletzt durch die Mitte des anderen Pfropfes. Dann kitte man die beiden

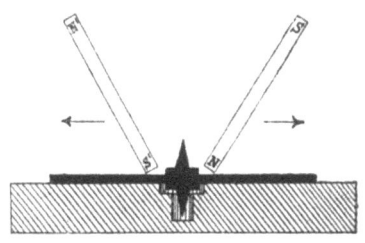

Fig. 51.

Pfropfe mit Balsam an den Streifen an und lege die Nadel weg, bis der Kitt getrocknet ist. Hierauf prüfe man, ob die Nadel noch im Gleichgewicht ist, und ist dies nicht der Fall, so führe man den letzten Ausgleich durch Abschleifen auf einem Stein herbei. 5) Man magnetisiere die Nadel nach dem Verfahren des doppelten Strichs. In den Fuss des Inklinatoriums ist ein Loch $l$ gebohrt, das hinreichend gross ist, um die Achse der Nadel und den Befestigungspfropf aufzunehmen. Zum Zweck der Magnetisierung müssen wir die Nadel flach auf den Holzfuss legen (die eine Achsenhälfte in dem Loch) und dort mittels eines Messingstreifchens und einer Schraube $s$ (siehe Fig. 49) befestigen. Wir nehmen nun in jede Hand einen Magnet und setzen entgegengesetzte Pole nahe der Mitte auf die Nadel (vergl. Fig. 51); hierauf führen wir die Magnete ungefähr 20 mal von der Mitte der Nadel nach den Enden. Die Nadel wird dann umgewendet und das Verfahren auf der anderen Seite wiederholt.

***Theorie der Inklinationsnadel.*** Bei der Besprechung der magnetischen Kraft der Erde, im Abschnitt 12, betrachteten wir allein denjenigen Teil derselben, der die abgelenkte Kompassnadel in den magnetischen Meridian zurückzuführen strebt. Es war von keinem Bestreben der Nadel die Rede, sich infolge einer vertikalen Kraft zu neigen, denn einer solchen Kraft würde der Widerstand des Aufhängungshütchens der Kompassnadel entgegenwirken. Wenn wir aber den Magnet so unterstützen, dass eine vertikale Kraft eine wahrnehmbare Wirkung auf ihn ausüben kann, wie dies bei der Inklinationsnadel der Fall ist, so können wir diese vertikale Kraft untersuchen. Stellen wir ferner die Inklinationsnadel so, dass sie in der Ebene des magnetischen Meridians schwingen kann, so können wir gleichzeitig die Wirkung der horizontalen Kraft beobachten. Angenommen $sn$ (Fig. 52) wäre eine im Meridian schwingende Inklinationsnadel; dieselbe kommt infolge der Wirkung zweier Kräftepaare in einer zum Horizont geneigten Lage zur Ruhe. Die Kräftepaare sind

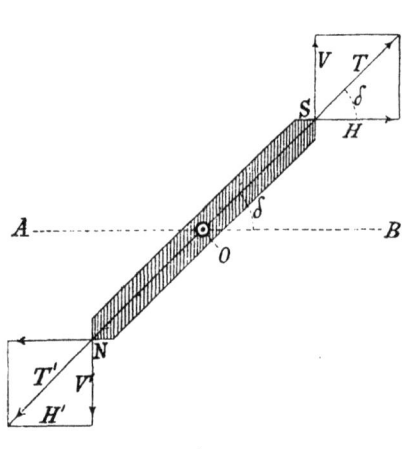

Fig. 52.

1) das Kräftepaar der horizontalen Komponente des Erdmagnetismus — $Hf$ und $+ H'f$,

2) das Kräftepaar der vertikalen Komponente des Erdmagnetismus — $Vf$ und $+ V'f$,
und die Stellung der Nadel wird eine derartige sein, dass — $Tf$ und $+ T'f$, das resultierende Kräftepaar, kein Moment haben, vielmehr nur als zwei entgegengesetzt gleiche Anziehungen auf die Nadel wirken.

Die Resultante von $H$ und $V$ oder von $H'$ und $V'$ heisst die totale Kraft des Erdmagnetismus und der Winkel $TOB$, den die Nadel mit der Horizontalen bildet, die Inklination der Nadel. Wir wollen diesen Winkel mit $\delta$ bezeichnen.

Betrachten wir die Figur und erinnern uns, dass die Tangente eines Winkels gleich dem Verhältnis der gegenüberliegenden Kathete zur anliegenden ist, so finden wir

$$\tan \delta = \frac{Vf}{Hf} = \frac{V}{H}; \text{ oder } V = H \tan \delta.$$

Dies ist eine äusserst wichtige Beziehung, denn wenn wir zwei der darin vorkommenden Grössen kennen, so kann die dritte berechnet werden.

Anderseits ist

$$\cos \delta = \frac{Hf}{Tf} = \frac{H}{T} \text{ oder } T = \frac{H}{\cos \delta}.$$

**Aufgaben.** Die horizontale Komponente des Erdmagnetismus war 0,2 Einheiten und die Inklination betrug $60^0$; wie gross ist die vertikale Komponente. Wie gross ist ferner die totale Kraft des Erdmagnetismus.

**Verfahren zur Durchführung einer Inklinationsbeobachtung.** Unsere erste Aufgabe ist die, die Nadelebene in den magnetischen Meridian zu bringen. Die geeignetste Methode hierfür ist die folgende.

a) Man belaste die Inklinationsnadel durch einen Kork, in den das scharfe Ende der Nadel eingestossen ist.

b) Man lege die Nadel auf ihre Achse, worauf sie vertikale Lage annimmt.

c) Man stelle den Teilkreis so, dass das obere Ende der Nadel auf $90^0$ zeigt. Hierbei muss die Stellung des Auges eine solche sein, dass das Ende der Nadel und sein Bild im Spiegel sich decken, denn in diesem Falle vermeiden wir den als Parallaxe bekannten Fehler.

d) Man entferne das Gewicht vom unteren Ende des Magnetes und drehe den Fuss des Inklinatoriums bis die Nadel vertikal steht; es ist klar, dass jetzt die Ebene der Nadel einen rechten Winkel mit der Meridianebene bildet, denn wenn wir Fig. 53 betrachten, wo wir eine Inklinationsnadel in dieser Lage sehen, werden wir erkennen, dass das horizontale Kräftepaar einzig und allein das eine Ende der Magnetachse zu heben sucht. Das vertikale Paar vermag daher den Magnet in eine vertikale Lage zu bringen.

e) Man bezeichne die Lage, welche der Fuss einnimmt, wenn die Nadel senkrecht steht, indem man einen Bleistiftstrich rings um den Fuss führt. Dann drehe man den Fuss um $90^0$; die Nadel ist jetzt in der gewünschten Lage, mit ihrer Ebene im magnetischen Meridian.

Die Nadel und der Teilkreis sind einigen Fehlern unterworfen.

Fehlerquellen. Was die Nadel angeht, so kann vorhanden sein 1) ein Fehler in der Verteilung der Masse, d. h. der Schwerpunkt der Nadel fällt nicht mit ihrer Drehungsachse zusammen; 2) ein Fehler in der Verteilung des Magnetismus, d. h. die magnetische Achse fällt nicht mit der Nadelachse zusammen; 3) es kann Reibung oder Adhäsion der Achsen stattfinden, da dieselben auf den Lagern ruhen. Ferner kann in Bezug auf das ganze Instrument der Fall eintreten, dass die Rotationsachse der Nadel nicht durch den Mittelpunkt des vertikalen Kreises geht, und der Teilkreis selbst kann unrichtig eingestellt sein.

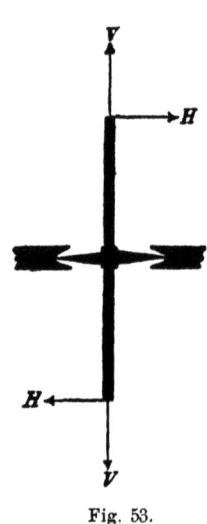

Fig. 53.

Der durch die Reibung veranlasste Fehler muss möglichst verkleinert werden, indem man Achse und Lager rein erhält. Um die anderen Fehler auszuscheiden, muss die im folgenden beschriebene Beobachtungsmethode eingehalten werden:

Methode der Inklinationsbeobachtung. 1) Unter der Voraussetzung, dass das Instrument mit seiner Ebene in den magnetischen Meridian gestellt worden ist und dass die Achsen und Lager rein sind, wollen wir annehmen, dass die Vorderseite des Instrumentes (das ist diejenige Seite, welche die Teilung trägt) nach dem magnetischen Osten gewendet ist. Ferner wollen wir annehmen, dass eine Seite der Nadel, die Vorderseite (bezeichnet durch eingekratzte Striche oder Buchstaben), gegen die

Vorderseite des Instrumentes gewendet ist. Nun lese man beide Enden der Nadel ab, indem man Zehntel eines Grades schätzt. 2) Man drehe das Instrument nach dem magnetischen Westen und lese wieder ab. 3) Dann legt man die Nadel um und wiederholt dasselbe Verfahren, und schliesslich wendet man das Instrument, während man die Nadel umgelegt lässt, wieder nach dem magnetischen Osten und stellt den ersten Satz von Beobachtungen noch einmal an, mit dem Unterschied, dass jetzt die Rückseite der Nadel der Vorderseite des Instrumentes zugewendet ist.

Von den beiden Enden der Nadel, die wir mit $\alpha$ und $\beta$ bezeichnen wollen, möge $\alpha$ sich senken; wir haben alsdann im ganzen folgende 8 Beobachtungen angestellt:

| | | | Oberes Ende | Unteres Ende |
|---|---|---|---|---|
| Vorders. d. Instr. östlich | Vorderseite d. Nadel gegen Vorders. d. Instr. . . . | | $A_\alpha$ | $A'_\alpha$ |
| ,,      ,,      ,,    westl. | Vorderseite d. Nadel gegen Vorders. d. Instr. . . . | | $B_\alpha$ | $B'_\alpha$ |
| ,,      ,,      ,,      ,, | Rückseite der Nadel gegen Vorders. d. Instr. . . . | | $C_\alpha$ | $C'_\alpha$ |
| ,,      ,,      ,,    östlich | Rückseite der Nadel gegen Vorders. d. Instr. . . . | | $D_\alpha$ | $D'_\alpha$ |

4) Wir müssen nun die Polarität der Nadel nach dem Verfahren des doppelten Strichs umkehren, so dass das Ende $\beta$ sich senkt. 5) Wir nehmen an, dass die Nadel magnetisch gesättigt ist und das Ende $\beta$ sich senkt; nachdem wir die Nadelachsen mit Kork gereinigt haben, machen wir mit der unmagnetisierten Nadel eine neue Reihe von 8 Beobachtungen, ganz analog den oben beschriebenen. Diese heissen

$$A_\beta,\ A'_\beta;\ B_\beta,\ B'_\beta;\ C_\beta,\ C'_\beta;\ D_\beta,\ D'_\beta.$$

Hiermit ist die Beobachtung vollständig und das Mittel aus den 16 Ablesungen giebt uns die wahre Inklination.

Theorie des Beobachtungsverfahrens. Die verschiedenen Behandlungsweisen sind notwendig gemacht durch die Möglichkeit fehlerhafter Konstruktion der Nadel und unvollkommener Befestigung der Kreisteilung.

Eine Nadel kann unter der Annahme genau cylindrischer Achse doch nach drei Seiten unvollkommen sein:

a) Ihr Schwerpunkt fällt nicht mit dem Drehungsmittelpunkt zusammen, soweit dies die Länge der Nadel betrifft.

b) Ihr Schwerpunkt fällt nicht mit dem Drehungsmittelpunkt hinsichtlich der Breite der Nadel zusammen.

c) Die magnetische Achse fällt nicht mit der Nadelachse zusammen.

**Aufgabe.** Man zeichne Figuren, welche diese einzelnen Fehler veranschaulichen; man schneide aus dünnem Pappendeckel Modelle von Nadeln aus, die mit diesen Fehlern behaftet sind; der Fehler b kann durch einen Streifen von Pappendeckel dargestellt werden, indem eine Seite der Nadel mit Gummi überzogen wird.

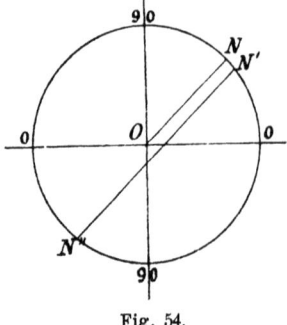

Fig. 54.

Ferner kann es sein, dass die Drehungsachse der Nadel nicht durch den Mittelpunkt des Teilkreises geht. Dieser letztere Fehler, oder der durch Exzentricität veranlasste, wird durch die Ablesung beider Nadelenden vermieden.

**Aufgabe.** Man zeichne einen geteilten Kreis und einen Radius $ON$ (vergl. Fig. 54) unter einem Winkel von etwa $45^0$ mit $OO$, ebenso einen exzentrischen Durchmesser $N'N''$ parallel zu $ON$. Nun stellt $N'N''$ die Nadel vor, und der Studierende soll zeigen, dass das Mittel der Ablesungen bei $N'$ und $N''$ gleich der Ablesung bei $N$ ist.

Wenn die Nadel in ihren Lagern umgekehrt wird, werden die Fehler b und c gleichzeitig umgekehrt. Der Studierende möge sich selbst von der Richtigkeit dieser Angabe überzeugen, indem er das Modell einer Nadel durch Eintauchen in Paraffin durchscheinend macht, nachdem auf derselben zuvor die magnetische Achse durch einen Tintestrich und der Schwerpunkt durch einen Punkt von Tinte bezeichnet ist. Er wird sogleich erkennen, dass, wenn die Wirkung beider Fehler etwa darin besteht, die Inklination zu vergrössern, wenn die Vorderseite der Nadel dem Beobachter zugewendet ist, sie im Gegenteil die Inklination verkleinern, sobald die Nadel umgelegt wird.

Wenn die Vorderseite des Kreises um $180^0$ herumgedreht wird, werden dadurch die Enden der Nadel in verschiedene Quadranten des vertikalen Kreises gebracht. Wenn daher die Punkte $90^0$ fehlerhaft gestellt worden sind, so dass etwa die Nadelablesung in der ersten Lage zu klein wird, so fällt dieselbe nun zu gross aus, und daher wird der Fehler, der aus fehlerhafter Anordnung des Teilkreises entspringt, vermieden, wenn man von beiden Ablesungen das Mittel nimmt. Ein anderer Vorteil dieser Umkehrung des vertikalen Kreises ist der, dass neue Punkte der Stahlachse in Berührung mit den Lagern kommen.

Der einzige Fehler, der unausgeglichen bleibt, ist der unter $a$ angegebene, denn wir müssen beachten, dass bei allen Änderungen die Lage des Schwerpunktes in Bezug auf die Drehungsachse dieselbe bleibt.

Dieser Fehler wird beseitigt, indem man die Pole der Nadel vertauscht. Denn wenn während der ersten Reihe von Versuchen der Schwerpunkt zufällig unter der Drehungsachse gelegen, und so ein Moment verursacht hätte, welches die Inklination zu vergrössern sucht, so hätte nach der Umkehrung der Schwerpunkt über der Achse gelegen und auf diese Weise ein Moment gehabt, welches die Inklination vermindert. Der Schüler möge sich diesen Punkt mittels eines in Paraffin getauchten Modells klar machen.

Nachdem wir so die Gründe für die verschiedenen Stufen des Verfahrens angegeben haben, erübrigt noch, festzustellen, dass es bei Bestimmung der Lage, wo die Nadel vertikal steht, offenbar unnötig ist, die Pole der Nadel umzukehren, da ja eine Verschiebung des Schwerpunktes der Nadel in Bezug auf die Länge der Nadel keinen Einfluss auf die vertikale Lage der Nadel haben kann. Nur bei nicht-vertikaler Lage kann die Nadel von dem fraglichen Fehler beeinflusst werden.

**Beispiel.** Siehe nachstehende Tabelle.

| Pol $\alpha$ unten. | | Mittel | Pol $\beta$ unten. | | Mittel |
|---|---|---|---|---|---|
| $A_\alpha$ | $A'_\alpha$ | | $A_\beta$ | $A'_\beta$ | |
| 67,3 | 67,3 | $67,3^0$ | 67,4 | 67,4 | $67,4^0$ |
| $B_\alpha$ | $B'_\alpha$ | | $B_\beta$ | $B'_\beta$ | |
| 68,2 | 68 | $68,1^0$ | 67,3 | 67,4 | 67,35 |
| $C_\alpha$ | $C'_\alpha$ | | $C_\beta$ | $C'_\beta$ | |
| 67,8 | 67,6 | $67,7^0$ | 67,9 | 67,8 | 67,85 |
| $D_\alpha$ | $D'_\alpha$ | | $D_\beta$ | $D'_\beta$ | |
| 67,3 | 67,3 | $67,3^0$ | 67,1 | 67,2 | 67,15 |
| Mittel der Mittel | | $67,30^0$ | Mittel der Mittel | | $67,44^0$ |
| Mittel aus allen Beobachtungen = $67,52^0$ | | | | | |

**30. Wirkung eines Magnetes auf einen anderen.** Wir haben gesehen, dass die Kraft, die eine Magnetnadel wieder in ihre Gleichgewichtslage zurückführt, ist

$$2 \lambda f'' H \sin \alpha \quad \ldots \ldots \quad 1)$$

worin bedeuten

$\lambda =$ halbe Länge der Nadel.
$f' =$ Stärke eines ihrer Pole.
$H =$ horizontale Stärke des Erdmagnetismus.
$\alpha =$ Ablenkung der Kompassnadel vom Meridian.

Wir wollen jetzt die Wirkung eines Magnetes auf eine Nadel untersuchen. Nehmen wir an, dass die Nadel $nOs$ durch einen starken, in horizontaler Lage festgehaltenen, permanenten Magnet

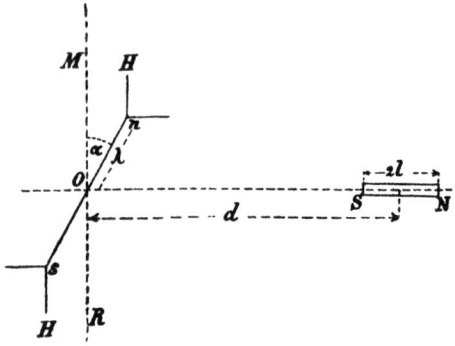

Fig. 55.

$NS$ (Fig. 55) abgelenkt erhalten wird; derselbe liege mit seiner Achse in einer Linie senkrecht zum magnetischen Meridian, die durch den Mittelpunkt der Aufhängung der Nadel hindurchgeht. Es sei $\pm f$ die Polstärke des festen Magnetes, $2l$ die gegenseitige Entfernung seiner Pole, und $d$ die Entfernung seines Mittelpunktes von der Mitte der Nadel. Ebenso sei $\pm f'$ die Stärke der Pole der Nadel.

Wenn wir annehmen, dass $\lambda$ im Vergleich zu der Entfernung $d$ sehr klein ist, und dass der Winkel $\alpha$ ebenfalls klein ist, so kann die Entfernung des Poles $S$ von $n$ und $s$ angenähert durch $d-l$, und die des Poles $N$ von $n$ und $s$ durch $d+l$ ausgedrückt werden.

Wir finden dann (unter der Annahme, dass das Kraftgesetz das der umgekehrten Quadrate ist)

$$\text{Anziehung von } S \text{ auf } n = \frac{-ff'}{(d-l)^2}$$

$$\text{Abstossung von } N \text{ auf } n = \frac{+ff'}{(d+l)^2},$$

folglich für die gesamte anziehende Wirkung auf $n$

$$= f f' \left\{ \frac{1}{(d+l)^2} - \frac{1}{(d-l)^2} \right\} = \frac{-4 f f' l d}{(d^2 - l^2)^2}.$$

Ebenso ergiebt sich für die gesamte abstossende Kraft auf $s$

$$= \frac{+4 f f' l d}{(d^2 - l^2)^2}.$$

Erinnern wir uns, dass diese Kräfte nahezu rechte Winkel, nämlich $(90-\alpha)^0$ mit der Nadellänge bilden, so sehen wir, dass auf die Nadel ein Kräftepaar wirkt, dessen Moment ist

$$\frac{8 f f' l \lambda d \cos \alpha}{(d^2 - l^2)^2}.$$

Da nun die Nadel in ihrer abgelenkten Stellung in Ruhe ist, so muss dieses Moment dem Moment des erdmagnetischen Kräftepaares gleich sein, d. h.

$$\frac{8 f f' l \lambda d \cos \alpha}{(d^2 - l^2)^2} = 2 f' \lambda H \sin \alpha;$$

oder $\quad \dfrac{2 f l}{H} = \dfrac{(d^2 - l^2)^2}{2 d} \tang \alpha.$

Man sieht, dass $2fl$ das Produkt der Polstärke mit der Länge des permanenten Magnetstabes ist; dieses Produkt heisst nach Seite 69 das **magnetische Moment des Stabes**. Bezeichnen wir dasselbe mit $M$, so haben wir

$$\frac{M}{H} = \frac{(d^2 - l^2)}{2 d} \tang \alpha \quad \ldots \ldots \text{I} b$$

oder, wenn $d$ sehr gross im Vergleich zu $l$ ist, angenähert:

$$\frac{M}{H} = \frac{d^3}{2} \tang \alpha \quad \ldots \ldots \text{I} a.$$

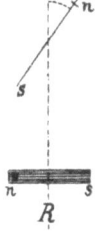

Fig. 56.

In ähnlicher Weise kann die Beziehung zwischen $M$ und $H$ berechnet werden, wenn der Magnet der Nadel seine breite Seite zuwendet, wie dies Fig. 56 darstellt. Diese zwei Lagen werden die I. und II. Tangentenlage von Gauss, auch I. und II. Hauptlage, genannt.

In der folgenden Zusammenstellung sind die erste und zweite Annäherung des Wertes $\dfrac{M}{H}$ für beide Lagen I und II angegeben.

**Formeln für die erste und zweite Tangentenlage von Gauss.**

| Lage: | 1. Annäherung (a). | 2. Annäherung (b). |
|---|---|---|
| I. | $\dfrac{M}{H} = \dfrac{d^3 \tang \alpha}{2}$ | $\dfrac{M}{H} = \dfrac{(d^2 - l^2)^2 \tang \alpha}{2 d}$ |
| II. | $\dfrac{M}{H} = d^3 \tang \alpha$ | $\dfrac{M}{H} = (d^2 + l^2)^{3/2} \tang \alpha$ |

Ablenkungs-Magnetometer.

*Bemerkung.* Der Gebrauch von Formeln, wie die obigen, ist äusserst lästig, wenn man keine Logarithmen benutzt. Vierstellige Logarithmen sind genügend, und mit ihrer Anwendung sollte der Leser bekannt gemacht werden, da dieselbe gar keine Schwierigkeiten bietet (vergl. Anhang D). Es mag hier erwähnt werden, dass Formel Ib zum Zweck der Berechnung geschrieben werden kann.

$$\frac{(d-l)^2 (d+l)^2 \cdot \mathrm{tang}\,\alpha}{2\,d.}$$

Abschnitt 14.
## Wirkung eines Magnetes auf einen anderen.

**31. *Aufgabe.*** Die Formeln des vorigen Artikels experimentell zu prüfen.

***Apparat.*** Ein Kompassgehäuse mit einer kleinen Magnetnadel, die im Mittelpunkt eines geteilten Kreises auf einer Spitze spielt

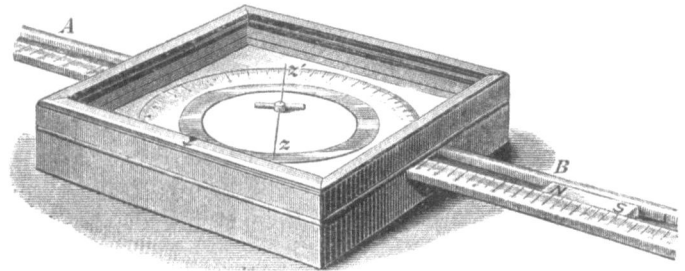

Fig. 57. Ablenkungs-Magnetometer.

(vergl. Fig. 57); die Nadel trägt einen Zeiger $zz'$ von Messingdraht rechtwinklig zur magnetischen Achse. Um die Parallaxe beim Ablesen der Stellung des Zeigers zu vermeiden, ist der Boden des Kompassgehäuses mit einem Spiegel bedeckt, der durch den schattierten Ring angedeutet ist. Das Kompassgehäuse ist mit zwei Armen $A$ und $B$ ausgerüstet, durch deren Länge eine zentrale Nuth zieht, die einerseits durch eine Millimeter-Skala von Buchsbaumholz gebildet ist.

***Verfahren.*** Man richte den Apparat für die erste Tangentenlage von Gauss ein; der Zeiger muss auf Null stehen. Dann legt man den Magnetstab $NS$ auf den östlichen Arm des Instrumentes, mit dem $N$-Pol nach Westen, und notiert die an beiden Zeigerenden abgelesenen Ausschläge der Magnetnadel; zugleich notiert man die genaue Entfernung zwischen den Mitten der beiden Magnete. Dann wendet man den Magnet um, derart, dass, während sein Mittelpunkt in derselben Lage bleibt, der Südpol jetzt der Nadel zunächst liegt, und liest abermals die Grösse der Ablenkung an beiden Nadelenden ab. Alsdann legt man den Magnet auf den anderen Arm des Instrumentes, aber so, dass seine Mitte denselben Abstand von der Nadelmitte wie zuvor hat, und erhält so eine neue Reihe von Ablenkungen, ähnlich den soeben beschriebenen. Fig. 58 zeigt die verschiedenen Lagen. Um den Winkel $\alpha$ zu erhalten, nimmt man das Mittel der Ablenkungen. Schliesslich wiederholt man die Beobachtungen in verschiedenen Abständen und berechnet dann den Wert $\frac{M}{H}$ mit Hilfe der obigen Formeln.

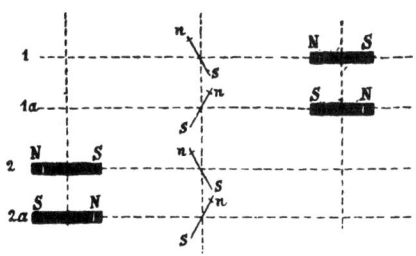

Fig. 58.

Man führe den Versuch auch für die zweite Tangentenlage von Gauss durch.

**Beispiel:**

### I. Tangentenlage.

| | Lage des Magnets | Abstand des Magnetes vom Kompass | Ablenkung $\alpha$ | |
|---|---|---|---|---|
| Versuch I. | 1 | 20 cm. | $11{,}25^0$ | |
| | 1a | ,, | $11{,}00^0$ | Mittel: $11{,}125^0$ |
| | 2 | ,, | $11{,}00^0$ | |
| | 2a | ,, | $11{,}25^0$ | |
| Versuch II. | 1 | 10 cm. | $30{,}00^0$ | |
| | 1a | ,, | $30{,}00^0$ | Mittel: $30{,}19^0$ |
| | 2 | ,, | $30{,}50^0$ | |
| | 2a | ,, | $30{,}25^0$ | |
| Versuch III. | 1 | 5 cm. | $49{,}00^0$ | |
| | 1a | ,, | $53{,}00^0$ | Mittel: $51{,}06^0$ |
| | 2 | ,, | $53{,}00^0$ | |
| | 2a | ,, | $49{,}25^0$ | |

Länge des Magnetes = 10,5 cm; Länge des Kompassgehäuses = 18,0 cm; Länge der Kompassnadel = 28,5 mm.

Die Differenzen zwischen den Werten von Versuch III scheinen darauf hinzudeuten, dass der Magnet dem Kompass zu nahe war; wir wollen daher den Versuch verwerfen. Es ergiebt sich:

nach Form. Ia bei Versuch I, $\frac{M}{H} = 3949{,}4$ Versuch II, $\frac{M}{H} = 4148{,}4$

„ „ Ib „ „ $\frac{M}{H} = 3767{,}0$ „ $\frac{M}{H} = 3768{,}7$

Abschnitt 15.
## Beobachtung eines schwingenden Magnetes.

**32. *Apparat.*** Der Magnet, der in Schwingungen versetzt werden soll, muss in einem Gehäuse (Fig. 59) mittels weniger Fasern ungesponnener Seide aufgehängt sein. Der Seidenfaden ist an einem kleinen Haken $h$ befestigt, welcher von einem Buchsbaum-Hut $k$ gehalten wird, der über das Ende der Glasröhre $r$ passt. Das untere Röhrenende ist in einer Durchbohrung des Deckels des Gehäuses mit Hilfe einer Buchsbaumfassung $f$ befestigt. Im Deckel des Kastens ist ein schmales Glasfenster $o$ eingeschnitten. Auf dem Boden des Kastens ist ein Streifen von Spiegelglas eingelegt, der mitten durch die ganze Länge eine Index-Linie $ii'$ hat. Ein Bügel $b$ von dünnem Kupfer dient als Träger des Magnetes, an dessen einem Ende ein Stückchen Papier mit einer Marke angeklebt ist. Die Vorder- und Rückseite des Kastens bestehen aus Schiebethüren von Glas.

Der Apparat kann leicht aus einem Postkistchen hergestellt werden, wenn man Korke anstatt des Buchsbaumholzes anwendet und nur eine Schiebethür von Glas anbringt.

Schwingungsgesetz eines Magnetes. Wir wollen jetzt eine Formel angeben, die für magnetische Messungen von hervorragender Wichtigkeit ist. Dieselbe lautet

$$t = \pi \sqrt{\frac{J}{M.H}}$$

wo $t$ die Zeit in Sekunden bedeutet, die für eine Schwingung des Magnetes erforderlich ist (das heisst eine einfache Schwingung), $\pi$ das Verhältnis eines Kreisumfanges zu seinem Durchmesser, oder 3,1416; $M$ ist das Moment des Magnetes, $H$ die horizontale Komponente des Erdmagnetismus und $J$ das Trägheitsmoment des Magnetes. Die Bedeutung dieses letzten Ausdruckes verlangt eine Erklärung.

***Erklärung des Trägheitsmomentes.*** Wird ein fester

Körper in Schwingungen oder Umdrehungen versetzt (letzteres wollen wir als das einfachere annehmen), so ist es einleuchtend, dass sich nicht alle Teilchen des Körpers mit gleicher Geschwindigkeit bewegen. Denn diejenigen, welche der Umdrehungsachse am nächsten liegen, werden sich vergleichsweise langsam bewegen, während die entfernteren eine grössere Geschwindigkeit haben. Nun hängt die Energie oder Arbeit, die auf den Körper verwendet werden muss, um ihn in Drehung zu versetzen, von der absoluten Geschwindigkeit ab, die diesen einzelnen Teilchen erteilt wird. Hätten wir zum Beispiel einen dünnen Stahldraht, dessen Masse vernachlässigt werden mag, so können wir denselben um eine horizontale Achse, die durch seine Mitte geht, rotieren lassen, und wollen ausserdem beide Arme mit gleichen Bleimassen beschweren, die gleichen Abstand von der Achse haben. Dann wird viermal soviel Energie erforderlich sein, um das System einmal in der Sekunde rotieren zu lassen, wenn die Bleimassen zwei Decimeter von der Achse entfernt sind, als für denselben Zweck notwendig ist, wenn die Bleimassen nur einen Decimeter vom Mittelpunkt entfernt sind; denn in dem ersten Falle muss sich das Blei doppelt so rasch bewegen, als im letzteren, und das erfordert die vierfache Arbeit.

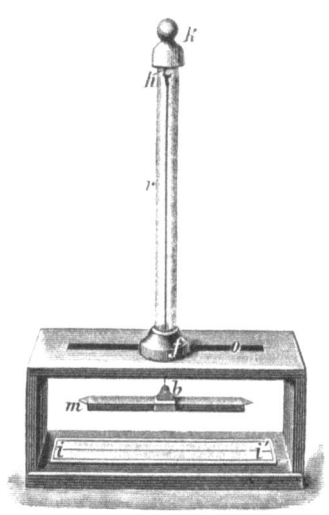

Fig. 59. Schwingungs-Magnetometer.

Nehmen wir nun an, dass ein kompliziertes System, wie etwa ein schwerer Kreisel, veranlasst wäre, jede Sekunde eine Umdrehung auszuführen. Es giebt dann in einem solchen Körper einen Punkt in einer gewissen Entfernung von der Achse von der Beschaffenheit, dass wenn die ganze Masse des Systemes in demselben konzentriert wäre, dieselbe Energie aufzuwenden wäre, um das gedachte System einmal in der Sekunde rotieren zu machen, die erforderlich ist, um den wirklichen Körper zu gleich raschen Umdrehungen zu veranlassen. Dieser Punkt, in dem wir uns die ganze Masse des Körpers vereinigt denken, heisst der Schwingungspunkt und seine senkrechte Entfernung von der Achse der Schwingungsradius. Ferner wird das Produkt der ganzen Masse mit dem Quadrat des Schwingungsradius das Trägheitsmoment oder $J$ genannt. Wenn $\omega$ die Winkelgeschwindigkeit des Körpers oder die Geschwindigkeit in der Entfernung 1 von der Achse bezeichnet, so ist die ganze Energie der Rotation durch den Ausdruck $\frac{1}{2}\omega^2 J$ angegeben, d. h. durch das halbe Produkt des Trägheitsmomentes mit dem Quadrat der Winkelgeschwindigkeit.

Berechnung von Trägheitsmomenten. Die folgenden Regeln werden uns nützlich sein. Das Trägheitsmoment eines rechtwinkeligen Parallelepipedons, dessen Rotationsachse senkrecht im Mittelpunkt derjenigen Seite steht, deren Kanten $a$ und $b$ sind, ist

$$J = P \cdot \frac{a^2 + b^2}{12}.$$

das Trägheitsmoment eines geraden Cylinders von der Länge $l$ und dem Radius $r$, dessen Rotationsachse senkrecht durch die Mitte der Cylinderachse geht, ist

$$J = P \left( \frac{l^2}{12} + \frac{r^2}{4} \right)$$

wo $P$ die Masse des Körpers ist.

*Anwendung der Formel.* Wir fanden

$$t = \pi \sqrt{\frac{J}{M.H}} \quad \ldots \ldots \quad 1)$$

folglich
$$t^2 = \frac{\pi^2 J}{M.H}. \quad \ldots \ldots \quad 2)$$

oder
$$M.H = \frac{\pi^2 J}{t^2} \quad \ldots \ldots \quad 3)$$

das heisst, das Produkt $M.H$ ändert sich umgekehrt wie das Quadrat der Schwingungsdauer.

*1. Anwendung.* Wenn wir denselben Magnet an verschiedene Punkte der Erdoberfläche bringen und dafür sorgen, dass sein magnetisches Moment dasselbe bleibt, indem wir ihn vor Erschütterungen und grösseren Temperaturschwankungen schützen, so können wir den relativen Wert von $H$ an verschiedenen Stellen der Erde bestimmen. Hätten wir etwa an einem bestimmten Punkt der Erde

$$MH' = \frac{\pi^2 J}{t'^2} \quad \ldots \ldots \quad 4)$$

wo $t'$ die Schwingungsdauer ist, so ergiebt sich aus 3) und 4)

$$\frac{H}{H'} = \frac{t'^2}{t^2} \quad \ldots \ldots \quad 5)$$

**Aufgabe.** Ein Magnet macht in London 135 Schwingungen in 50 Sekunden, dagegen in Edinburg 127 Schwingungen in gleicher Zeit. Welches ist der relative Wert der Horizontalkomponente an den beiden Punkten.

**2. Anwendung.** Magnete von derselben Gestalt und demselben Gewicht haben dasselbe Trägheitsmoment; werden sie daher an demselben Ort in Schwingungen versetzt, so können wir ihre magnetischen Momente vergleichen. So hätten wir etwa mit einem Magnet vom Moment $M'$ gefunden

$$M'H = \frac{\pi^2 J}{t'^2} \quad \ldots \ldots \quad 6)$$

folglich wegen 3) und 6)

$$M:M' = t'^2 : t^2 \quad \ldots \ldots \quad 7)$$

**Aufgabe.** Zwei Magnete von gleichem Trägheitsmoment geben als Schwingungszeiten 1,23 und 3,69 Sekunden. Vergleiche ihre magnetischen Momente.

**3. Anwendung.** Der schwingende Magnet möge von einer unregelmässigen Form sein, so dass es schwierig wäre, sein Trägheitsmoment zu berechnen. Wenn wir dem schwingenden Magnet einen Körper von bestimmter Form und aus unmagnetischem Material hinzufügen, können wir das Trägheitsmoment des Magnetes experimentell bestimmen, denn es ist

$$MH = \frac{\pi^2(J+J')}{t'^2} \quad \ldots \ldots \quad 8)$$

wo $J'$ das berechnete Trägheitsmoment des nichtmagnetischen Körpers, und $t'$ die Schwingungszeit des kombinierten Systems ist. Daher folgt aus 3) und 8)

$$J : (J+J') = t^2 : t'^2 \quad \ldots \ldots \quad 9)$$

und hieraus

$$\frac{J}{J'} = \frac{t^2}{t'^2-t^2} \quad \text{oder} \quad J = J' \frac{t^2}{t'^2-t^2} \quad \ldots \ldots \quad 10)$$

**Aufgabe.** Ein Magnet ergab eine Schwingungsdauer $t = 4$, und nachdem ein Messingstab hinzugefügt war, $t' = 8$. Das Trägheitsmoment des Magnetes zu finden unter der Annahme, dass das Trägheitsmoment des Messingstabes $= 50$ ist.

### Experimenteller Teil.

**Aufgabe 1.** *Die magnetischen Momente zweier Magnete A und B von gleichem Gewicht, gleicher Grösse und Gestalt zu bestimmen.*

***Verfahren.*** a) Man stellt das Schwingungs-Magnetometer so, dass die Indexlinie in den magnetischen Meridian fällt, ausserdem muss es durch Unterlegen eines Holzblockes oder eines Statives in eine solche Höhe gebracht werden, dass die Schwingungen bequem zu beobachten sind. b) Man legt den Messingstab in den Bügel und lässt ihn zur Ruhe kommen; fällt seine Ruhelage nicht mit dem magnetischen Meridian zusammen, so geht daraus hervor, dass der Aufhängefaden nicht frei von Torsion ist; man dreht dann den Kopf $C$ des Instrumentes, der den Faden trägt, so lange, bis der Stab im Meridian liegt. Dann ist der Faden torsionslos. c) Man ersetzt den Messingstab durch den Magnet, an dessen eines Ende ein Streifchen Papier geklebt ist, beruhigt denselben und setzt ihn, wenn er fast zur Ruhe gekommen ist, durch einen genäherten Magnet in Schwingungen. d) Man bestimmt nun die Schwingungszeit des Magnetes. Mit dem Kopf etwa 50 cm über dem Gehäuse muss der eine Beobachter genau darauf achten, wann die Mittellinie des Magnetes die Indexlinie kreuzt, und in diesem Augenblick einen scharfen Schlag auf den Tisch ausführen. Ein zweiter Beobachter muss unterdessen bereit sein, so genau, als ihm dies nur möglich ist, den Zeitpunkt des gegebenen Signales zu notieren. Man bezeichnet den Zeitpunkt des ersten Signales als die Zeit des nullten Durchganges. Der erste Beobachter fährt nun fort, die Zahl der Durchgänge zu zählen, bis der hundertste erreicht ist, worauf er abermals durch einen scharfen Schlag dem zweiten Beobachter ein Signal giebt. e) Subtrahiert man die Zeit des nullten Durchganges von der des hundertsten, und dividiert das Resultat durch 100, so erhält man die Dauer einer einzelnen Schwingung. f) Nachdem man das nämliche Verfahren mit dem Magnet $B$ eingeschlagen und durchgeführt hat, wendet man die Formel $\frac{M}{M'} = \frac{t'^2}{t^2}$ an.

***Beispiel.***
Schwingungsdauer des Magnetes $A$

| | | | |
|---|---|---|---|
| Zeitpunkt des 0 ten Durchgangs | $1^h$ | $14^m$ | $10^s$ |
| „ „ 100 ten „ | 1 | 27 | 19 |
| Dauer von 100 Schwingungen | | $13^m$ | $9^s$ |
| | | | $= 789^s$ |

Dauer einer Schwingung $= 789 : 100 = 7{,}89^s$
Schwingungsdauer des Magnetes $B$ . . . . . . $8{,}00^s$
Daher
Moment von $A$ : Moment von $B = 8{,}00^2 : 7{,}89^2 = 1{,}03$ (nahezu).

***Aufgabe 2.*** *Die Stärke des magnetischen Feldes der Erde mit der Stärke desjenigen Feldes zu vergleichen, welches durch einen langen, über das Schwingungsgehäuse gelegten Magnet hervorgebracht wird.*

***Verfahren.*** a) Man sucht die Schwingungsdauer des aufgehängten Magnetes, wie zuvor. b) Man legt den langen Magnet mit seiner Achse in den Meridian, den Südpol nach Norden gewendet, und bestimmt abermals die Schwingungsdauer. c) Man wendet die Formel $\frac{H}{H'} = t'^2 : t^2$ an.

***Aufgabe 3.*** *Das Trägheitsmoment eines Magnetes durch Versuch und Rechnung zu finden.*

***Verfahren.*** a) Man bestimme die Schwingungsdauer des Magnetes für sich allein, und darauf die Schwingungsdauer desselben Magnetes und eines Messingstabes, der mit Seide an demselben befestigt ist. b) Man wendet die Formel $J = J' \frac{t^2}{t'^2 - t^2}$ an.

Abschnitt 16.

## Bestimmung von H und M.

**33. *Apparat.*** Das Schwingungs-Magnetometer des vorigen Abschnittes und das Ablenkungs-Magnetometer von Abschnitt 14.

***Theorie und Verfahren.*** Wir wollen Formel 3, Seite 84, in folgender vereinfachten Form schreiben

$$M . H = A \quad \ldots \ldots \quad 11)$$

wo $A$ für die rechte Seite der Gleichung gesetzt ist. Ebenso hatten wir auf Seite 79 eine Formel gefunden, die wir folgendermafsen schreiben können

$$M : H = B \quad \ldots \ldots \quad 12)$$

indem wir für die rechte Seite des dort gegebenen Ausdruckes $B$ setzen.

Durch Multiplikation von 11 und 12 finden wir

$$M^2 = A . B \text{ oder } M = \sqrt{AB} \quad \ldots \quad 13)$$

und durch Division

$$H^2 = A : B \text{ oder } H = \sqrt{\frac{A}{B}} \quad \ldots \quad 14)$$

Diese Formeln 13 und 14 setzen uns in den Stand, gleichzeitig das magnetische Moment des Magnetes und die Horizontalkomponente des Erdmagnetismus zu finden.

**Aufgabe.** $A$ wurde $= 8$ gefunden und $B = 2$. Man berechne $M$ und $H$.

**Anwendung der Methode.** Die Anwendung wird aus folgendem Beispiel vollständig klar werden:

I. Ablenkungsbeobachtung.

| Lage des Magnetes: | Ablenkung: | |
|---|---|---|
| 1 | $47^0,25$ | |
| 1a | $47^0$ | Mittel $46,81^0 = \alpha$ |
| 2 | $47^0$ | |
| 2a | $46^0$ | |

Entfernung der Magnetmitte von der Mitte der Ablenkungsnadel $= 20,3$ cm $= d$. Halbe Länge des Magnetes $= 5,1$ cm $= l$. Folglich

$$\frac{M}{H} = \frac{(d^2-l^2)^2}{2d} \cdot \tang \alpha$$
$$= \frac{(d+l)^2 (d-l)^2}{2d} \cdot \tang \alpha$$
$$= \frac{25,4^2 \cdot 15,2^2}{40,6} \cdot \tang 46^0\, 49'$$
$$= 3911.$$

II. Schwingungsbeobachtung.

$a = 10,2$ cm.  $b = 1,4$ cm.  $t = 7,89^s$

$$J = P\,\frac{a^2+b^2}{12} = 68,6 \cdot \frac{10,2^2+1,4^2}{12} = 606 \text{ (nahezu)}$$

$$M \cdot H = \frac{\pi^2 \cdot 606}{7,89^2} = 96,10$$

Wert von $H = \sqrt{\dfrac{96,10}{3911}} = 0,157$.

Wert von $M = \sqrt{96,10 \cdot 3911} = 613,1$.

Da alle Messungen in Centimeter, Gramm und Sekunden gemacht sind, so sind diese Resultate in Einheiten des C. G. S.-Systems ausgedrückt.

**34.** Nach dem vorstehend beschriebenen Verfahren können wir das magnetische Moment eines Stabes in jedem beliebigen System von Einheiten finden. Besitzen wir aber einmal einen Magnet von bekanntem Moment, so kann die Vergleichung dieses Magnetes mit einem anderen in der Weise stattfinden, dass man die Wirkung des einen auf eine Nadel gegen die des anderen gewissermaßen abwägt. Ein für diesen Zweck sehr geeigneter Apparat ist das Vergleichs-Magnetometer.

Abschnitt 17.
## Gebrauch des Vergleichs-Magnetometers.

**35. Apparat.** Ein Vergleichs-Magnetometer von folgender Konstruktion: Eine kurze, hohle, cylindrische Magnetnadel $ns$ (Fig. 60) ist an einem Seidefaden in einem Gehäuse aufgehängt, welches dem des Schwingungs-Magnetometers ähnlich ist. An der Nadel ist ein Zeiger $zz'$ von Glas, Aluminium oder dünnem Messingdraht befestigt, der bei $z'$ ein Gegengewicht trägt und dessen Bewegung durch

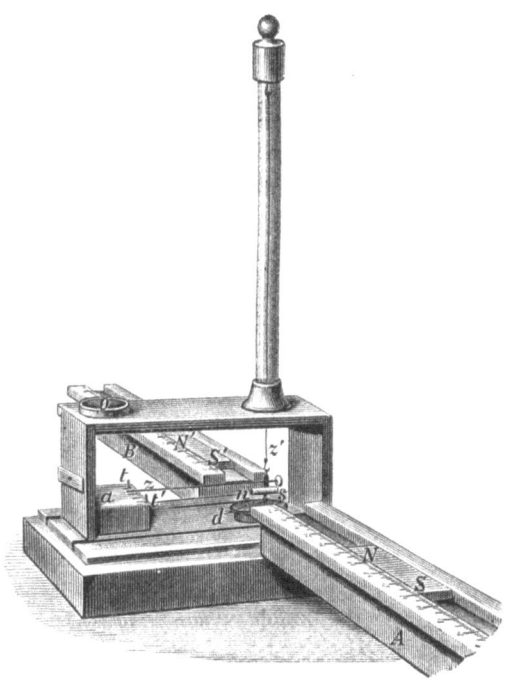

Fig. 60. Vergleichs-Magnetometer.

das Fenster $o$ beobachtet werden kann. Der Zeiger schwingt über einer kurzen Skala $a$, die auf einem Streifen Spiegelglas befestigt ist; seine Schwingungen werden durch die beiden Hemmungen $t$ und $t'$ begrenzt. Beiderseits des Gehäuses sind zwei Arme $A$ und $B$ angebracht, die mit Nuthen und Millimeter-Skalen versehen sind. Auf diese Skalen, die in gleicher Höhe mit der Nadel $ns$ sein müssen, werden die zu vergleichenden Magnete $NS$ und $N'S'$ gelegt. Um die Schwingungen der Nadel rascher zu dämpfen, dient ein in ihrer Mitte senkrecht nach unten befestigter Draht $d$, der mit einem an seinem unteren Ende befindlichen leichten Scheibchen in ein auf dem Boden des Gehäuses stehendes Gefäss mit Wasser taucht.

Für die Benutzung des Instrumentes bedarf man eines Magnetes von bekanntem Moment; ferner sind zur Untersuchung einige weitere Magnete und Stahlstücke erforderlich.

***Anwendungsweise des Instrumentes.*** Man stellt das Instrument auf einen feststehenden Tisch oder eine Steinplatte und dreht es so, dass beim Durchblicken durch die mit Glas bedeckte Öffnung $o$ in der Decke des Gehäuses das Zeigerende (indem es sein Bild im Spiegel deckt) auf den Nullpunkt $a$ der Skala weist. Nun legt man auf die Arme $A$ und $B$ die zu vergleichenden Magnete $NS$ und $N'S'$ mit ihren gleichnamigen Polen einander gegenüber, und kann nun durch Verschiebung des einen Magnetes den Zeiger auf Null bringen. Ist $D$ die Entfernung der Mitte des einen Magnetes von der Nadel, so hat man

$$\frac{M}{H} = \frac{D^3 \, tang \, \alpha}{2}$$

wo $\alpha$ die Ablenkung ist, die dieser Magnet allein hervorbringt; nun steht aber dem Magnet ein anderer gegenüber vom Moment $M'$ in der Entfernung $d$, für welchen demnach ist

$$\frac{M'}{H} = \frac{d^3 \cdot tang \, \alpha}{2}$$

Aus beiden Gleichungen folgt

$$M : M' = D^3 : d^3 \quad \ldots \ldots \quad 1$$

d. h. die magnetischen Momente verhalten sich direkt wie die Kuben der Entfernungen der Magnetmitten von der Nadel. Da es etwas schwierig ist, die genauen Entfernungen $D$ und $d$ zu finden, so ist es besser, nach der sogenannten Differenz-Methode zu verfahren.

Man führt nämlich bei neuen Stellungen $D'$ und $d'$ Gleichgewicht herbei, wenn dieser Ausdruck gestattet ist, und findet so

$$M : M' = D'^3 : d'^3 \quad \ldots \ldots \quad 2)$$

Aus 1 und 2 folgt nun

$$\sqrt[3]{\frac{M}{M'}} = \frac{D}{d} \qquad \sqrt[3]{\frac{M}{M'}} = \frac{D'}{d'}$$

daher aus beiden
$$\sqrt[3]{\frac{M}{M'}} = \frac{D-D'}{d-d'} \quad \ldots \ldots \quad 3)$$
d. h. wir brauchen nur die Entfernungen zu messen, um die jeder der beiden Magnete aus der ersten in die zweite Lage verschoben wurde.

Nehmen wir das Moment $M'$ als die Einheit an und machen $d - d' = 10$, so geht die Formel 3 in folgende einfachere über
$$M = \frac{(D-D')^3}{1000} \quad \ldots \ldots \quad 4)$$

Die obigen Formeln geben nur eine erste Annäherung. Um genauere Resultate zu erhalten, würde eine verwickeltere Formel nötig sein. Sie geben übrigens eine genügende Genauigkeit zur Vergleichung von magnetischen Momenten von Stäben, die auf verschiedene Weise magnetisiert und dann Stössen oder Temperaturwechseln ausgesetzt wurden u. s. f. Die folgenden Beispiele werden dies zeigen.

## Beispiele für den Gebrauch des Vergleichs-Magnetometers.

I. Vergleichung zweier Magnete $A$ und $B$ von gleicher Länge.

Es üben gleiche Wirkung aus   $A$ auf 304 (links)   $B$ auf 300
  $A$ auf 202,5   $B$ auf 200

daher ist
$$\frac{\text{Moment von } A}{\text{Moment von } B} = \frac{(304-202{,}5)^3}{(300-200)^3} = \frac{101{,}5^3}{100^3} = 1{,}045.$$

II. Versuche über Magnetisierung. a) Ein Stahlstreifen wurde nach der Methode des einfachen Striches magnetisiert und gegen einen Normalmagnet ins Gleichgewicht gebracht. Der letztere blieb unverändert auf dem Punkt 435 der Skala. Die Wirkung der auf einander folgenden Striche, denen der Stahl unterworfen wurde, ist aus folgenden Zahlen zu ersehen, wo die Gleichgewichtslage des Stahles gegenüber obigem Normalmagnet angegeben ist.

Nach dem 1ten Strich war die Lage des Stahlstreifens auf 115
„ „ 2ten „ „ „ „ „ „ „ „ 150
„ „ 3ten „ „ „ „ „ „ „ „ 160
„ „ 4ten „ „ „ „ „ „ „ „ 162
„ „ 5ten „ „ „ „ „ „ „ „ 164
„ „ 10ten „ „ „ „ „ „ „ „ 177 ⎫
„ „ 15ten „ „ „ „ „ „ „ „ 167 ⎬ Magnetismus
„ „ 20ten „ „ „ „ „ „ „ „ 170 ⎭ schwankend.
„ „ 30ten „ „ „ „ „ „ „ „ 177

Versuche mit dem Vergleichs-Magnetometer.

b) **Wirkung des Streichens mit einem Kupferstab.**

Vor dem Streichen mit Kupfer war die Gleichgewichtslage auf 182
Nach dem 1$^{\text{ten}}$ Strich                                      175
Nach dem 2$^{\text{ten}}$ Strich                                      170

c) Derselbe Stahlstreifen wurde glashart gemacht und nach der Methode des einfachen Striches magnetisiert.

| Zahl der Striche. | Ablesung. | Zahl der Striche. | Ablesung. |
|---|---|---|---|
| 1 | 148 | 5 | 170 ⎫ |
| 2 | 159 | 10 | 167 ⎬ Schwankend. |
| 3 | 163 | 15 | 175 ⎭ |
| 4 | 167 | 20 | 168 |

d) Es wurde ein Gewicht von bestimmter Höhe herab auf den magnetisierten Streifen fallen gelassen.

Anfängliche Ablesung . . . . . . . . 168
Gewicht einmal fallen gelassen . . . . 160
   „    zweimal   „       „       . . . . 155
   „    dreimal    „       „       . . . . Streifen zerbrochen.

e) **Versuche über Magnetisierung mit doppeltem Strich.**
Normalmagnet auf 435.

| Zahl der Striche. | Ablesung. | Zahl der Striche. | Ablesung. |
|---|---|---|---|
| 1 | 180 | 20 | 255 |
| 2 | 210 | 30 | 261 |
| 3 | 222 | 40 | 265 |
| 4 | 230 | 50 | 266 |
| 5 | 238 | 60 | 268 |
| 10 | 250 | 70 | 270 |
| 15 | 252 | 100 | 275 |

f) Der Magnet vom letzten Versuch wurde wiederholt aus einer bestimmten Höhe auf einen Stein fallen gelassen.

Anfängliche Ablesung 275

| | | | | | | | | |
|---|---|---|---|---|---|---|---|---|
| Nach dem | 1$^{\text{ten}}$ | Fall. | 250 | Nach dem | 6$^{\text{ten}}$ | Fall. | 225 |
| „ | „ | 2$^{\text{ten}}$ | „ | . 246 | „ | „ | 7$^{\text{ten}}$ | „ | . 225 |
| „ | „ | 3$^{\text{ten}}$ | „ | . 241 | „ | „ | 8$^{\text{ten}}$ | „ | . 225 |
| „ | „ | 4$^{\text{ten}}$ | „ | . 240 | „ | „ | 9$^{\text{ten}}$ | „ | . 218 |
| „ | „ | 5$^{\text{ten}}$ | „ | . 228 | „ | „ | 10$^{\text{ten}}$ | „ | . 216 |

g) **Einfluss der Temperatur.** Normalmagnet auf 435. Es wurde der Magnet vom vorigen Versuch benutzt.

Anfängliche Ablesung . . . . . . . . . . . 216
Erhitzt auf die Temperatur des siedenden Wassers . . 214
„   „   „   „   „ schmelzenden Siegellacks  208

Nachdem der Magnet sich abgekühlt, zeigte sich, dass er einen Teil des verlorenen Magnetismus wiedererlangt hatte.

h) Der Magnet des letzten Versuches wurde in eine Drahtrolle geschoben, um welche ein starker elektrischer Strom floss. Der Normalmagnet lag auf 435 und hielt dem auf diese Art magnetisierten Stahl das Gleichgewicht, wenn sich letzterer bei 345 befand.

In den obigen Versuchen kann der wirkliche Wert des Momentes in Einheiten des C. G. S.-Systemes leicht berechnet werden, wenn das Moment des Normalmagnetes einmal gefunden ist.

**36.** Verteilung des Magnetismus. Um das Gesetz der Verteilung des Magnetismus einem Magnet entlang zu suchen, können wir verschiedene Methoden anwenden, z. B.

1) Die Schwingungsmethode.
2) Die Ablenkungsmethode.
3) Probier-Stift-Methode.

Die ersten beiden Methoden sind einfache Anwendungen der oben beschriebenen Grundsätze. Die dritte Methode wird im nächsten Abschnitt besprochen werden.

Abschnitt 18.

## Probier-Stift-Methode.

**37.** *Aufgabe.* Die Verteilung der magnetischen Kraft einem kurzen Magnet entlang zu bestimmen.

*Apparat.* Eine Federwage in einer ihrer Formen. Fig. 61 zeigt eine solche, die dem vorliegenden Zweck angepasst ist. Hier ist $ss'$ eine Spiralfeder, an deren oberes Ende ein Seidefaden angeknüpft ist. Der Seidefaden ist um eine Rolle geschlungen, deren Achse in ihrem Lager mit geringer Reibung drehbar ist. Am Ende der Spiralfeder ist ein kleiner Stift von weichem Eisen angebracht. Wenn der Eisenstift auf einem Magnet ruht, so wird die Kraft der Anziehung durch die Anzahl der Umdrehungen gemessen, die man dem geränderten Knopf $k$ erteilen muss, um den Probierstift loszureissen. Die Umdrehungen werden mit Hilfe der geteilten Scheibe $S$ und der festen Marke $m$ gemessen. Um sicher zu sein, dass die Anziehung des Magnetes in senkrechter Richtung erfolgt, befindet sich die Spiralfeder in der schützenden Glasröhre $g$. Der Apparat wird von einem Arm getragen, der nach Wunsch gehoben oder gesenkt werden kann.

**Theorie.** Bezeichnet $S$ die Stärke des Magnetes in einem gewissen Punkt, so ist der in dem weichen Eisenstift induzierte Magnetismus proportional zu $S$, d. h. er ist etwa gleich $K.S$ (wo $K$ eine Konstante bezeichnet) und daher ist die Kraft, die zum Abreissen des Stiftes vom Magnet erforderlich ist, proportional zu $S^2$ oder

$$F = \text{Konstante}.S^2$$
$$S = \text{Konst.}\sqrt{F}$$

Damit ist gesagt, dass die Stärke des Magnetismus in einem bestimmten Punkt proportional der Quadratwurzel aus der Kraft ist, die zum Abreissen des Eisenstiftes erfordert wird. Diese Methode ist dem Einwand unterworfen, dass der Betrag von induziertem Magnetismus von dem magnetischen Induktions-Koeffizienten abhängt, der vielleicht nicht streng konstant, sondern mit der Grösse von $S$ veränderlich ist. Andererseits ist es möglich, dass die Gegenwart des weichen Eisens in seiner Nähe eine Änderung der magnetischen Verteilung bewirkt.

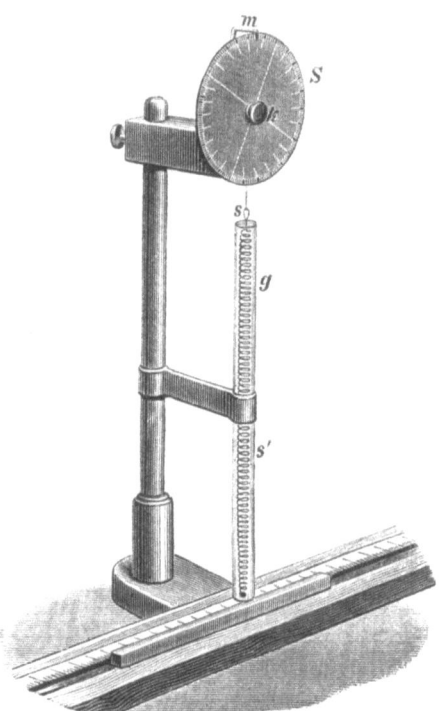

Fig. 61. Feder-Magnetometer.

**Methode.** Man sucht den Nullpunkt der Federwage, indem man den Magnet durch ein Stück Holz von derselben Dicke ersetzt und nun den gerändertern Knopf so lange dreht, bis der Eisenstift gerade das Holz berührt. Nun bringt man den Magnet in seine Lage und beobachtet die Anzahl Teilstriche, um welche der Knopf gedreht werden muss, um das weiche

Eisen vom Magnet loszureissen. Der geränderte Knopf muss langsam ohne Stösse gedreht werden und es müssen an jedem Punkt eine Anzahl von Beobachtungen angestellt werden, besonders in der Nähe der Magnetpole, wo derartige Messungen oft beträchtlich von einander abweichen.

**Beispiel.** Der Magnet war in 174 gleiche Teile geteilt.

| Abstand von der Mitte des Magnetes $= D$ | $F$ | $\sqrt{F}$ | $\dfrac{\sqrt{F}}{D}$ |
|---|---|---|---|
| 13 | 9 | 3,0 | 0,23 |
| 23 | 21 | 4,58 | 0,20 |
| 33 | 39,5 | 6,28 | 0,19 |
| 43 | 70 | 8,37 | 0,19 |
| 53 | 125 | 11,18 | 0,21 |
| 63 | 183 | 13,52 | 0,21 |
| 73 | 308 | 17,55 | 0,24 |

Diese Resultate sind angenähert in Übereinstimmung mit Coulombs Folgerungen, dass bei kurzen Magneten, d. h. bei solchen, deren Länge weniger als die fünfzigfache Dicke beträgt, die magnetische Stärke zwischen dem Ende und der Mitte direkt proportional dem Abstand von der Mitte ist. Wäre diese Beziehung streng richtig, so müsste der Wert von $\dfrac{\sqrt{F}}{D}$ eine konstante Grösse sein.

# DRITTES KAPITEL.
# Grundgesetze und Messungen aus dem Gebiete der Berührungselektricität.

### Abschnitt 19.
### Grundversuche.

**38. *Apparate.*** Zwei Bunsen'sche Elemente, nach Angabe von Fig. 62, in einem Kasten aufgestellt. Jedes Element besteht aus einem cylindrischen Glasgefäss $G$, dem Batterieglas, 17 cm hoch und 10 cm weit; darin steht ein Zinkcylinder $Zn$, der aus einem 14 cm breiten und 21 cm langen Zinkblech durch Biegen im erwärmten Zustand, bis sich die Ränder fast berühren, hergestellt ist. In den unten offenen Zinkcylinder ist ein poröses, cylindrisches Thongefäss $T$ gestellt, welches 16 cm hoch und 6 cm weit ist, und welches

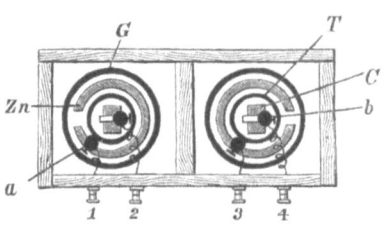

Fig. 62. Bunsen'sche Batterie.

zur Aufnahme eines Stabes von präparierter Kohle $C$, 17 cm hoch, 4 cm breit und 1,5 cm dick, dient. Am Zinkcylinder sowohl, wie auch an der Kohlenplatte sind Klemmschrauben $a$ und $b$ befestigt. Der Kasten zur Aufnahme der Batterie ist inwendig mit Pech überzogen, um zu verhüten, dass die Säuredämpfe das Holz zerstören; ferner sind vier Verbindungsschrauben mit den Nummern 1, 2, 3, 4 an denselben angeschraubt, die im Inneren des Kastens mit dicken Guttapercha-bedeckten Kupferdrähten zur Verbindung mit den Polklemmen versehen sind.

Der Arbeitende muss die folgenden Nebenapparate und Materialien zur Verfügung haben.

Mefsgefässe.
Glastrichter.
Glasrohr.
Steingutkrug mit Ausguss.
Isolierten Kupferdraht No. 12.
Mit Baumwolle besponnener
   Kupferdraht No. 9.
Reiner Eisendraht No. 3.\*)
Kupferdraht No. 3.
Schwefelsäure.

Salpetersäure.
Quecksilber.
Ätznatron.
Feile.
Smirgelpapier.
Steife Nagelbürste.
3 Kohlenstäbe von 15—30 cm
   Länge und 5 mm Dicke.
Gummihandschuhe.

**Das Zusammensetzen der Batterie.** Das Zusammensetzen und Füllen muss in einem Zugschrank oder in freier Luft geschehen, um den Arbeitenden vor den lästigen Säuredämpfen zu schützen.

Man entfernt zuerst alle Polschrauben und reinigt dieselben, sowie die Flächen, an denen sie befestigt waren, mit einer Feile und Smirgelpapier.

Dann stellt man die zum Amalgamieren des Zinkes erforderlichen Mischungen her. In eins der Batteriegläser giesst man eine Lösung von Ätznatron in Wasser (1 Gewichtsteil Ätznatron auf 20 Gewichtsteile Wasser) und in das zweite mit Wasser verdünnte Schwefelsäure (1 Gewichtsteil Säure auf 12 Gewichtsteile Wasser). Beim Anfertigen dieser letzteren Mischung giesst man das Wasser zuerst in das Batterieglas und setzt dann allmählich die Säure unter fortwährendem Rühren mit einem Glasstab zu. Würde zuerst die Säure eingegossen und dann das Wasser hinzugefügt, so könnte durch den Prozess der chemischen Verbindung beider eine hinreichende Erhitzung eintreten, um das Gefäss zu sprengen. Da alle käufliche Schwefelsäure Bleisulfat enthält, das bei der Mischung mit Wasser gefällt wird, so erscheint die verdünnte Säure kurze Zeit nach ihrer Anfertigung trübe. Da

---

\*) Der Eisendraht wird am besten in einer Flasche mit ungelöschtem Kalk bewahrt.

aber die Anwesenheit von Blei für eine gute Wirkung der Batterie sehr nachteilig ist, so ist es notwendig, die Mischung absetzen zu lassen und dann die klare Flüssigkeit abzugiessen. Ein Teil der so behandelten Lösung wird in einer Flasche als „Elementen-Schwefelsäure" ausgezeichnet.

Das Amalgamierungsverfahren ist folgendes:

1) Man taucht das Zink in die Ätznatronlauge, um Fett und Schmutz zu entfernen, und wäscht es dann unter dem Wasserhahne ab.

2) Man setzt das gereinigte Zink in die verdünnte Schwefelsäure, bis das Aufbrausen beginnt, hebt es dann heraus und legt es in eine flache Schale.

3) Man giesst Quecksilber, welches frei von Verunreinigung durch Blei und andere schädliche Metalle ist, in dünnem Strahl zuerst auf die Innenseite und dann auf die Aussenseite des Cylinders. Hierauf wälzt man den Cylinder so lange in der Schale, bis fast die ganze Oberfläche des Zinkes glänzend erscheint.

4) Man bringt das Zink in die Säure zurück und reibt seine Oberfläche mit einer steifen Bürste oder einem Lappen, indem man hierbei die Hände mit Gummihandschuhen schützt, bis das ganze Zink gut amalgamiert ist. Man entfernt es aus der Säure und lässt es trocknen, nachdem man es sorgfältig mit Wasser abgespült hat.

5) Man sammelt das unbenutzte Quecksilber und bewahrt es in einer Flasche mit der Aufschrift „Quecksilber zum Amalgamieren".

Ebenso bringt man die Natronlauge in eine besonders bezeichnete Flasche.

Durch das Amalgamieren würde das Zink bröckelig und morsch werden, wenn zu viel Quecksilber angewendet würde. Napier empfiehlt in seiner Elektro-Metallurgie 42,5 g Quecksilber auf 928 qcm wirksame Zinkfläche bei dem ersten, und das halbe Gewicht bei dem zweiten und jedem folgenden Verfahren. Wir finden, dass 1 g Quecksilber zur vollständigen Amalgamierung von 100 qcm Zinkfläche genügt. Bei der Ausführung muss man die dreifache Menge an Quecksilber benutzen, wovon dann $2/3$ durch Ablaufenlassen wieder erlangt werden.

Prüfung und Vorbereitung der Thonzellen. Man unterwirft die ganz reinen und trockenen Thoncylinder folgender Probe: Man giesst Wasser in jeden einzelnen, wobei man sich hüten muss, die Aussenseite zu benetzen, und schreibt nach einer Uhr die Zeit auf. Dann beobachtet man, wann das erste Zeichen von Feuchtigkeit an der äusseren Oberfläche erscheint, und schreibt wieder die Zeit auf. Erscheint die Feuchtigkeit unmittelbar, so ist der Thoncylinder gesprungen und muss verworfen werden. Eine gute Zelle von rotem Thon muss in ungefähr zwei Minuten durchaus feucht werden, eine solche von weissem Thon in etwa der doppelten Zeit.*) Für Elemente von geringem Widerstand sind rote Thoncylinder vorzuziehen, allein sie haben den schwer wiegenden Fehler, dem Zerbröckeln unterworfen zu sein, ein Fehler, den die weissen Cylinder in viel geringerem Mafse besitzen.

Man taucht das obere Ende der porösen Zellen senkrecht in geschmolzenes Paraffin, bis dasselbe auf ungefähr ein halbes Centimeter vom oberen Rand aus eingesaugt ist.

Es werden hierdurch die Säuren am Heraufkriechen verhindert und gleichzeitig erweist sich das Verfahren als besonders zweckmässig, um zu verhüten, dass das Zinksulfat, welches sich in der Batterie während ihrer Thätigkeit bildet, wenn es allmählich konzentrierter wird, am Rand des Gefässes auskrystallisiert und hierdurch den porösen Thon zerbröckelt.

Es ist ein ausgezeichneter Vorschlag, ein flaches Gummiband um das obere Ende des Thoncylinders zu legen. Es wird hierdurch das Paraffin geschützt und die Thonzelle von der Polschraube am Rand des Zinkcylinders isoliert, während zugleich der Arbeitende in den Stand gesetzt wird, die Thonzelle zu behandeln, ohne sich dabei die Finger mit der Salpetersäure zu beflecken.

Das Füllen der Batterie. Man befestigt die Polklemmen an der Kohle und dem Zink und setzt die Teile des Elementes zusammen. Nun giesst man starke Salpetersäure durch einen Trichter in die poröse Thonzelle bis ungefähr 3 cm vom oberen Rand; dann füllt man das Batterieglas mit der verdünnten Schwefelsäure bis zu einer Höhe von etwa 2 cm über derjenigen des inneren Cylinders, und zwar mit Rücksicht auf die Diffusionswirkung, die das äussere Gefäss zu entleeren strebt. Man verbindet das Zink des einen Elementes mit dem an Klemmschraube No. 1 befestigten Draht, seine Kohle ebenso mit No. 2, das Zink des zweiten Elementes mit No. 3 und seine Kohle mit der letzten Schraube.

Zuletzt zieht man alle Schrauben fest an, schliesst und befes-

---

*) Eine gute Thonzelle soll einen kleinsten Verlust von 15% in vierundzwanzig Stunden haben gemäss der französischen Normalbestimmung.

tigt den Deckel des Kastens, der nun in das Laboratorium gebracht werden kann.

Beim Gebrauch der Batterie zu beachtende Vorsichtsmafsregeln. Der Schüler muss ein für allemal darauf aufmerksam gemacht werden, dass die Salpetersäure der Batterie eine Quelle grosser Gefahr für feinere Instrumente ist. Daher ist es besser, dieselbe überhaupt nicht in den Arbeitsraum zu bringen, sie vielmehr ausschliesslich in einem Zugschrank oder vor einem Fenster aufgestellt zu benutzen. Da jedoch diese Anordnung nicht immer zweckmässig ist, so empfiehlt es sich, einen dicht schliessenden Kasten, wie den oben beschriebenen zu verwenden, unter der einen Voraussetzung, dass derselbe nicht im Laboratorium geöffnet wird. Die Batterie sollte unter dem Experimentiertisch derart aufgestellt sein, dass sie nicht umgeworfen werden kann.

In manchen Schulen wird man vielleicht vorziehen, eine einfachere Form der Batterie zu gebrauchen, in welcher keine Salpetersäure zur Anwendung kommt. Wir wollen daher die Bichromatbatterie beschreiben.

Die Bichromatbatterie. Eine ganz vollkommene Batterie müsste zu jeder gewünschten Zeit im stande sein, einen konstanten und starken Strom zu liefern. Allein keiner der bis jetzt erfundenen primären Batterien*) kann diese Eigenschaft in hinreichendem Mafse zuerkannt werden. Die grösste Annäherung ist vielleicht bei gewissen Formen der Bichromatbatterie erreicht, von der Fig. 63 eine gute Art darstellt. Das Element hat zwei Gefässe $T$ und $G$, das erstere von unglasiertem, porösem Thon, das letztere von Glas. In $T$ steht eine amalgamierte Zinkplatte $Zn$, und in $G$ befinden sich vier Kohlenplatten, die durch einen Bleistreifen mit einander verbunden sind. Die Elemente stehen in einem Holzgerüste, welches mit einer Vorrichtung versehen ist, um die Zinkplatten aus der Flüssigkeit herausheben zu können, wenn die Batterie nicht gebraucht wird. Zur Ladung der Elemente wird verdünnte Schwefelsäure in die Thonzelle gegossen und in das Batterieglas $G$ eine der folgenden Mischungen:

Oxydierende Flüssigkeit. Man löst 100 g feingepulvertes Kaliumbichromat in einem Liter siedenden Wassers, kühlt die Lösung ab und fügt 60 ccm starke Schwefelsäure hinzu. Diese Mischung

---

*) Die Batterien werden in zwei Klassen eingeteilt, primäre und sekundäre. Die letztere Klasse umfasst die Akkumulatoren, die mit Hilfe des Stromes einer Dynamomaschine geladen werden müssen.

wirkt chemisch in einer der Salpetersäure ähnlichen Weise, da sie eine starke oxydierende Flüssigkeit ist, hat aber vor dieser den Vorzug, frei von schädlichen Dämpfen zu sein.

An Stelle des Kaliumbichromats kann man mit grossem Vorteil auch Natriumbichromat verwenden, weil das Natriumsalz **keinen Chromalaun** giebt, der sich in den Zellen absetzt. Auch ist das Natriumsalz in grösserer Menge gekauft wohlfeiler als das Kalisalz.

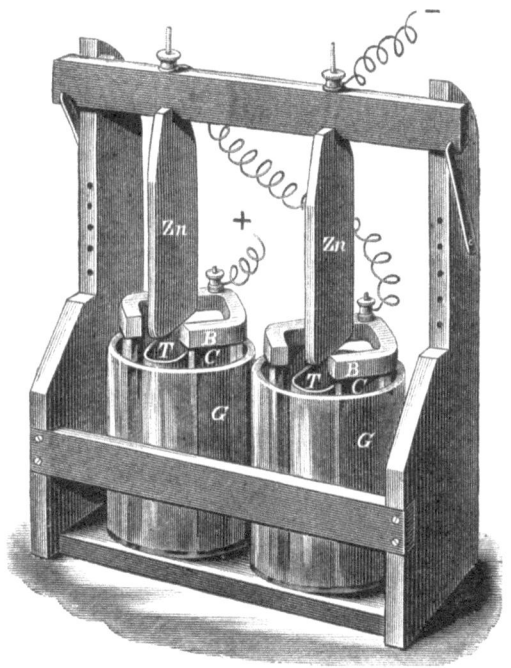

Fig. 63. Bichromatbatterie.

Chromsäure beginnt jetzt ebenfalls das Kaliumbichromat zu verdrängen.

Vorläufige Verbindungen. Man verbindet die Polschrauben 2 und 3 (Fig. 62) mit einander vermittelst eines kurzen Drahtes und legt Leitungsdrähte an No. 1 und 4 an. Für diesen Zweck erweist sich der mit Guttapercha überzogene Kupferdraht No. 12 als der beste. Die blossgelegten, metallischglänzenden Enden werden um die Polschrauben gelegt, oder noch besser wendet man eine Kupferplatte (Fig. 64) an, die gabelförmig zugerichtet ist.

Dieses Verfahren giebt einen zuverlässigeren Kontakt und ist deshalb bei weitem vorzuziehen. Fig. 65 stellt die Art und Weise dar, wie die Batterie gewöhnlich geschaltet wird. Es stellen hier die langen, dünnen Striche die Kohleplatten, die kurzen, dicken die Zinkplatten dar. Man nennt eine derartige Verbindung Schaltung hinter einander. Die Zeichnung stellt drei Elemente dar, die durch Kupferdrähte vom Zink des einen zur Kohle des nächsten u. s. f. verbunden sind. Das Ende des Drahtes, der mit dem letzten Zink verbunden ist, heisst der negative Pol (geschrieben der — Pol) und der mit der letzten Kohleplatte verbundene Draht der positive (oder +) Pol. Werden diese Pole mit einander verbunden, so findet ein Strom von Elektricität vom + zum — Pol statt.

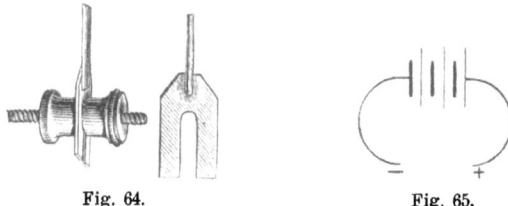

Fig. 64.   Fig. 65.

Die oben beschriebene Batterie soll für die folgenden Gruppen von Versuchen benutzt werden.

1. *Gruppe.* a) Man bringt die freien Enden der Leitungsdrähte mit einander in Berührung und trennt sie wieder; es entsteht beim Trennen ein Funke.

b) Man befestigt an einen Leitungsdraht eine Feile und reibt den anderen Pol an derselben; die Funken sind alsdann glänzender.

c) Man befestigt an jeden Leitungsdraht ein kleines Stückchen eines Kohlestabes, bringt die Kohlen in Berührung mit einander und entfernt sie dann, wobei ein glänzendes Licht erzeugt wird. Man beobachtet hierbei, dass die Kohlestäbe sehr heiss werden.

d) Man wickelt ein Stück dünnen Eisendrahtes um einen Pol und berührt das freie Ende dieses Drahtes mit dem Pol des anderen Leitungsdrahtes; es zeigt sich, dass hierbei einige Centimeter des Eisendrahtes in Rotglut erhalten werden können, und wenn der Draht kurz genug ist, kann er sogar geschmolzen werden.

e) Nimmt man statt des Eisendrahtes Kupferdraht vom nämlichen Durchmesser, so beobachtet man, dass derselbe nicht bis zur Rotglut erhitzt werden kann.

2. *Gruppe.* **Weitere Apparate.** *Pohl's* Stromwender oder Kommutator, ein Apparat, um die Richtung eines Stromes umzukehren (Fig. 66). Die Näpfe in der Ebonitplatte enthalten Quecksilber und stehen jeder mit der nächsten Klemmschraube in metallischer Verbindung. Die bei $A$ und $B$ drehbar befestigte Weiche kann mittels des isolierenden Handgriffes $G$ umgelegt werden. Wenn die Poldrähte der Batterie mit $E$ und $F$, oder $C$ und $D$ verbunden sind, so werden die Enden der Hauptleitung an $A$ und $B$ angelegt oder umgekehrt.

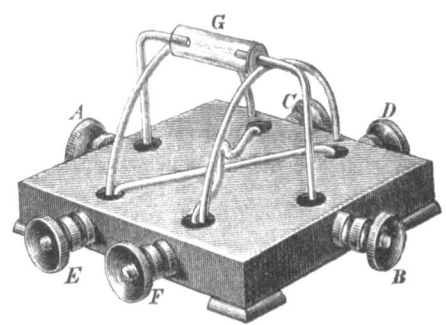

Fig. 66. Stromwender.

Bei der in Fig. 66 dargestellten Lage würde ein bei $E$ eintretender Strom in dem linken Bogendraht aufsteigen, in dem Seitendraht nach $A$ hinabsteigen, durch die Hauptleitung nach $B$ fliessen, durch den rechten Seitendraht in die Höhe und durch den Bogendraht nach $F$ herabfliessen. Wird die Weiche umgelegt, so durchfliesst der Strom die horizontalen Drähte und wird umgekehrt.

Es ist ferner erforderlich: ein Magnet, der an einem Gestell aufgehängt ist; ein Draht von einem Meter Länge, der zwischen zwei an einem Grundbrett befestigten Säulen ausgespannt ist (Fig. 67). Mit Hilfe des aufgehängten Magnetes bringt man den Draht in den magnetischen Meridian.

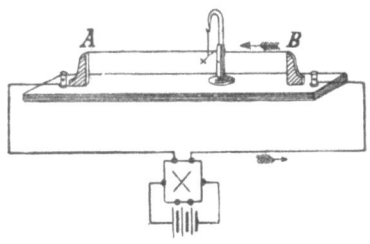

Fig. 67. Ampère's Versuch.

Dann überzeugt man sich, ob die Quecksilbernäpfe des Stromwenders Quecksilber enthalten und ob die darein eintauchenden Drähte gut amalgamiert sind, und verbindet schliesslich die Enden des Drahtes mit den Klemmschrauben des Kommutators.

Man stellt nun die in Fig. 67 dargestellten Verbindungen her und stellt, indem man vom $+$ Pol aus die Leitung verfolgt, den durch das Kreuz bezeichneten Kommutator so ein, dass der Strom den Draht von Nord nach Süd durchfliesst. Wir nennen diese Stellung die Lage I, und die, wo der Strom in entgegengesetzter Richtung durch den Draht fliesst, die Lage II. Dann unterbricht man den Strom und hängt die kurze Magnetnadel an einem Seidefaden über oder unter dem Draht auf. Um den Magnet bequem heben und senken zu können, muss das Gestell teleskopisch verschiebbar sein oder eine andere diesem Zwecke dienende Vorrichtung haben. Ist die Magnetnadel zur Ruhe gekommen, so legt man den Stromwender in die Lage I und merkt sich die Richtung, nach welcher die Nadel abgelenkt wird. Hierauf bringt man den Kommutator in die Lage II und beobachtet wieder die Richtung der hervorgebrachten Ablenkung. In dieser Weise erhält man nach einander die folgenden Resultate:

### Horizontaler Draht.

| Lage des Kommutators. | Stellung der Magnetnadel. | Ausschlag. |
|---|---|---|
| I. | Über dem Draht. | N-Pol nach Westen. |
| „ | Unter dem Draht. | „ „ „ Osten. |
| „ | Östlich, neben dem Draht. | S-Pol sinkt. |
| „ | Westlich, neben dem Draht. | N-Pol sinkt. |
| II. | Über dem Draht. | N-Pol nach Osten. |
| „ | Unter dem Draht. | „ „ „ Westen. |
| „ | Östlich, neben dem Draht. | N-Pol sinkt. |
| „ | Westlich neben dem Draht. | S-Pol sinkt. |

### Vertikaler Draht.

| | | |
|---|---|---|
| Aufsteigender Strom. | N-Pol dem Draht zugewandt. | N-Pol nach Osten. |
| „ | S-Pol dem Draht zugewandt. | S-Pol nach Osten. |
| Absteigender Strom. | N-Pol dem Draht zugewandt. | N-Pol nach Westen. |
| „ | S-Pol dem Draht zugewandt. | S-Pol nach Westen. |

*Aufgabe.* Man schneide aus steifem Papier eine kleine menschliche Figur aus und prüfe folgende Gedächtnis-Regel an obigen Resultaten: *Schwimmt ein Mensch mit dem Strom, so dass derselbe bei seinen Füssen eintritt und den Körper am Kopf verlässt, und wendet sein Gesicht der Nadel zu, so wird der nordsuchende Pol der Nadel nach der linken Hand abgelenkt.*

3. *Gruppe.* **Apparat.** Glasrohr von 20 mm Durchmesser, Kork, Nägel aus weichem Eisen, Eisenfeilicht.

**Versuche.** a) Man nimmt ein Stück Glasrohr von ungefähr 9 cm Länge, bohrt in zwei Korke von 30 mm Durchmesser Löcher von 20 mm Durchmesser und steckt in dieselben die Enden der Glasröhre, so dass eine Spule entsteht.*) Nun macht man in den einen Kork nahe dem inneren Rand ein kleines Loch und nachdem man in dasselbe das eine Ende eines mit Baumwolle umsponnenen Kupferdrahtes No. 9 eingeführt hat, wickelt man denselben um die Röhre in entgegengesetztem Sinn, wie ein Uhrzeiger, wenn man von oben gegen die Spule sieht. Etwa 20 cm Draht müssen aus der Spule herausragen, bevor man zu wickeln beginnt (vergl. A, Fig. 68). Nachdem man vier Lagen Draht aufgewickelt hat, führt man das andere Drahtende durch eine Bohrung desselben Korkes (B, Fig. 68). Verbindet man nun die Drahtenden mit der Batterie, so wird man finden, dass sich die Drahtrolle wie ein Magnet verhält, wenn man ihre Pole mit Hilfe des Magnetoskopes prüft. Kehrt man den Strom um und untersucht die Spirale wieder, so findet man, dass auch die Polarität die entgegengesetzte ist.

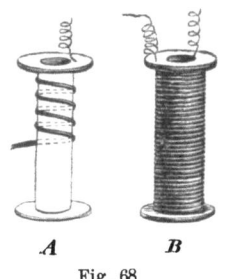

Fig. 68.

b) Man fertigt eine zweite Drahtrolle an, wickelt aber den Draht in entgegengesetzter Richtung, wie bei der ersten, d. h. also in derselben, wie die Uhrzeiger sich bewegen. Die Richtung der Magnetisirung oder die Polarität ist dann bei dieser zweiten Spule die entgegengesetzte, wie bei der ersten.

c) Man beobachtet, dass weiches Eisen leicht in die Drahtrolle hineingezogen wird, wenn ein Strom dieselbe umfliesst. Ebenso zeigt sich, dass, wenn die innere Höhlung der Rolle mit weichen Eisendrähten gefüllt ist, die magnetische Kraft beträchtlich wächst, während die Polarität dieselbe ist, wie bei der Spule ohne weiches Eisen im Innern. Man untersuche, ob die erhaltenen Resultate mit folgender Regel im Einklang sind: *Blickt man gegen eines der Enden der Drahtrolle, so ist dasjenige, an welchem der Strom im Sinne des Uhrzeigers umzukreisen scheint, ein Südpol, das an-*

---

*) Natürlich kann auch eine aus Holz gedrehte Spule, wie in Fig. 68 dargestellt, benutzt werden.

*dere ein Nordpol.* Könnte demnach die Drahtrolle frei schwingen, so würde sie sich in die magnetische Nord-Süd-Richtung einstellen, und der elektrische Strom würde am Nordpol auf der Westseite der Rolle aufsteigen, an der Ostseite absteigen.

d) Man stellt die vom Strom umflossene Drahtrolle vertikal und legt ein Stück Kartonpapier auf das obere Ende; streut man Eisenfeilspäne auf das Papier, so erhält man mit und ohne weiches Eisen magnetische Kurven.

4. *Gruppe.* Taucht man die beiden Enden der Batteriedrähte in einen kleinen Becher mit verdünnter Schwefelsäure, ohne dass sie mit einander in Berührung kommen, und lässt dieselben einige Minuten darin, so bemerkt man, dass der eine Pol sich mit Bläschen bedeckt, die sich sammeln und zur Oberfläche aufsteigen, und zwar geschieht dies an dem mit dem negativen Pol verbundenen Draht. Gleichzeitig wird der andere Draht reiner und heller, als wenn die Säure denselben auflöste. Dass dies thatsächlich der Fall ist, erkennt man daran, dass die Flüssigkeit infolge des entstehenden Kupfersulfates blau wird. Wird die Einwirkung lang genug fortgesetzt, so bedeckt sich der negative Poldraht mit einer braunen Ablagerung, die sich bei einer Prüfung als reines Kupfer erweist.

Die allgemeine Erklärung dieser Erscheinung ist die folgende: Der Strom zerlegt die Flüssigkeit, in welche die Poldrähte eintauchen, oder richtiger, er zerlegt die Schwefelsäure, indem der mit dem positiven Pol verbundene Kupferdraht Sauerstoff und Schwefel an sich zieht und damit Kupfersulfat bildet, während an dem anderen, dem negativen, Poldraht das freiwerdende Wasserstoffgas, welches den anderen Bestandteil des Schwefelsäuremoleküls bildet, entweichen kann.

Wenn aber neben der freien Säure eine merkliche Menge von Kupfersulfat in der Flüssigkeit gelöst ist, so wird das letztere elektrolytisch zerlegt, indem das Kupfer am negativen Poldraht abgesetzt und die Säure wieder gebildet wird, die nun ihrerseits von neuem Kupfer an dem positiven Poldraht, oder der positiven *Elektrode,* auflöst.

Wir werden später sehen, wie man diese Wirkung zur galvanischen Plattierung benutzt.

*Bemerkung.* Der Schüler möge Figuren zeichnen, welche die obigen Erklärungen erläutern.

5. *Gruppe.* Wir gehen nun dazu über, ein *Voltameter* an-

zufertigen, d. h. ein Instrument, welches zur Zersetzung des Wassers unter gleichzeitiger Ansammlung seiner Bestandteile dient. Das Verfahren ist folgendes:

a) Man schneidet die Röhre eines Glastrichters von 10 cm Durchmesser bis auf eine Entfernung von 1 cm vom Trichter ab.

b) Man schneidet ein Stück Platinblech *ABCD* von der in Figur 69 angegebenen Grösse aus, legt es auf einen Ziegelstein und erhitzt es mit der Gebläseflamme. Während sich das Platinblech in heller Rotglut befindet, legt man auf das eine Ende desselben einen kurzen Platindraht *EF*, und schweisst denselben mit wenigen Hammerschlägen an das Blech. Das Ende *F* des Platindrahtes wickelt man um ein Ende eines Stückes Kupferdraht No. 9 von etwa 15 cm Länge, streut etwas Harz an die Verbindungsstelle und lötet die beiden Drähte in der Flamme eines Bunsenschen Brenners mit etwas Schnellot zusammen. Die Elektrode ist hiermit fertig, und man macht eine zweite von derselben Grösse.

c) Man befestigt einen Kork in dem Ende der Trichterröhre, durchbohrt denselben zweimal mit Hilfe einer Stricknadel und steckt die Kupferdrähte durch diese Bohrungen, so dass die Platinelektroden sich innerhalb des Trichters befinden. Dann erwärmt man den Trichter sorgfältig ringsum und giesst geschmolzenes Paraffin so in denselben ein, dass es nach dem Erstarren die Elektroden in ihrer richtigen gegenseitigen Lage erhält und die Kupferdrähte bedeckt.

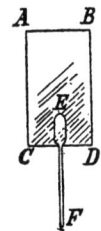

Fig. 69.

d) Man verschafft sich zwei Probiergläser von genau derselben Grösse. Dann setzt man das Voltameter auf einen Retortenhalter und giesst soviel verdünnte Schwefelsäure in den Trichter, dass die Elektroden völlig bedeckt sind. Man nehme hierzu eine Lösung von 1 Teil Säure auf 50 Teile Wasser. Hierauf füllt man die Probiergläschen mit ebensolcher Lösung und stülpt sie über die Platinelektroden. Schliesslich verbindet man die Drahtenden mit den Polen der Batterie durch Klemmschrauben (vergl. Anhang). Das angesäuerte Wasser wird nun langsam zersetzt, wobei der Schüler die folgenden Besonderheiten beachten möge:

1) An beiden Elektroden entwickeln sich Gase.

2) Das Gas in derjenigen Röhre, welche die negative Elektrode umgiebt, wächst doppelt so rasch, als das in der anderen, die positive Elektrode umhüllenden Probierröhre.

3) Sammelt man beide Gase in einer einzigen Röhre, so erhält man ein explosives Gemenge.

Hier haben wir den augenscheinlichen Beweis für die zerlegende Kraft des elektrischen Stromes und der Schüler wird erkennen, wie besonderer Art diese Wirkung sein muss, die allen Wasserstoff an dem einen Pol und allen Sauerstoff an dem anderen auftreten lässt. Wir können uns den Sachverhalt vielleicht vergegenwärtigen mit Hilfe der folgenden, von *Grotthus* aufgestellten Hypothese: Zuerst wollen wir annehmen, der Sauerstoff sei ein elektronegatives, der Wasserstoff ein elektropositives Element. Unter dieser Voraussetzung werden sich die Sauerstoff-Enden der verschiedenen Moleküle alle nach dem positiven Pol hinwenden, von dem sie angezogen werden, während andererseits die Wasserstoff-Enden sich sämtlich nach dem negativen Pol hinwenden, weil sie von diesem angezogen werden.

Ist nun der elektrische Zustand dieser Pole ein hinreichend starker, so wird der positive Pol das nächste Sauerstoffteilchen anziehen, und die negative Elektrode das nächste Wasserstoffteilchen, und es werden sich beide nach den bezüglichen Polen hinbegeben. Hierin besteht der erste Vorgang.

Der nächste ist ein Tausch der Begleiter. Der Wasserstoff des der positiven Elektrode zunächst liegenden Moleküls, der seinen Begleiter verloren hat, wird sich mit dem Sauerstoff desjenigen Moleküls verbinden, welches an zweiter Stelle der positiven Elektrode zunächst liegt, der Wasserstoff dieses letzteren mit dem Sauerstoff des an dritter Stelle folgenden Moleküls und so fort, bis die Teilchen der ganzen Linie aufs neue richtig gepaart sind. Hierin besteht der zweite Vorgang.

Indessen liegen die Bestandteile der Moleküle noch nicht den richtigen Elektroden gegenüber, denn der Wasserstoff ist der positiven, der Sauerstoff der negativen Elektrode zugewendet. Sie müssen sich daher alle um ihre Mittelpunkte um $180^0$ umwenden. Dies ist der dritte und letzte Vorgang, denn nun beginnt der nämliche Prozess aufs neue.

*Bemerkung.* Die hier auseinandergesetzte Hypothese muss durch Zeichnungen erläutert werden.

Das Auseinandernehmen der Batterie. Wenn die Batterie nicht mehr gebraucht wird, muss dieselbe unter den Zugschrank gebracht und auseinandergenommen werden. Man entfernt die Polklemmen, wäscht und trocknet sie; dann giesst man die

Salpetersäure in eine Flasche mit der Aufschrift „Alte Salpetersäure für Elemente"; dieselbe kann noch einmal gebraucht werden, wenn sie noch nicht grün geworden ist. Dann wäscht man die Thonzellen aus und lässt sie zum Auslaugen in Wasser stehen. Man sieht nach, ob schwarze Flecken auf den Zinkcylindern erschienen sind, und amalgamiert vorkommenden Falles solche Stellen; dann wäscht man dieselben ab und lässt sie ebenfalls in Wasser stehen. Das Auslaugen der Thonzellen und Zinkcylinder hat den Zweck, das gebildete Zinksulfat zu entfernen, welches sonst die Poren der Zellen verstopfen und den Thon zerbröckeln, sowie auch an der Oberfläche der Zinkcylinder krystallisieren würde. Die Schwefelsäure muss weggegossen werden, da sie immer Salpetersäure enthält, welche für das Zink in hohem Grade schädlich ist.

**39.** Der Vorgang der durch den elektrischen Strom hervorgebrachten chemischen Zersetzung wird Elektrolyse genannt. Die Versuche der Gruppen 4 und 5 des letzten Abschnittes sind Beispiele der Elektrolyse. Da ein sehr wichtiger Teil der Elektrolyse in der Ablagerung von Metallen besteht, so soll der folgende Abschnitt dem typischen Beispiel der Verkupferung gewidmet werden.

Abschnitt 20.
## Das Daniell'sche Element und die galvanische Verkupferung.

**40.** *Apparate.* Ein Daniell'sches Element von der Art, wie Fig. 70 eines von zweckmässiger Einrichtung darstellt. Es besteht aus einem Glascylinder oder äusseren Gefäss $G$, welches 13 cm hoch und 9 cm weit ist; in ihm steht ein Zinkcylinder $Zn$, der mit drei Zapfen oder Zungen $a$, $b$, $c$ versehen ist, deren letztere eine Verbindungsschraube trägt. Diese Zungen sind durch Wegschneiden der dazwischenliegenden Teile des ursprünglichen Zinkblechs gebildet, welches zur Anfertigung des Cylinders verwendet wurde. Die Höhe des Cylinders ist 10 cm, sein Durchmesser 8 cm, so dass derselbe, in das Batterieglas eingesetzt, von den Zungen getragen wird, während sein unterer Rand mehr als 2 cm vom Boden des Glases entfernt ist. Innerhalb des Zinkcylinders steht eine poröse Thonzelle $T$ von 13 cm Höhe und 5 cm Durchmesser, und in dieser ein Kupfercylinder $Cu$ mit einer einzelnen Zunge, an die eine Verbindungsschraube angelötet ist. Der obere Rand der Thonzelle ist in der bereits beschriebenen Art mit Paraffin getränkt. Auf den Kupfercylinder ist eine kleine Glasflasche $F$ mit der Mündung nach unten gesetzt, die mit Kupfersulfatkrystallen von der Grösse einer kleinen Nuss gefüllt ist. Auf den Boden des Batterieglases sind Stücke Zink gelegt, die dazu dienen sollen, geringe Mengen Kupfersulfatlösung zu zersetzen, die etwa in das äussere Gefäss diffundiert sind.

Fig. 70. Daniell's Element.

Ausserdem sind noch die folgenden Materialien erforderlich: Krystallisiertes Zink- und Kupfersulfat; einige Verbindungsschrauben (vergl. Anhang); Gummistopfen von 20 mm Durchmesser mit zwei Bohrungen; einige Stücke Kupferblech von etwa 1,5 mm Dicke; ein geteiltes Messgefäss; Schwefelsäure, Ätznatron, Salpetersäure; Messingdraht No. 4; ein Glasstab, ein Becherglas, Bunsen'scher Brenner und verschiedene Gegenstände zur Herstellung von Lösungen.

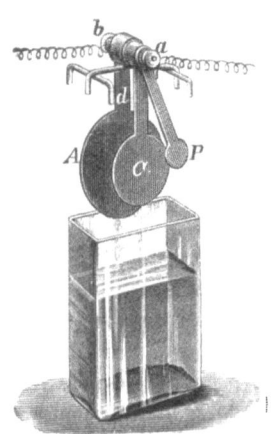

Fig. 71. Kupfer-Voltameter.

Füllung der Batterie. Man giesst eine gesättigte Kupfersulfatlösung in die Thonzelle, füllt die bereits erwähnte Flasche mit Kupfersulfat-Krystallen von der Grösse einer kleinen Nuss, giesst dieselbe mit gesättigter Kupfersulfatlösung voll und setzt sie dann umgekehrt in die poröse Thonzelle. Die Flasche dient dann als Vorratsbehälter und erhält die Kupfersulfatlösung gesättigt. Das äussere Gefäss wird mit Wasser gefüllt, in dem einige Zinksulfatkrystalle aufgelöst worden sind (1 Gewichtsteil Zinksulfat auf etwa 20 Gewichtsteile Wasser). Hiermit ist das Element zum Gebrauch fertig. Man verbindet nun das Zink und das Kupfer mittels eines kurzen Drahtes und lässt das Element einige Zeit in diesem geschlossenen Zustand stehen. Man sagt dann, das Element sei kurz geschlossen, wodurch es in seinen normalen Arbeitszustand kommt.

Kupfervoltameter. 111

Herstellung eines Verkupferungs-Bades. Fig. 71 stellt die erforderliche Einrichtung dar. Hier ist $ab$ ein Gummistopfen mit zwei Bohrungen, die nicht mit einander in Verbindung stehen, eine obere Bohrung rechts und eine untere links. In die Bohrung bei $b$ ist der Schaft einer Klemmschraube (Fig. 119,3) eingefügt, die dazu dient, die Kupferscheibe $A$ mittels des Armes $d$ zu tragen und sie mit dem Draht des positiven Batteriepoles in Verbindung zu setzen. Diese grosse Platte heisst Anode. In die Bohrung bei $a$ ist der Schaft einer doppelten Verbindungsschraube (Fig. 119,4) eingefügt, die durch Vereinigung zweier gewöhnlicher Verbindungsschrauben gebildet ist. Sie dient als Träger der Platte $C$, die kleiner als $A$ sein muss und die Hauptkathode bildet, und ferner trägt sie die kleine Probierkathode $P$; beide sind mit mit dem negativen Pol der Batterie verbunden. Die ganze Vorrichtung ruht mit Hilfe von Messingdrähten, wie Fig. 71 erkennen lässt, auf dem Rand eines Batterieglases. Dieses Gefäss wird mit

Fig. 72.

einer Flüssigkeit gefüllt, deren Zusammensetzung später beschrieben werden wird. Wir wollen hier nur noch erwähnen, dass bei der in Thätigkeit gesetzten Vorrichtung das niedergeschlagene Kupfer von der Anode zur Kathode geht, woher die Wahl dieser Bezeichnungen stammt.

Das Reinigen der Kupferplatten. Zunächst muss eine Bürste zum Abkratzen der Metalle angefertigt werden (vergl. Fig. 72). Dies kann leicht geschehen, wenn man in ein Brett zwei lange Nägel in ungefähr 15 cm Abstand einschlägt und dann feinen Messingdraht No. 4 ununterbrochen von einem Nagel zum anderen wickelt; dann bindet man die Fasern mit einem Draht zusammen und schneidet die Enden auf. Das Ganze wird durch die Bohrung eines Korkes gesteckt, der als Handgriff dienen soll, und bildet so eine Bürste mit zwei Enden. Dann fertigt man einen Haken zum Heben an, der einfach aus einem in die Form von Fig. 73 gebogenen Glasstab, mit einem Kork als Handgriff an einem Ende, besteht. Zuletzt stellt man sich die folgenden Reinigungsbäder her und bezeichnet dieselben in der unten angegebenen Weise:

Fig. 73.

No. 1. **Alkalisches Bad zur Reinigung des Kupfers.**
1 Gewichtsteil Ätznatron auf 10 Gewichtsteile Wasser.
No. 2. **Schwefelsäurebad zur Reinigung des Kupfers.**
1 Raumteil Schwefelsäure auf 10 Raumteile Wasser.
No. 3. **Tauchbad zur Kupferreinigung.**
1 Raumteil unreine Salpetersäure (alte Elementensäure) auf 1 Raumteil Wasser.
No. 4. **Klärbad zur Kupferreinigung.**
Starke Salpetersäure, der einige Tropfen starke Salzsäure zugesetzt sind.

Von diesen Flüssigkeiten muss eine ausreichende Menge bereitet werden, um die eingetauchten Platten vollständig zu bedecken. No. 1 wird in eine Abdampfschale von Porzellan gegossen, während sich die übrigen Lösungen in Bechergläsern befinden.

Die Reinigung der Kupferplatten geschieht nun in folgender Weise: a) Mit Hilfe der Bürste reinigt man sorgfältig beide Seiten der Platten, indem man so oft über die Oberfläche fährt, bis die Striche in einander laufen; b) man wäscht die einzelnen Platten unter dem Wasserhahn und reibt sie gut mit den Fingern oder einem Lappen; c) man kocht die Platten in der alkalischen Flüssigkeit No. 1. Hierdurch wird infolge von Oxydbildung eine Farbveränderung bewirkt. Man zieht nun die Platte mit Hilfe des Glashakens heraus, der überhaupt bei den folgenden Operationen ausschliesslich benutzt werden muss. Nachdem man sie sorgfältig unter dem Wasserhahn abgewaschen hat, bringt man sie in das Bad No. 2, in dem sie hinreichend lang liegen bleiben muss, damit die Säure die dunkelgefärbte Oxydschicht auflösen kann. Hierauf wäscht man abermals mit Wasser ab und taucht die Platte etwa 15 Sekunden lang in das Bad No. 3, worauf sie wieder gewaschen und wenige Sekunden lang in die Flüssigkeit No. 4 getaucht wird; herausgezogen, wird sie rasch mit destilliertem Wasser abgespült. Die Platte muss jetzt sehr hell und rein sein; ist dies nicht der Fall, so muss der Prozess wiederholt werden. Die reine Platte muss bis zu dem Augenblick ihrer Verwendung in der verdünnten Kupfersulfatlösung aufbewahrt werden.

**Die Ablagerung von Kupfer.** Die Flüssigkeit, mit welcher das Kupferbad gefüllt werden muss, wird erhalten, wenn man 100 g Kupfersulfat in 500 g Wasser löst. Man lässt sie bis zur Auflösung der ganzen Menge in einem Becherglas sieden und setzt nach dem Erkalten 25 g Schwefelsäure hinzu. Man giesst die Flüssigkeit in eine Flasche mit der Aufschrift „Verkupferungsbad".

Von dieser Flüssigkeit giesst man soviel in das Gefäss, Fig. 72, dass die Platten völlig damit bedeckt sind, und dann verbindet man die letzteren mit den richtigen Batteriepolen, d. h. man führt den negativen Poldraht zu der Kathode oder der kleinen Kupferplatte, den positiven Poldraht hingegen zu der Anode oder der grösseren Platte. Nun stellt man den Apparat an eine Stelle, wo er nicht weiter gestört wird, und bedeckt ihn, um Staub abzuhalten und Verdunstung zu vermeiden. Von Zeit zu Zeit muss die Flüssigkeit umgerührt werden. Von dem Fortschreiten der Ablagerung kann man sich durch Untersuchung der kleinen Probescheibe überzeugen.

Im Verlauf von einigen Tagen wird man auf der Kathode einen hellen Kupferniederschlag erhalten, während sich die Anode mit einer dunklen, schlammähnlichen Masse bedeckt.*) Hat man einen hinreichend starken Niederschlag erhalten, so entfernt man die Kathode, spült sie gut ab und hebt sie für künftige Versuche auf.

**41. Das Galvanoskop.** Man kann das Vorhandensein eines elektrischen Stromes nachweisen 1) durch seine Wärmewirkung, 2) durch seine Lichtwirkung, 3) durch seine chemische und 4) durch seine magnetische Wirkung. Ein Instrument, welches auf die Darstellung einer dieser Wirkungen begründet ist, würde im eigentlichen Sinne des Wortes ein Stromanzeiger, ein Stromfinder oder ein Galvanoskop heissen müssen. Da aber die magnetischen Wirkungen, die durch den direkten Einfluss eines elektrischen Stromes auf eine frei aufgehängte Magnetnadel entstehen, bei weitem am bequemsten zu beobachten sind, so sind fast in allen Fällen die Galvanoskope auf die Beobachtung der Ablenkung einer Magnetnadel gegründet.

Die Konstruktionsmethoden sind äusserst mannigfach; man kann die Galvanoskope äusserlich in Vertikalgalvanoskope und Horizontalgalvanoskope einteilen. Fig. 74 stellt ein Vertikalgalvanoskop von der Art dar, wie es im Telegraphendienst weit verbreitet ist. Das Instrument besteht aus einer Drahtrolle, deren Windungen senkrecht zur Papierebene stehen. Innerhalb der Rolle befindet sich eine in Spitzen gelagerte Magnetnadel, die so beschwert ist, dass sie in vertikaler Lage verharrt. Auf derselben Achse wie

---

*) Diese Substanz ist von komplizierter Zusammensetzung. Neben unzersetztem Kupfer enthält dieselbe die Verunreinigungen des käuflichen Metalls, wie Zinn, Antimon, Schwefel, Nickel, Kieselerde, Selen, Gold, Kobalt, Eisen und Blei.

die Nadel ist ein Zeiger befestigt, der sich über einem zwischen Zeiger und Rolle befestigten Teilkreis bewegt. Fliesst ein Strom durch die Rolle, so strebt die Nadel, und mit ihr der Zeiger, sich horizontal zu stellen.

Die Frage liegt nahe, wie weit ein derartiges Instrument, wie das eben beschriebene, zur Messung eines elektrischen Stromes oder als Galvanometer benutzt werden kann. Wäre der Winkel der Nadelablenkung genau proportional der Stärke des Stromes, der die Rolle umfliesst, so würde das Instrument von der grössten Bedeutung für vergleichende Messungen sein. Allein dies ist keineswegs der Fall und ebensowenig können die Angaben mit Hilfe einer einfachen Regel berechnet werden. Um also das Instrument für diesen Zweck brauchbar zu machen, muss es einer Kalibrierung oder Aichung unterworfen werden. Wir werden später das hierzu erforderliche Verfahren beschreiben und uns mittlerweile auf die Annahme beschränken, dass der Ausschlag um so grösser sein muss, je stärker der die Drahtrolle umfliessende Strom ist. Diese Annahme liegt dem nächsten Abschnitt zu Grund, der sich mit einigen der früher beschriebenen Grundversuche unter Benutzung eines Horizontalgalvanoskopes beschäftigt.

Fig. 74. Vertikal-Galvanoskop.

Abschnitt 21.

## Das Galvanoskop.

**42. *Apparat*.** Wir haben ein einfaches Galvanoskop oder die zu seiner Konstruktion erforderlichen Materialien nötig: Eine Zahnpulverbüchse von etwa 8 cm Durchmesser, vier Verbindungsschrauben, Seide- oder Baumwolle-umsponnenen Kupferdraht No. 4, einen Kupferstreifen von 27 cm Länge und 1,5 cm Breite, Holz zur Anfertigung einer einfachen Spule, nämlich ein Streifen von 24 cm Länge, 6 mm Dicke und 12 mm Breite, eine Magnetnadel von 5 cm Länge mit Achathütchen, eine Nähnadel als Spitze für dieselbe, eine Kreisteilung oder Kartonpapier zu ihrer Anfertigung, ein Stück gewöhnliches Fensterglas, ein ganz dünnes Brett (3 mm dick) zur Befestigung des Teilkreises.

Das Anfertigen, Bewickeln und Einsetzen der Spule. Man teilt den Holzstreifen in zwei längere und ein etwas kürzeres längliches Stück (erstere etwa 8 cm, letzteres nahezu 7 cm lang) und fügt dieselben nach Fig. 75 A zu einer Spule zusammen. Dann beschneidet man die Enden, so dass die Spule ziemlich fest in die Büchse passt, bohrt ein kleines Loch in ein Ende der Spule und zieht ein Drahtende etwa 10 cm lang hindurch. Darauf windet man so lange Draht auf die Spule, bis dieselbe nahezu gefüllt ist (vergl. Fig. 75 B). Zuletzt führt man das zweite Ende des Drahtes durch ein anderes Loch der Spule und setzt dieselbe in die Büchse ein.

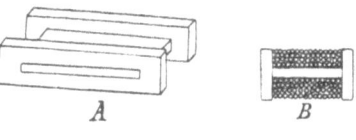

Fig. 75.

Die Drahtenden werden durch Bohrungen im unteren Teil der Büchse geführt und mit Polschrauben No. 1 oder 3 (Fig. 119) verbunden, die in das Holz eingeschraubt sind. Die metallischen, glänzenden Enden der Drähte werden um die Schrauben herumgewunden und in dieser Lage festgehalten, indem man die letzteren sorgfältig festschraubt. Noch besser ist es, die Drähte anzulöten, oder Polschrauben No. 2 (Fig. 119) zu benutzen, doch ist dies nicht durchaus erforderlich, wenn nur die Schrauben fest sitzen.

Befestigung des Teilkreises. Man klebt mit Leim oder Gummi einen in Grade geteilten Kreis auf dünnen Pappendeckel und schneidet ihn so aus, dass er genau in das Innere der Holzbüchse passt. In dem Mittelpunkt befestigt man eine Nadel, so dass sie über den Teilkreis etwa 5 mm hervorragt; auf ihrer Spitze ruht das Achathütchen der Magnetnadel.

Konstruktion des Deckels. Mit einem Zirkel zeichnet man auf den Deckel einen konzentrischen Kreis von 5 cm Durchmesser und schneidet entlang seinem Umfang ein kreisrundes Loch aus. Die rauhen Kanten werden mit einer Feile und Sandpapier geglättet. Dann legt man den Teilkreis auf eine Glasscheibe, schneidet das Glas nach diesem Muster mit einem Diamant oder einem Stahlrädchen und bricht das überstehende Glas mit einer Zange ab; die runde Glasscheibe muss dann gerade in das Innere des Deckels passen.

Das Zusammensetzen der Teile. Zuerst befestigt man den Teilkreis so in der Büchse, dass seine Nulllinie mit der Richtung der Drahtwindungen zusammenfällt, dann setzt man die Magnetnadel auf ihre Spitze und legt den Deckel auf; damit ist das Instrument vollständig. Vor dem Gebrauch muss es so gestellt werden, dass die Nadel auf Null weist, mit anderen Worten, die Nadel sowohl, wie die Ebene der Drahtwindungen müssen im magnetischen Meridian liegen. Das vollendete Galvanoskop ist in $G$, Fig. 76, zu sehen.

Anwendung des Kupferstreifens. Handelt es sich um die Beobachtung starker Ströme, so muss man einen Kupferbügel anwenden, durch den der Strom, statt durch den Draht des Galvanoskopes, hindurchgeleitet wird. In diesem Fall muss das oben beschriebene Galvanoskop in der richtigen Lage, d. h. die Nulllinie im magnetischen Meridian, auf einen Holzblock gestellt werden, an dem der Kupferbügel befestigt ist. Bei der in Fig. 76 dargestellten Anordnung ist der Kupferstreifen so gebogen, dass er drei Seiten eines Quadrates bildet; er ist an dem Holzblock in Angeln mit einiger Reibung drehbar befestigt, indem zwei Verbindungsschrauben durch Bohrungen des Kupferstreifens in das Holz geschraubt sind. Entsprechend der Stromstärke muss der Kupferbügel um seine Zapfen in eine Ebene

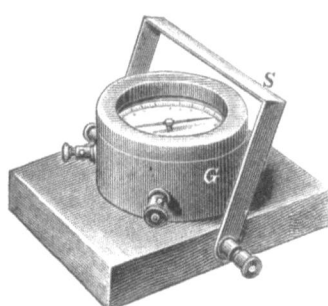

Fig. 76. Galvanoskop.

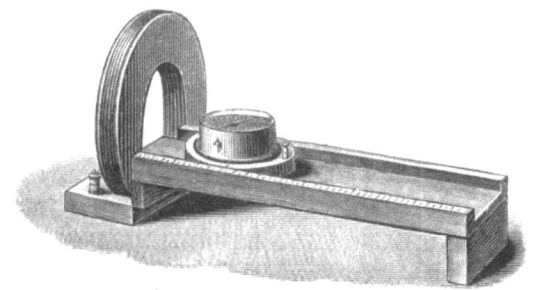

Fig. 77. Schlittengalvanoskop.

gedreht werden, die einen grösseren oder kleineren Winkel mit der Ebene des Holzblocks bildet. Je schwächer der Strom ist, desto grösser muss der Winkel sein, je grösser dagegen die Stromstärke, desto kleiner der Winkel.

Das Galvanoskop. 117

Man kann aber statt dessen das Galvanoskop auch mittels einer Schlittenvorrichtung in grössere oder kleinere Entfernung von dem Kupferstreifen bringen. In Fig. 77 ist der Kupferstreifen auf einem hölzernen Reifen befestigt und das Galvanoskop ist verschiebbar auf einer geteilten Schiene aufgestellt. Mit Hilfe jeder von beiden Vorrichtungen, oder mittels einer Vereinigung beider, kann man selbst die stärksten Ströme in den Bereich der Teilung des Galvanoskopes bringen.*)

Aufstellung des Apparates. Der Kupferstreifen wird mit der Batterie vermittelst der hierfür bestimmten Klemmschrauben verbunden. Beim Gebrauch muss der Kupferstreifen in der Ebene des magnetischen Meridians liegen, und wenn nötig, kann die Vorrichtung in dieser Lage mit Hilfe einer hölzernen Schraubenzwinge an den Tisch befestigt werden. Kommutator und Batterie müssen östlich oder westlich von dem Galvanoskop aufgestellt werden (vergl. Fig 78) und die Leitungsdrähte sollen während der Dauer eines Versuches in unveränderter Lage bleiben. Zur Erläuterung hierfür dienen die folgenden Beispiele, die allesamt mit dem Kupferstreifen angestellt sind:

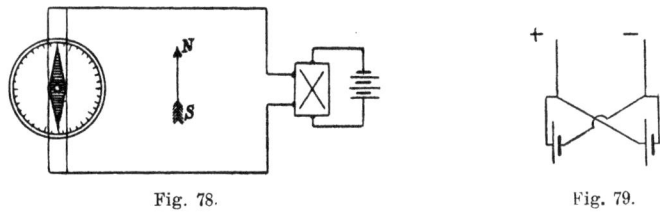

Fig. 78.        Fig. 79.

*1. Versuch.* Es ergab sich, dass ein Element einen Ausschlag von $48^0$ veranlasste, während 2 hintereinander geschaltete Elemente einen solchen von $49^0$, d. h. fast den nämlichen hervorbrachten.

*2. Versuch.* Nun wurden die beiden Zinkpole und ebenso die beiden Kohlepole der Elemente mit einander verbunden, so dass sie gleichsam ein grosses Element bildeten (vergl. Fig. 79). Diese Methode der Verbindung von Elementen heisst die Schaltung

---

*) Die erste dieser Anordnungen stellt das Prinzip von Obach's Galvanometer dar, die letztere dasjenige von Thompson's Strommesser, beides Instrumente, die zur Messung von Strömen der verschiedensten Stärken angewendet werden.

neben einander; sind mehrere Elemente in dieser Weise mit einander zu verbinden, so werden dieselben am besten so aufgestellt wie Fig. 80 zeigt. Die beiden neben einander geschalteten Elemente ergaben einen Ausschlag von $62^0$.

**3. Versuch.** Ein 20 cm langes Stück eines Kohlestabes, welches in den Stromkreis eingeschaltet worden war, verminderte die Stromstärke derart, dass ein Element nunmehr einen Ausschlag von $16^0$ gab, während 2 hinter einander geschaltete Elemente eine Ablenkung von $28^0$ hervorbrachten, woraus sich ergiebt, dass durch Vermehrung der hinter einander geschalteten Elemente der Strom verstärkt wird, sobald sich im Stromkreis ein beträchtlicher äusserer Widerstand befindet.

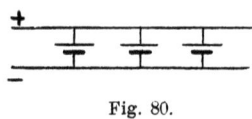

Fig. 80.

**4. Versuch.** Es zeigt sich, dass mit zunehmender Länge des Kohlestabes im Stromkreis der Ausschlag kleiner wird.

**5. Versuch.** Wurden 2 Kohlestäbe von derselben Länge neben einander in den Stromkreis eingeschaltet, so ergab sich ein grösserer Ausschlag, als nur mit einem Stab.

**6. Versuch.** Ein Stück Eisendraht wurde in Spiral-Form gewunden und in den Stromkreis eingeschaltet, die Ablenkung notiert und dann der Draht mittels einer Spirituslampe erhitzt. Hierdurch wurde der Ausschlag vermindert; wenn man jedoch den Draht sich wieder abkühlen lässt, so kehrt die Nadel in ihre frühere Stellung grösserer Ablenkung zurück.

**43. Theorie der Batterieströme.** Es erscheint wünschenswert, an dieser Stelle eine kurze Darstellung der Ursache zu geben, der die Wirkung einer Volta'schen Batterie entspringt, obwohl dieselbe, wie wir vorausschicken müssen, noch nicht völlig verstanden ist, so dass jede Erklärung, die wir geben, nur als eine brauchbare Hypothese betrachtet werden darf. Wird ein Stab oder Draht von Zink an einen eben solchen von Kupfer angelötet oder auf andere Art zuverlässig befestigt, so findet eine elektrische Scheidung an den Verbindungsflächen statt, infolge deren das Zink positiv und das Kupfer negativ elektrisch wird. Dieser elektrische Unterschied ist aber nicht gross und sein Vorhandensein kann experimentell nur mit Hilfe eines feinen Elektrometers bewiesen werden. Wir wollen uns nun einen Stromkreis von folgender Beschaffenheit vorstellen (vergl. Fig. 81): Ein halbkreisförmig gebogener Zinkdraht ist mit seinen beiden Enden an einen durchaus

Theorie der Batterieströme. 119

gleichen Kupferstab angelötet oder auf andere Art verbunden. Werden wir in dieser Vorrichtung einen Strom haben? Sicherlich keinen. An der oberen Berührungsstelle ist zweifellos eine Quelle elektrischer Erregung, infolge deren positive Elektricität nach dem Zink oder linkerhand getrieben wird, während negative Elektricität nach dem Kupfer oder der rechten Seite fliesst, und wenn sich diese beiden Elektricitäten in dem Rest des Leitungskreises frei vereinigen könnten, würden wir jedenfalls so lange einen Strom haben, als die elektrische Erregung andauert. Aber dies ist keineswegs der Fall, denn die untere Berührungsstelle ist eine ähnliche Quelle elektrischer Erregung und wird die Vereinigung beider Elektricitäten verhindern, so dass das schliessliche Resultat nicht ein Strom, vielmehr eine Verteilung statischer Elektricität sein wird, der zufolge das Zink positiv, das Kupfer ne-

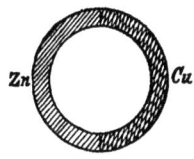

Fig. 81.

gativ elektrisiert bleibt. Bevor wir einen Strom erhalten können, müssen wir im stande sein, die Erregung an der einen Verbindungsstelle beizubehalten, an der anderen aber aufzuheben.

Gerade dies ist durch die Batterieflüssigkeit erreicht. Angenommen, wir heben die untere Verbindung auf und lassen die Stäbe in zwei Platten oder Pole ihres eigenen Materials endigen, die in ein Gefäss mit verdünnter Schwefelsäure eingetaucht werden (siehe Fig. 82). Jedes Molekül dieser verdünnten Säure kann aufgefasst werden als eine Verbindung zweier Glieder oder Teile, von denen das eine den als negativ zu betrachtenden Sauerstoff enthält, und das andere den Rest des Moleküls, der den als positiv elektrisch zu betrachtenden Wasserstoff in sich schliesst. Die erste Wirkung des Eintauchens der Elektroden

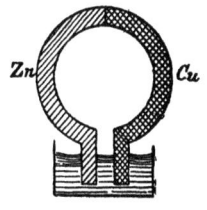

Fig. 82.

in die verdünnte Säure kann als eine Polarisation oder ein Richten dieser flüssigen Moleküle in der früher beschriebenen Art und Weise angesehen werden, nämlich derart, dass die Enden, die den Sauerstoff enthalten, sich nach dem Zink, diejenigen, die den Wasserstoff enthalten, sich nach dem Kupferpol wenden. Wenn nun die positive Elektricität des Zinkes stärker als die der Wasserstoffhälfte des Moleküls verdünnter Säure ist, so wird die Sauerstoffhälfte ihre Wasserstoffhälfte verlassen und sich mit dem Zink verbinden, welches demnach oxydiert wird, und in gleicher Weise wird auf der anderen Seite die

Wasserstoffhälfte des Moleküls verdünnter Säure nach dem Kupferpol gehen und seine positive Elektricität mit dorthin nehmen. Hierdurch wird ununterbrochen negative Elektricität zu dem Zinkpol und positive zu dem Kupferpol geführt, so dass die elektrische Differenz dieser Pole fortwährend neutralisiert wird. Unterdessen können wir uns vorstellen, dass an der oberen Berührungsstelle, wo ununterbrochen eine Quelle elektrischer Erregung vorhanden ist, ein konstanter Zufluss positiver Elektricität nach dem Zink hin stattfindet, und ein ähnlicher Ersatz negativer Elektricität nach dem Kupfer hinfliesst, die beide ebenso rasch, als sie hinabfliessen, in der oben geschilderten Weise neutralisiert werden. Ein Strom negativer Elektricität, der rechterhand hinabfliesst, ist aber gleichbedeutend einem Strom positiver Elektricität, der aufwärts fliesst, so dass wir bei gleichzeitiger Betrachtung beider Seiten einen wirksamen Strom positiver Elektricität rings um die Kreisleitung fliessen haben, und zwar in entgegengesetzter Richtung, wie sich die Zeiger einer Uhr bewegen, und die Flüssigkeit vom Zink zum Kupfer durchfliessend.

Die Vereinigung des Zinkes mit Sauerstoff und die Lösung des gebildeten Oxydes in der Säure hat einen allmählichen Verbrauch des Zinkes zur Folge, von dem wir sagen können, dass es langsam in der Flüssigkeit verbrennt. Diese Verbrennung ist die Energiequelle der Vorrichtung, indem das Zink als Brennmaterial dient, während die besondere Einrichtung des Kreises dazu bestimmt ist, diese Energie in die Form des elektrischen Stromes zu verwandeln. Wir haben in der That das mechanische Äquivalent der entwickelten Energie in dem verbrannten Zink und die Ursache der besonderen Form, welche diese Energie annimmt, in der Einrichtung des Stromkreises zu suchen. Würden wir das Zink nicht amalgamieren, so würde wahrscheinlich zwischen verschiedenen Teilen derselben Platte ein Unterschied der Härte und chemischen Zusammensetzung bestehen. Dieser Unterschied würde Veranlassung zu lokalen Strömen geben, so dass die der Verbrennung des Zinkes entspringende Energie zum Teil in diesen lokalen Strömen verzehrt werden würde, unter Schwächung des Hauptstromes der Batterie, den möglichst zu stärken unsere vornehmste Aufgabe ist. Das Amalgamieren des Zinkes beugt der Bildung solcher lokaler Ströme vor, indem es die chemische Zusammensetzung über die ganze Platte gleichmässig macht, so dass die gesamte Energie der Verbrennung dem Hauptstrom zu gute kommt. Man wird nun fragen, was aus dem Wasserstoff wird, welcher an der Kupferplatte in Freiheit gesetzt wird. Er kann sich natürlich nicht mit dem Kupfer verbinden und wird schliesslich zweifelsohne Bläschen bilden und nach der Oberfläche entweichen. Inzwischen aber wird er den Kupferpol einhüllen und wegen seines Strebens, einen Strom nach der entgegengesetzten Seite zu senden, oder der hierdurch hervorgerufenen Polarisation, schädlich auf das Zustandekommen des Stromes einwirken, der durch diese Ursache sehr rasch geschwächt wird.

Es ist demnach von der grössten Wichtigkeit, dieser Ablagerung von Wasserstoff und der sich daraus ergebenden Polarisation vorzubeugen, so dass man von der Batterie einen konstanten Strom erhält. Dies geschieht bei der Bunsen'schen Batterie, die wir genau beschrieben haben. Während bei diesem Element das Zink in der verdünnten Säure allmählich oxydiert wird und unter gewöhnlichen Umständen der Wasserstoff sich auf der Kohleplatte, welche das Kupfer vertritt, ablagern und dieselbe polarisieren würde, ist durch Eintauchen der Kohle in die konzentrierte Salpetersäure der Thonzelle diese Ablagerung unmöglich gemacht. Durch dieses Mittel wird der Wasserstoff im Augenblick des Entstehens durch den Sauerstoff der Säure sofort oxydiert und damit ist seine Ablagerung auf der Kohleplatte wirksam beseitigt. Die Salpetersäure wird natürlich infolge des Sauerstoffverlustes allmählich in ihrer Zusammensetzung geändert und zur weiteren Verwendung unbrauchbar.

*Aufgaben.* 1) Die elektrische Wirkung, die den Batteriestrom hervorbringt, durch Zeichnung zu erklären.

2) Woher stammt der Strom, wenn wir ihn als eine Form der Energie betrachten?

3) Zu welchem Zweck wird das Zink amalgamiert?

4) Welchen Zweck erfüllt die poröse Thonzelle?

**44.** Elektromotorische Kraft. Wir haben seither von dem elektrischen Unterschied gesprochen, der ununterbrochen an der Berührungsstelle verschiedenartiger Metalle fortbesteht; derselbe mag für unsere augenblicklichen Zwecke die elektromotorische Kraft der Anordnung genannt werden, und wird gewöhnlich mit dem Buchstaben $E$ bezeichnet. Wir können annehmen, dass diese elektromotorische Kraft in allen Fällen in erster Linie von der elektrochemischen Verschiedenheit der beiden Platten herrührt, so dass etwa Zink und Kupfer einen bestimmten Wert von $E$ ergeben, Zink und Kohle einen zweiten, Zink und Platin einen dritten, und so fort. Angenommen, wir beschränkten uns auf Zink und Kohle, so wird die elektromotorische Kraft eines einzelnen Elementes $E$ sein. Haben wir aber zwei Elemente hinter einander, d. h. das Zink des einen verbunden mit der Kohle des anderen, so werden wir eine gesamte elektromotorische Kraft im Betrag von $2\,E$, bei drei Elementen eine solche von $3\,E$, und so fort erhalten.

**45. Ohm's Gesetz.** Man muss sich aber nicht vorstellen, als würden zwei Stromkreise, in denen die nämliche elektromotrische Kraft besteht, auch notwendigerweise von gleich starken Strömen durchflossen. Dies führt uns zu der Erörterung des Gesetzes, welches das Maſs des Stromes, seine Intensität, oder die Stromstärke angiebt, bekannt unter dem Namen des Ohm'schen Gesetzes, weil es von Ohm, einem deutschen Physiker, entdeckt und bewiesen wurde.

Um dieses Gesetz zu erklären, wollen wir uns vorstellen, dass wir einen dicken cylindrischen Metallstab hätten (siehe Fig. 83), dessen oberer Querschnitt $A$ auf einem bestimmten Potential erhalten werde, welches von dem des unteren Querschnittes $B$ verschieden ist. Diesen Unterschied im elektrischen Niveau wollen wir $E$ nennen. Infolge dieses elektrischen Unterschiedes, der zwischen der Oberfläche und dem Boden unverändert erhalten wird, wird ein ununterbrochener Strom von Elektricität von der Oberfläche nach dem Boden fliessen, dessen Stärke ausser anderem von dem Wert von $E$ abhängt; verdoppelt man $E$, so wird auch der Strom doppelt so stark, macht man $E$ dreimal so gross, so wird auch der Strom im gleichen Verhältnis stärker, u. s. f. Es ist also die Stromstärke oder $J$ (Intensität) proportional der elektromotorischen Kraft oder $E$.

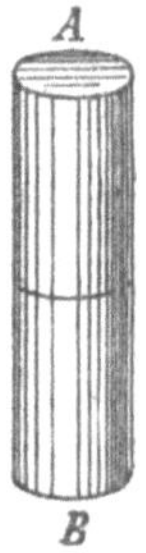

Fig. 83.

In zweiter Linie ist die Stromstärke proportional dem Querschnitt des Stabes bei $A$, derart, dass, wenn wir den Querschnitt verdoppeln, wir auch die Stärke des Stromes verdoppeln. Die Verdoppelung des Querschnittes verwandelt dem Wesen nach den einen Stab in zwei Stäbe und daher verlangt diese Gesetzmässigkeit kaum eine weitere Erläuterung. Der nächste Punkt ist der folgende: Wenn wir die Länge des Stabes verdoppeln, halbieren wir die Stromstärke unter sonst gleichen Bedingungen, mit anderen Worten, die Stromstärke ist umgekehrt proportional der Länge des Stabes. Um dies zu beweisen, wollen wir uns vorstellen, dass der Stab der obigen Figur durch einen gedachten Querschnitt mitten zwischen Oberfläche und Boden durchschnitten wäre. Der elektrische Unterschied zwischen diesem Querschnitt und dem Boden wird dann nur die Hälfte desjenigen sein, der zwischen Oberfläche und Boden herrscht, oder er ist $\frac{E}{2}$, und doch werden wir, wenn sonst nichts in den Verhältnissen geändert worden ist, in dem unteren Teil des Stabes dieselbe Stromstärke $J$, wie zuvor, haben. Mit anderen Worten, wir können uns entweder vorstellen, dass die Stromstärke $J$ durch eine elektrische Differenz $E$ zwischen der Oberfläche und dem Boden des Stabes hervorgebracht wäre, oder durch eine elektrische Differenz $\frac{E}{2}$ zwischen der Mitte und dem Boden des Stabes. Bestände nun eine elektrische Differenz $= E$ zwischen der Mitte und dem Boden, so würden wir offenbar einen Strom von der doppelten Stärke haben — mit anderen Worten, bei gleicher elektrischer Differenz ist die Stromstärke umgekehrt proportional der Stablänge.

Schliesslich hängt der Betrag der Stromstärke noch von der Natur des Stabes ab, besteht derselbe aus Kupfer, so wird ein kleiner elektrischer Unterschied einen starken Strom hervorrufen, besteht er dagegen aus Holz, so wird die Stromstärke weit geringer sein, und wenn es schliesslich gar ein Ebonitstab ist, so wird überhaupt kaum noch ein Strom vorhanden sein.

Alle diese Folgerungen haben ihren bequemen Ausdruck in Ohm's Gesetz und den daraus abgeleiteten Gesetzen gefunden. Bezeichnet $J$ die Stromstärke im Stromkreis, $E$ die elektromotorische Kraft und $W$ den Widerstand, den der Strom in dem Material des Stromkreises erfährt, so stellt folgende Formel Ohm's Gesetz dar:

$$J = \frac{E}{W}.$$

Um den Begriff des Widerstandes oder dessen, was den Strom der Elektricität hemmt, zu definieren, müssen wir uns an das erinnern, was bereits oben angegeben wurde: 1) dass das Leitungsvermögen direkt, und folglich der Widerstand umgekehrt, proportional dem Querschnitt des Stabes ist; 2) dass das Leitungsvermögen umgekehrt, und folglich der Widerstand direkt, proportional der Länge ist; dass das Leitungsvermögen von dem Stoff abhängt, aus dem der Stab oder Draht angefertigt ist, indem jeder Stoff sein ihm eigentümliches, spezifisches Leitungsvermögen hat; daher hängt der Widerstand ebenfalls von einem spezifischen Widerstand ab, der sich umgekehrt mit dem spezifischen Leitungsvermögen ändert. Kurzum, der Widerstand kann als der reciproke Wert des Leitungsvermögens aufgefasst werden, so dass wir entweder behaupten können, die Stromstärke sei gleichzeitig direkt proportional der elektromotorischen Kraft und dem Leitungsvermögen des Stromkreises, oder direkt proportional der elektromotorischen Kraft und umgekehrt proportional dem Widerstand.

Der Widerstand eines Stromkreises wird gewöhnlich in zwei Teile geteilt, den inneren oder wesentlichen Widerstand der Batterie, der hauptsächlich aus dem Widerstand der Flüssigkeiten besteht, in welche die Platten eingetaucht sind, und den äusseren Widerstand, der entsprechend den Verhältnissen verändert werden kann. Die angegebenen Gesetze gelten ebensowohl für den inneren, wie für den äusseren Widerstand. Bezeichnen wir den ersteren mit $W$ und den letzteren mit $w$, so nimmt das Ohm'sche Gesetz die folgende Form an:

$$J = \frac{E}{W+w}.$$

Wir können nun Ohm's Gesetz anwenden, um eine Erklärung der Versuche von Abschnitt 21 zu geben.

Wir werden zunächst für ein Element, ohne einen anderen äusseren Widerstand, als den des Kupferstreifens, $J = \frac{E}{W}$ haben, während wir für zwei solche hinter einander geschaltete Elemente $J = \frac{2E}{2W}$ haben. Es stehen also Theorie und Erfahrung im Einklang, da die Stromstärke in beiden Fällen dieselbe ist, und thatsächlich die Angaben des Galvanoskopes $48^0$ und $49^0$ betrugen.

Sind dagegen die beiden Elemente neben einander geschaltet, so haben wir dem Wesen nach ein grosses Element vom doppelten Querschnitt und demgemäss müssen wir einen Strom von der doppelten Stärke haben, $J = \frac{E}{1/2\,W} = \frac{2E}{W}$, da der Widerstand wegen des verdoppelten Querschnittes halb so gross geworden ist. Thatsächlich wächst die Angabe des Galvanoskopes von $48^0$ auf $62^0$. Wir müssen uns aber hüten zu glauben, dass uns diese Zahlen ein genaues Mafs der Stromstärke in beiden Fällen gäben; hierzu werden wir erst später gelangen, wenn wir das Galvanometer beschreiben. Es genügt indessen, dass Theorie und Erfahrung zum gleichen Ergebnis führen, dass nämlich die Stromstärke viel grösser ist, wenn die Elemente neben einander geschaltet sind, als bei einem einzelnen oder zwei hinter einander geschalteten Elementen.

Schalten wir nun einen beträchtlichen äusseren Widerstand ein, z. B. ein Stück eines Kohlestabes, so wird nicht nur die Stromstärke beträchtlich vermindert, von $48^0$ auf $16^0$, sondern es geben auch die beiden hinter einander geschalteten Elemente entschieden einen stärkeren Strom, als ein einzelnes, denn die Angaben sind für ein Element $16^0$, für zwei hinter einander geschaltete dagegen $28^0$. Dies ist eine direkte Folgerung aus Ohm's Gesetz, welches uns für ein einzelnes Element unter diesen Umständen $J_1 = \dfrac{E}{W+w}$ giebt, für zwei hinter einander geschaltete aber $J_2 = \dfrac{2E}{2W+w}$. Ist nun $w$ beträchtlich gross, so wird $J_2$ entschieden grösser sein als $J_1$, und wenn $w$ sehr gross ist verglichen mit $W$, so ist $J_2$ beinahe doppelt so gross als $J_1$.

Schliesslich ersehen wir aus dem 6. Versuch, dass eine Erhöhung der Temperatur auch den Widerstand des Eisendrahtes vermehrt, und das nämliche Gesetz gilt für alle anderen Metalle ebenfalls.

Setzt sich der äussere Widerstand eines Stromkreises aus verschiedenen Teilen zusammen, so müssen wir uns bei Anwendung des Ohm'schen Gesetzes auf diesen Fall daran erinnern, dass die nämliche Menge Elektricität in jeder Sekunde durch jeden Querschnitt des Stromkreises fliesst. Denn wäre dies nicht der Fall, so würde mehr positive Elektricität in einen bestimmten Teil des Stromkreises einfliessen, als aus demselben herausfliesst, so dass hier eine Anhäufung positiver Elektricität stattfände, oder es könnte weniger zufliessen, als von der Stelle abfliesst, so dass die Gegend des Stromkreises mehr und mehr negativ werden würde. Allein diese beiden Annahmen sind unzulässig, da wir ja einen stationären Zustand haben, sobald der Stromkreis geschlossen wird. Wir müssen daher annehmen, dass die Elektricitätsmenge, die in der Zeiteinheit einen beliebigen Querschnitt durchfliesst, oder in anderen Worten der Strom, eine konstante Grösse durch den ganzen Stromkreis ist. Unter diesen Umständen wird das bereits Gesagte den Leser zu dem Schluss führen, dass der Potentialunterschied (den wir als die Ursache der elektromotorischen Kraft zu betrachten haben) sich zwischen zwei beliebigen Punkten des Stromkreises so verteilt oder anordnet, dass er proportional dem Widerstand zwischen diesen Punkten ist, so dass die elektromotorische Kraft um so grösser ist, je grösser der Widerstand des dazwischen liegenden Leiterstückes ist. Mit anderen Worten, wir haben eine gegebene elektromotorische Kraft in dem ganzen Stromkreis so zu verteilen, dass die Kraft zwischen zwei Punkten immer dem Widerstand zwischen diesen Punkten proportional ist.

*Aufgaben.*
1) Das Ohm'sche Gesetz zu erklären.
2) Die Versuche von Abschnitt 21, die der Schüler selbst angestellt hat, mit Hilfe von Ohm's Gesetz zu erläutern.

**46.** Die theoretischen und praktischen Einheiten. Das Ohm'sche Gesetz kann auf drei Arten geschrieben werden, nämlich:

$$J = \frac{E}{W} \quad \ldots \ldots \ldots \ldots \quad 1)$$

$$E = J \cdot W \quad \ldots \ldots \ldots \quad 2)$$

$$W = \frac{E}{J} \quad \ldots \ldots \ldots \quad 3)$$

Ist in (1) $E = 1$ und $W = 1$, so kommen wir zu der Definition:
*Die Einheit der Stromstärke fliesst durch einen Stromkreis von der Einheit der E. M. K. und der Einheit des Widerstandes* 4)
Ist in (2) $J = 1$ und $W = 1$, so ergiebt sich die Definition:
*Die Einheit der E. M. K. wirkt in einem Stromkreis von der Einheit des Widerstandes, wenn derselbe von einem Strom von der Stärke eins durchflossen wird* . . . . . . . . . . . 5)
Ist in (3) $E = 1$ und $J = 1$, so erhalten wir die Definition:
*Die Einheit des Widerstandes wirkt in einem Stromkreis, in dem die Einheit der E. M. K. die Einheit der Stromstärke erzeugt* . . . . . . . . . . . . . . . . . . . . . . 6)

Haben wir nun unabhängige Werte für beliebige zwei von diesen drei Einheiten eingeführt, so ist die dritte durch eine dieser Definitionen 4 bis 6 eindeutig bestimmt. Wir haben vollkommene Freiheit, beliebige Einheiten zu wählen. So möge z. B. die Einheit der Stromstärke diejenige sein, die durch ein Daniell'sches Element bestimmter Einrichtung und Grösse hervorgebracht wird, wenn seine Pole durch einen genau bestimmten Draht verbunden sind; und die Einheit des Widerstandes möge derjenige Widerstand sein, der zwischen den Enden eines Cylinders von reinem Silber und bestimmter Länge und Dicke besteht. Allein es wird allgemein zugegeben, dass es wünschenswert ist, diese Einheiten von den fundamentalen Einheiten der Länge, der Masse und der Zeit, wie sie diesem Werke zu Grund gelegt wurden, abzuleiten, d. h. von dem Centimeter, dem Gramm und der Sekunde.

Demgemäss sind Methoden ersonnen worden, um die elektrischen Einheiten in Beziehung zu diesen fundamentalen Einheiten zu setzen. Allein die so erhaltenen Einheiten sind von solcher Grösse, dass sie für die praktischen Bedürfnisse sehr unbequem sind, und deshalb hat man noch die sogenannten praktischen Einheiten eingeführt, indem man einen Teil der Einheit der Stromstärke und Vielfache der Einheiten von $E. M. K.$ und Widerstand zu Grunde legt.

So erhält man:

1 Ampère gleich dem $10^{-1}$fachen der C. G. S.-Einheit der Stromstärke.

1 Volt gleich dem $10^8$fachen der C. G. S.-Einheit der $E. M. K.$

1 Ohm gleich dem $10^9$fachen der C. G. S.-Einheit des Widerstandes.

Die hier besprochenen C. G. S.-Einheiten werden die elektromagnetischen Einheiten genannt zum Unterschied von den elektrostatischen Einheiten, die von den elektrostatischen Wirkungen der Abstossung und Anziehung abgeleitet sind.

Aus den oben mitgeteilten Zahlenangaben ersieht man, dass in einem Stromkreis vom Widerstand 1 Ohm und der $E. M. K.$ von 1 Volt eine Stromstärke von einem Ampère bestehen wird; denn $\frac{10^8}{10^9} = 10^{-1}$.

Das Ohm. Eine Kommission der British Association fand, dass der Widerstand des Ohms nahezu dargestellt werde durch den Widerstand einer Säule reinen Quecksilbers von 1 qmm Querschnitt und 105 cm Länge bei $0^0$ C., sie liess Widerstandsrollen aus einer Legierung von Silber und Platin anfertigen, die als Normaleinheiten des Ohms ausgegeben wurden. Widerstandsrollen, die nach diesen Normalwiderständen angefertigt sind, heissen B. A. Ohms. Neuere Messungen von Lord Rayleigh, Kohlrausch und anderen Physikern haben zweifellos bewiesen, dass das B. A. Ohm um mehr als $1^0/_0$ zu klein ist. Das B. A. Ohm kann daher in Wirklichkeit nur als eine empirische Einheit betrachtet werden, gerade so wie es mit dem Normalmeter der Fall ist. Trotzdem ist der Versuch gemacht worden, an Stelle der alten Normal-Ohms neue vom richtigen Wert zu setzen. So ist gemäss den Beschlüssen des internationalen elektrischen Kongresses zu Paris im Jahr 1881 als gesetzliches Ohm der Widerstand einer Säule reinen Quecksilbers von 106 cm eingeführt worden, die also ungefähr 1 cm länger als die dem B. A.

Ohm zu Grunde liegende Säule ist. Die genauere Beziehung zwischen diesen Einheiten ist folgende:

1 Kongress-Ohm oder $\Omega$ = 1,0112 B. A. Ohm.

1 B. A. Ohm = 0,9889 Kongress-Ohm.

In Deutschland wird vielfach noch die ältere von Siemens angegebene, willkürliche Einheit oder die S. E. gebraucht; sie ist der Widerstand einer Säule reinen Quecksilbers von 1 qmm Querschnitt und 100 cm Länge bei 0° C. Es ist also

1 S. E. = 0,9434 $\Omega$.

Ein Megaohm ist eine Million Ohm; ein Mikroohm ist der millionste Theil eines Ohms.

Das Volt. Als Einheit der elektromotorischen Kraft hat der Kongress das Volt = $10^8$ elektromagnetische (C. G. S.-) Einheiten angenommen.

Ein Daniell'sches Element hat ungefähr eine elektromotorische Kraft von 1,08 V.; ein Bunsen'sches Element nahezu eine solche von 1,90 V.

Das Ampère. Als Einheit der Stromstärke nahm der Kongress das Ampère = $10^{-1}$ elektromagnetische Einheiten an; ein Milliampère ist der tausendste Teil eines Ampère.

Wenn wir die Pole unseres Daniell'schen Elementes durch einen Kupferdraht von 11 m Länge und 1 mm Durchmesser schliessen, so ist die Stromstärke in diesem Schliessungskreis $1/3$ Ampère (nahezu). Vergl. Seite 139.

*Aufgaben.*

1) Die Einheit der Stromstärke zu definieren.
2) Was ist ein Ampère, ein Ohm ($\Omega$), ein Volt (V)?
3) Welches ist der Unterschied zwischen 1 $\Omega$ und 1 S. E.?
4) Wieviel Mikroohm gehen auf ein Megaohm?
5) Einen Strom von 5000 C. G. S.-Einheiten in Milliampère zu verwandeln.

**47.** Das Spiegelgalvanometer. Um das Ohm'sche Gesetz für elektrische Messungen ausnutzen zu können, muss der Experimentierende im Besitz eines Spiegelgalvanometers sein. Die beste Form eines Spiegelgalvanometers wird diejenige sein, bei der die Ausschläge der Magnetnadel proportional der Stromstärke erfolgen, eine Eigenschaft, die das Spiegelgalvanometer besitzt, und die es zu einem Instrument von hervorragendem Wert für den Elektriker macht. Da es auch für den Schüler leicht ist, sich ein brauchbares Spiegelgalvanometer einfacher Konstruktion selbst anzufertigen, so sollte jeder den Versuch der Anfertigung machen, um so dieses wichtige Instrument genau kennen zu lernen.

Abschnitt 22.
## Konstruktion des Spiegelgalvanometers.
**48. Materialien.** Eine Holzplatte $F$ von 20 cm Durchmesser und 2—3 cm Dicke (siehe Fig. 84 und 85); eine Säule $P$ von 8 cm Durchmesser und 10 cm Höhe, die entlang ihrer Achse eine Durchbohrung von kleinem Durchmesser hat; eine Rolle $B$ von 8 cm Durchmesser und 4 cm Dicke, mit Flantschen von 1,5 cm Dicke und einer centralen Bohrung von 3 cm Durch-

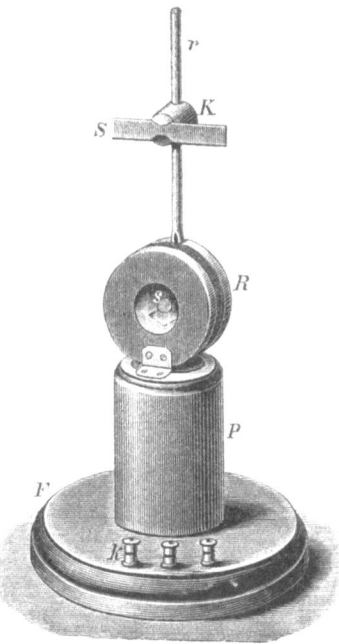

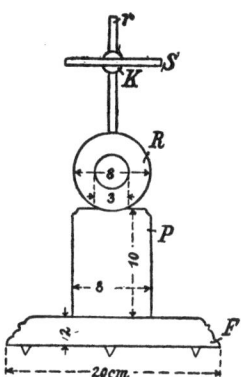

Fig. 84. Spiegelgalvanometer.   Fig. 85.

messer, und mit einer etwa 2 mm tiefen, in die Vorderseite eingedrehten, konzentrischen Nuth von etwas grösserem Durchmesser, als derjenige, der Bohrung, in welche ein kreisrundes Glasscheibchen als Fenster eingesetzt werden kann (vergl. Fig. 86); ein Stöpsel zum Verschluss der Bohrung in der Spule, wie aus Fig. 86 zu ersehen ist. Alle diese Teile können von einem Holzdrechsler hergestellt werden. Spulen von Seide-umsponnenem Kupferdraht No. 4 und Baumwolle-umsponnenem Kupferdraht No. 10; drei Klemmschrauben; ein Messingstab $r$, um den Richtmagnet $M$ zu tragen, der aus einem Stück

Krinolinstahl besteht und an einem Kork $K$ befestigt ist. Der Kork kann an dem Stab auf- oder abgeschoben werden. Die zum Aufhängen bestimmte Magnetnadel muss an der Rückseite eines kleinen Spiegels befestigt werden, sie trägt einen Dämpfer aus dünnem Aluminiumblech und ist an einem Coconfaden aufgehängt. Die Nadel besteht aus Uhrfederstahl.

Skala, Lampe und Linse (siehe Fig. 87). Die Skala erfordert zu ihrer Anfertigung drei Stücke Holz. Die Basis $B$, 40 cm lang, 15 cm breit und 2—3 cm dick; die Wand $W$, 40 cm lang, 23 cm hoch und 1,5 cm dick; der Schirm $S$, 40 cm lang, 10 cm breit und 1,5 cm dick. Die Wand hat ein Loch $l$ von 2 cm Durchmesser, 19 cm über dem Grundbrett. Die Papierskala $ab$ von 40 cm Länge ist in Millimeter geteilt. Die Lampe $P$ ist eine kleine Petroleumlampe, die mit zwei Haken versehen ist, um sie an die Skala anhängen zu können. Eine Linse von 13 cm Brennweite ist in einen Kork eingepasst, und hat zum Fuss eine mit Schrot beschwerte Glasflasche $L$, in deren Hals eine Glasröhre befestigt ist (vergl. Fig. 87).

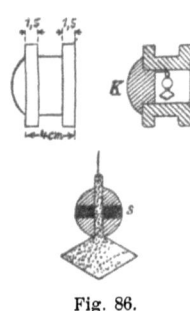

Fig. 86.

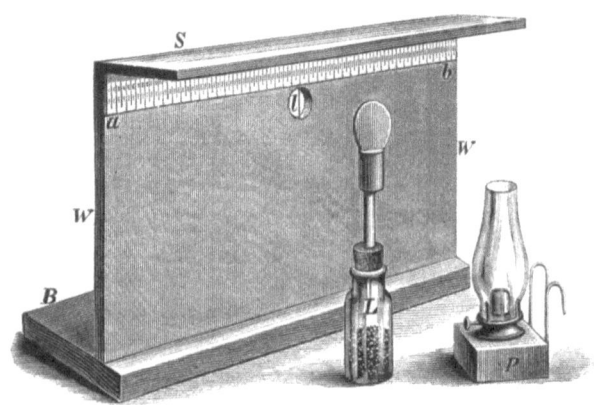

Fig. 87. Skala, Lampe und Linse.

Konstruktion. — 1. Das Bewickeln der Rolle. Es kann dies zwar mit der Hand geschehen, allein es geht weit rascher und besser, wenn wir uns der einfachen Vorrichtung, die in Figur 88 dargestellt ist, bedienen. Die Rolle $R$ wird auf die etwas konische Achse gesteckt und dort festgekeilt; dann werden einige Windungen Draht um die Achse gewickelt und nun der Draht regelmässig mit mässiger Spannung von der Spule $B$ abgewickelt, die drehbar auf einer von zwei Säulen getragenen Metallachse befestigt sein kann. Die Spulmaschine und der Spulenträger müssen an eine Tischplatte angeschraubt sein. Zuerst wickelt man eine Lage Draht No. 10, trägt dann mit einem Pinsel einen Überzug von geschmolzenem Paraffin auf, und wickelt eine zweite und dritte Lage Draht auf, indem man jede mit einer Schicht Paraffin bedeckt. Zur Herstellung der Verbindungen giebt man dann noch etwa 30 cm Draht zu, den man vorläufig um die Achse wickelt. Zweitens ersetzt man auf dem Gestell die Spule mit Draht No. 10 durch die mit Seide-umsponnenem Draht No. 4 und wickelt etwa 300 Windungen auf. Hierbei ist ein Paraffinüberzug nicht nötig, weil die Seide hinreichend gut isoliert, wenn der Draht vorsichtig behandelt wird. Sollten sich blanke Stellen zeigen, so müssen dieselben mit Seidenpapier, welches in Paraffin getaucht war, überzogen werden.

Die freien Enden des Drahtes müssen in Paraffin getaucht werden und neben einander herlaufen, so dass sie die Rolle am nämlichen Punkt verlassen. Um die Rolle wird ein Stück Band gewickelt, welches den Draht an seinem Platz erhält und vor Staub schützt.

2. Man fügt die Holzteile zusammen, indem man die Säule an den Fuss anschraubt und die Rolle an ihrer Oberfläche mittels Backen von Zink oder Messing befestigt, nachdem man die Drähte durch die Bohrung der Säule und des Fusses hinabgeführt hat; das Ende des Drahtes No. 10 und den Anfang des Drahtes No. 4 lötet man an die mittlere Polschraube, die beiden anderen Enden dagegen an die äusseren Polschrauben; bei dieser Anordnung dienen die drei Verbindungsschrauben für beide Drahtrollen und bei Benutzung der beiden äusseren Schrauben können die beiden Drähte als ein einziger, längerer Draht benutzt werden. Was das Anlöten betrifft, so ist es am besten, zuerst kurze Drahtstücke an die Spindeln der Schrauben anzulöten, bevor man dieselben in ihre Bohrungen im Fuss einschraubt, und dann erst die Enden dieser Drähte an die freien Drahtenden der Spulen in der oben angegebenen Weise anzulöten, denn es ist schwierig, die letzteren direkt an die kurzen Spindeln der bereits eingeschraubten Polklemmen anzulöten. Der Fuss kann entweder mit Stellschrauben versehen sein (drei

Fensterknöpfe sind sehr geeignet hierzu), oder er muss mit Hilfe dreier Holzfüsse horizontal gestellt werden.

3. Unsere nächste Aufgabe ist die Anfertigung der Nadel. Man härtet und magnetisiert ein Stück Uhrfederstahl von etwa 7 mm Länge und befestigt es mit Wachs an der Rückseite eines kleinen Spiegels (Fig. 86); dann schneidet man aus dünnem Aluminiumblech ein Stück in Rautenform aus, indem man eine Zunge daran stehen lässt, an welcher der Spiegel befestigt wird. Die vollständige Nadel ist in Figur 86 dargestellt, wo man den kreisförmigen Glasspiegel, den horizontalen Magnet und den rautenförmigen Aluminium-Dämpfer, welche Teile alle in derselben Ebene liegen, leicht erkennen wird. In das Ende der Aluminiumzunge muss mit einer kleinen Nadel ein Loch gebohrt werden, um den zur Aufhängung dienenden Coconfaden aufzunehmen.

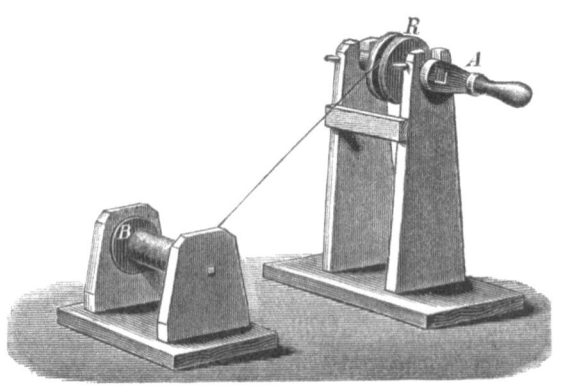

Fig. 88.

*Bemerkung.* 1) Es ist vielleicht besser, eine grössere Scheibe von Aluminium als Dämpfer zu benutzen, um den Luftwiderstand so gross wie möglich zu machen. 2) Die Spiegel erhält man am besten beim Optiker. Ein solcher Spiegel muss konkav geschliffen sein mit einer Brennweite von einem Meter. Die ebenen Spiegel, die man durch Versilberung eines mikroskopischen Deckgläschens auf chemischem Wege erhält, sind meistens nicht befriedigend.

4. Man befestigt ein kleines Drahtstiftchen von Messing an dem inneren Teil des Stöpsels $K$ (Fig. 86) und hängt an ihm die Nadel mittels einer einzelnen Coconfaser auf. Es ist dies eine Arbeit, die grosse Geschicklichkeit und Sorgfalt erfordert, allein sie verlangt gleichwohl keine besondere Beschreibung.

5. Dann befestigt man den Kork mit dem Richtmagnet an dem Messingstab und setzt das Fensterchen mit etwas Glaserkitt in die Öffnung ein.

6. Man setzt die Teile der Skala zusammen, spannt einen Draht quer über die Durchbohrung und leimt die Papierskala unter das Querstück.

Die Aufstellung von Galvanometer und Skala. Man stellt das Instrument in den magnetischen Meridian und setzt die Skala einen Meter davon entfernt mit ihrem Mittelpunkt dem Spiegel gegenüber und demselben parallel. Darauf hebt man das Galvanometer oder die Skala und biegt, wenn nötig, den Aluminiumträger der Nadel vorsichtig so weit, dass der Reflex vom Spiegel auf die Skala fällt. Dann versucht man die Linse so zu stellen, dass ein scharfes Bild des Drahtes in der Mitte des Bildes der beleuchteten

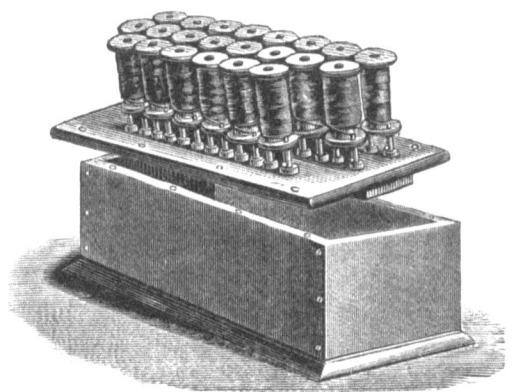

Fig. 89. Inneres des Widerstandskastens.

Öffnung auf der Skala erscheint. Dieses Bild bringt man durch Drehen des Richtmagnetes in den Mittelpunkt der Skala. Hiermit ist der Apparat zum Gebrauch bereit.

**49. Der Widerstandskasten.** Bei manchen Versuchen ist es notwendig, ein Mittel zu haben, um stufenweise den Widerstand eines Stromkreises zu vermehren. Gewöhnlich wird hierzu ein Kasten mit Widerstandsrollen verwendet, die in Reihen geordnet sind, wenn überhaupt die erforderliche Veränderung sprungweise herbeigeführt werden kann, ohne dass eine dieser Stufen kleiner als die Einheit des Widerstandes ist. Figur 89 zeigt die innere Einrichtung eines solchen Widerstandskastens der gebräuchlichsten

## Widerstandskasten.

Form, die den doppelten Zweck eines Widerstandskastens und einer Wheatstone'schen Brücke erfüllt. In diesem und dem nächsten Abschnitt wird jedoch der Kasten nur für den zuerst genannten Zweck angewendet werden. Einen Plan der Anordnung der Widerstände zeigt Figur 90. Auf einer Ebonitplatte $abcd$ sind eine grosse Anzahl dicker Verbindungsstücke von Messing in drei Reihen verteilt, die ungefähr den Buchstaben $S$ bilden. Die Teile $AB$ und $BC$ heissen die Proportionalzweige; dieselben sind mit den Rheostatenzweigen $DEF$ verbunden durch ein Messingstück $CD$, welches durch Lösen seiner Klemmschrauben bei $C$ und $D$ nach Wunsch entfernt werden kann. Bei $A$, $B$, $C$, $D$, $E$ und $F$ befinden sich Verbindungsschrauben. Zwischen je 2 Messingstücken ist ein Zwischenraum von kreisförmiger Gestalt, in dem ein gut

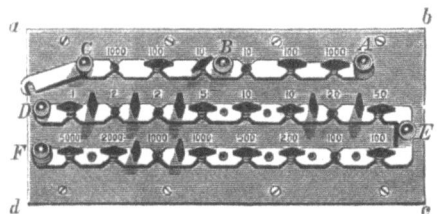

Fig. 90. Deckel des Widerstandskastens.

passender Spund oder Stöpsel von Messing eingesetzt werden kann, so dass ein vollkommener, metallischer Kontakt von Messingstück zu Messingstück hergestellt wird. Die Stöpsel können nach Wunsch eingesetzt oder entfernt werden und sind zu diesem Zweck mit einem Handgriff von Ebonit versehen; da alle Bohrungen und Stöpsel genau gleich gearbeitet sind, so dürfen die Stöpsel vertauscht werden. An der Innenseite des Ebonitdeckels sind Spulen zur Aufnahme der Drähte befestigt. Diese Spulen bestehen aus Messingröhren, die mit einer Lage von Papier umwickelt und an ihren Enden in runde Ebonitscheibchen eingeschraubt sind; sie sind an dem Deckel mit zwei Schrauben befestigt, die durch das obere (in Fig. 89 das untere) Ebonitscheibchen hindurchgehen. Diese Schrauben sind einzeln in Verbindung mit den Drahtenden der Rolle und den entsprechenden Messingstücken auf der Aussenseite des Ebonitdeckels, doch können sie von letzterem durch Lösen zweier kleiner Schrauben getrennt werden. Gewöhnlich sind indessen die Schraubenverbindungen an diesen Stellen verlötet, um den Kontakt desto zuverlässiger zu machen.

Der für solche Widerstände verwendete Draht ist Neusilberdraht[*]), den man sowohl wegen seines hohen Widerstandes, als auch deshalb gewählt hat, weil sich sein Widerstand am wenigsten unter dem Einfluss der Temperatur verändert. Der Draht ist mit einer oder zwei Lagen weisser Seide besponnen; er wird doppelt gelegt und so in dieser Lage aufgewickelt. Dieses Verfahren ist desshalb gewählt, um Selbstinduktion zu vermeiden und elektromagnetischen Wirkungen vorzubeugen, welche die Galvanometerablesungen beeinflussen könnten. Für die kleineren Widerstände wird dickerer Draht angewendet, um eine grössere Drahtlänge zu erhalten und somit eine genauere Abgleichung des Widerstandes zu ermöglichen. Auch könnten die kleineren Widerstände einer grösseren Erwärmung ausgesetzt sein als die grösseren. Die wirkliche Dicke der für den Rheostatarm zu verwendenden nackten Drähte ergiebt sich aus folgenden Angaben:

Zusammenstellung von Drähten, die für Widerstandsrollen geeignet sind.

| Ohm. | Drahtdurchmesser. | Ohm. | Drahtdurchmesser. |
|---|---|---|---|
| 1 | 1,25 mm | 100 | 0,50 mm |
| 2 | 1,25 mm | 200 | 0,30 mm |
| 5 | 1,00 mm | 500 | 0,30 mm |
| 10 | 0,80 mm | 1000 | 0,20 mm |
| 20 | 0,80 mm | 2000 | 0,20 mm |
| 50 | 0,55 mm | 5000 | 0,15 mm |

Die Widerstände der Proportionalzweige sind 10, 100, 1000 und werden zu diesen ebenfalls die angegebenen Drahtdicken genommen.

Der Leser möge sich vergegenwärtigen, dass ein Satz von Widerständen bei Widerstandsmessungen ganz dieselbe Rolle spielt, wie ein Gewichtssatz beim Wiegen.

**50. Behandlung und Anwendung des Widerstandskastens.** Der Erfolg einiger der späteren Messungen hängt wesentlich von der Beobachtung der folgenden Vorsichtsmafsregeln ab. 1) Die Ebonitscheibe muss frei von Staub u. s. f. sein, insbesondere in den Zwischenräumen zwischen den Messingstücken. Die zuvor gereinigte Oberfläche muss mit etwas Paraffinöl eingerieben werden.

---

[*]) Neusilber ist eine Legierung von 50 bis 60 Teilen Kupfer, 25 bis 30 Teilen Zink und 15 bis 20 Teilen Nickel.

2) Die Stöpsel müssen glänzend und frei von Schmutz sein; sie müssen so angefertigt sein, dass sie gut in die Bohrungen passen und sie müssen mit einer leichten Schraubenbewegung dicht eingesetzt werden. Gelegentlich mögen sie eben nur mit dem feinsten Smirgelpapier gereinigt werden, allein es sollte dies so selten wie möglich geschehen, damit die Stöpsel nicht locker in ihren Löchern werden. 3) Die Verbindungsstücke und die Flächen der Verbindungsschrauben müssen glänzend und rein und die Schrauben fest eingeschraubt sein. Es ist kaum noch nötig, den Studierenden daran zu erinnern, dass, wenn ein Stöpsel in seine Bohrung zwischen zwei Messingstücken eingesetzt ist, der Strom thatsächlich durch die Messingstücke und den Stöpsel fliesst, weil dieselben einen sehr kleinen Widerstand bieten, dagegen in unmerklicher Menge durch die Drahtrolle, die darunter liegt. Wird dagegen der Stöpsel entfernt, so muss der ganze Strom durch die Widerstandsrolle fliessen.

Fig. 91. Rheochord.

**51. Der Rheochord.** Es ist einleuchtend, dass der Widerstandskasten nur gestattet, den Widerstand eines Stromkreises sprungweise oder stufenweise zu verändern, während man häufig eine kontinuirliche Änderung zu haben wünscht. Dieser Zweck wird mittels eines Rheochordes erreicht, von dem Fig. 91 eine einfache und befriedigende Form darstellt. Zwei Neusilberdrähte sind Seite an Seite ein geteiltes Brett entlang ausgespannt. Die Enden gehen in Metallplatten über, an die sie angelötet sind; zwei davon sind in $p$ und $p'$ zu sehen, die beiden anderen tragen, wie die Figur zeigt, Verbindungsschrauben. Zur Verbindung der beiden Drähte dient ein bewegliches Kontaktstück $c$ von Metall, dessen untere Kante $Pt$ mit einem Stück Platinblech bedeckt ist. Das Kontaktstück ist mit zwei Seitenstreifen versehen, deren einer bei $c'$ sichtbar ist, und wird stark gegen die Drähte angepresst durch das

Gewicht eines Bleistückes $B$, welches von den Seitenteilen gehalten wird. Um eine seitliche Bewegung zu vermeiden, dienen zwei Führungen, von denen eine bei $g$ zu sehen ist.

**52. Skalenwert.** Um die Empfindlichkeit eines Galvanometers in messbarem Ausdruck anzugeben, ist es gebräuchlich, den Strom in Ampère zu bestimmen, der erforderlich ist, um an der Skala einen Ausschlag von einem Skalenteil hervorzubringen.

Der Strom, der hierzu notwendig ist, wird der Skalenwert des Galvanometers genannt; seine Grösse hängt von der Lage des Richtmagnetes ab und ebenso von dem Abstand der Skala vom Galvanometer. Es ist daher wünschenswert, dass die Skala in unveränderter Entfernung von dem Galvanometer gehalten werde, so dass die Empfindlichkeit nur von der Lage des Richtmagnetes abhängt, der zu diesem Zweck gehoben oder gesenkt werden kann.

Abschnitt 23.

## Skalenwert des Galvanometers.

**53. *Apparate*.** Ein Spiegelgalvanometer und seine Nebenteile, ein Widerstandskasten, ein Daniell'sches Element, ein Stöpsel-Stromschlüssel (Fig. 92).

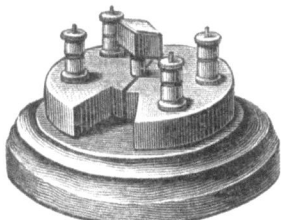

Fig. 92. Stromschlüssel.

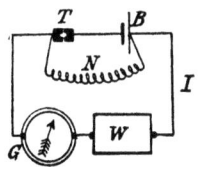

Fig. 93.

***Verfahren.*** Für die Zwecke dieses Abschnittes ist es notwendig, angenäherte Werte des Widerstandes der Batterie und desjenigen des Galvanometers zu erhalten.

Widerstand des Galvanometers. Man stellt die aus Fig. 93 ersichtlichen Verbindungen her, wo $B$ die Batterie, $T$ einen Stromschlüssel, $G$ das Galvanometer, $W$ einen Widerstandskasten bedeutet. $N$ ist ein Nebenschluss, d. h. ein kurzer Draht, mittels dessen die Batterie kurz geschlossen werden kann. Ist der Nebenschluss von hinreichend kleinem Widerstand, so wird hierdurch der

Galvanometerausschlag auf einen messbaren Betrag reduziert, weil nur ein kleiner Teil des Stromes dasselbe durchfliesst. Nun ist aber der gemeinsame Widerstand von Batterie und Nebenschluss so klein, dass wir ihn im Vergleich mit dem der übrigen Leitung (bestehend aus Galvanometer und Rheostat) vernachlässigen können. Wenn daher in den unteren Teil des Stromkreises Widerstände eingeschaltet werden, dadurch, dass man Stöpsel des Widerstandskastens zieht, bis der ursprüngliche Ausschlag halbiert ist, so dürfen wir annehmen, dass der gesamte Widerstand verdoppelt ist. Daher muss der hinzugefügte Widerstand demjenigen des Galvanometers gleich sein.

Widerstand der Batterie. Zur Bestimmung des Batteriewiderstandes wird das nämliche Verfahren eingeschlagen, nur dass der Nebenschluss jetzt an das Galvanometer angelegt wird (siehe Fig. 94). Da hier der Widerstand des Galvanometers sehr gross

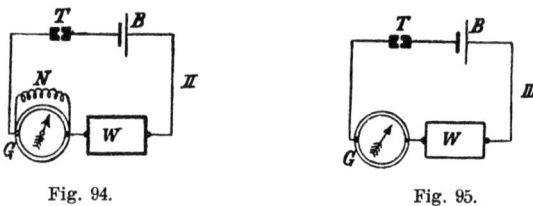

Fig. 94.                    Fig. 95.

im Vergleich zu demjenigen des Nebenschlusses ist, so geht der Hauptteil des Stromes durch den Stromkreis und den Nebenschluss, während nur ein sehr kleiner Teil den Weg durch das Galvanometer wählt. Die Intensität des Stromes wird daher in Wirklichkeit durch den Widerstand der Hauptleitung bestimmt, und diese Intensität wird selbstverständlich in dem Galvanometer gemessen. Bei dieser Zusammenstellung verzeichnet also das Galvanometer die Stromstärke, ohne selbst wesentlich an dem Strom teil zu nehmen. Nun fügt man mit Hilfe des Widerstandskastens so lange Widerstände hinzu, bis der Galvanometerausschlag nur noch die Hälfte des anfänglichen ist. Damit ist aber gesagt, dass die Stromstärke auf die Hälfte ihres Wertes verkleinert und der Widerstand des ganzen Stromkreises verdoppelt ist. Der nun eingeschaltete Widerstand muss demnach gleich dem Batteriewiderstand sein, weil der gemeinsame Widerstand von Nebenschluss und Galvanometer vernachlässigt werden kann.

Würde sich das Element während der Dauer dieser Versuche

verändern, so würden hierdurch die Resultate beeinflusst werden; es ist daher notwendig, die Versuche rasch auszuführen und die Batterieleitung nur so lange geschlossen zu lassen, wie die Ablesung dauert. Dies ist ganz besonders zu beachten, wenn das Element kurz geschlossen ist, denn es ist eine Thatsache, dass ein Element um so weniger konstant ist, je kleiner der Widerstand des Stromkreises ist.

Der Skalenwert. Man stellt die in Fig. 95 vorgezeichneten Verbindungen her und schaltet Widerstände ein, so dass sich nach einander Ausschläge von ungefähr 150, 100 und 50 Teilstrichen ergeben.

Man dividiert die in Volt angegebene elektromotorische Kraft des Elementes (ein Daniell'sches Element hat ungefähr eine elektromotorische Kraft von 1,08 Volt) durch den totalen Widerstand des Stromkreises in Ohm, und erhält so die Stromstärke in Ampère. Dividiert man die Stromstärke durch die Anzahl der Skalenteile des Ausschlags, so erhält man den Skalenwert.

*Beispiel.* Widerstand des Galvanometers. Um den Ausschlag von 240 auf 120 Skalenteile zu vermindern, waren 9 Ohm erforderlich, welches also der Galvanometerwiderstand ist.

Widerstand der Batterie. Um den Galvanometerausschlag von 220 auf 110 zu vermindern, waren 3 $\Omega$ erforderlich; dieses ist also der Batteriewiderstand.

Skalenwert.

$W =$ totaler Widerstand. $D =$ Ausschlag. Skalenwert $= \dfrac{1,08}{D \cdot W}$.

| | | |
|---|---|---|
| 2962 $\Omega$ | 150 | 0,000 002 43 |
| 4342 | 100 | 0,000 002 48 |
| 8652 | 50 | 0,000 002 49 |
| | Mittel: | 0,000 002 47 Ampère |

oder 2,47 Mikroampère.

Der Nordpol des Richtmagnetes war hierbei nach Norden gewendet, und der Magnet befand sich am oberen Ende des Stabes.

**54.** Bestimmung der elektromotorischen Kraft. Wenn wir nicht mit einem Normalmaſs der **E. M. K.** versehen sind, ist es schwierig, die E. M. K. eines Elementes in Volt anzugeben. Bis jetzt ist noch kein allgemein gültiges Normalelement angenommen worden; das wirksamste ist das Element von Latimer Clark.

## Abschnitt 24.
## Vergleichung elektromotorischer Kräfte nach der Methode grosser Widerstände.

**55. Aufgabe.** Die elektromotorischen Kräfte verschiedener Elemente mit einander zu vergleichen.

**Apparate.** Eine Rolle von hohem Widerstand, mindestens 5000 Ohm, ein Spiegelgalvanometer und seine Nebenteile.

**Verfahren.** Dasselbe besteht einfach in der Beobachtung der Ausschläge, welche durch die Elemente hervorgerufen werden, wenn sich ein hoher Widerstand im Stromkreis befindet.

**Theorie des Verfahrens.** Es sei $E_1$ die elektromotorische Kraft eines der Elemente (etwa eines Daniell'schen), und $E_2$ die E. M. K. eines anderen (etwa eines Bunsen'schen). Ebenso seien $B_1$ und $B_2$ die bezüglichen Widerstände dieser beiden Elemente, während $W$ der äussere Widerstand des Stromkreises, einschliesslich des Galvanometers, ist. Befindet sich das Daniell'sche Element im Stromkreis, so haben wir nach Ohm's Gesetz

$$J_1 = \frac{E_1}{B_1 + W}$$

und mit Bunsen's Element

$$J_2 = \frac{E_1}{B_2 + W}$$

und folglich $\quad J_1 : J_2 = \dfrac{E_1}{B_1 + W} : \dfrac{E_2}{B_2 + W} \quad \ldots \ldots \quad 1)$

ist nun $W$ sehr gross im Vergleich mit $B_1$ und $B_2$, so ist $B_1 + W = B_2 + W$ und die Proportion nimmt die Form an

$$J_1 : J_2 = E_1 : E_2 \quad \ldots \ldots \ldots \quad 2)$$

Mit anderen Worten, die elektromotorischen Kräfte stehen in demselben Verhältnis zu einander, wie die Stromstärken oder die Galvanometerausschläge.

Dieses Verfahren ist um so genauer, je grösser der äussere Widerstand $W$ ist. Um uns eine Vorstellung von der Grösse des begangenen Fehlers zu machen, wollen wir annehmen, dass die beobachteten Ausschläge 100 und 200 Teilstriche betragen hätten. Diese Zahlen stellen demnach entsprechend der Formel (2) das Verhältnis der elektromotorischen Kräfte dar. Wenn aber die Widerstände der beiden Elemente bezüglich 5 $\Omega$ und 0,5 $\Omega$ wären, und $W$ den Wert 5000 $\Omega$ hätte, so würden wir nach Formel (1) haben

$E_1 : E_2 = \frac{100}{5005} : \frac{200}{5000,5} = 500050 : 1001000 = 1 : 2,002$
oder fast genau den gleichen Wert wie zuvor.

**Beispiel.** Das Normalelement (E. M. K. = 1,46 $V$.) gab einen Ausschlag von 190 Teilstrichen bei einem Widerstand von 20 000 $\Omega$. Mit dem gleichen Widerstand ergaben andere Elemente folgende Zahlen:

ein Daniell . . 148 Teilstriche, daher E. M .K.
$= \frac{1,46 \cdot 148}{190} = 1,14 \ V.$

Bichromatelement 260 Teilstriche, daher E. M. K.
$= \frac{1,46 \cdot 260}{190} = 2,00 \ V.$

Abschnitt 25.
## Beweis des Ohm'schen Gesetzes.

**56. *Apparate.*** Ein Spiegelgalvanometer; eine Rolle sehr feinen Neusilberdrahtes von mindestens 5000 $\Omega$ Widerstand; zwei kleine Stücke Kupferblech mit angelöteten Polschrauben, die auf ein Brett so aufgeschraubt sind, dass ihre einander zugewendeten Kanten genau einen Meter von einander entfernt sind; ein dünner Neusilberdraht, der dem Brett entlang straff ausgespannt und an die Kupferplatten angelötet ist; ein Stromschlüssel oder ein Kommutator; ausserdem sind einige Elemente einer konstanten Batterie erforderlich.

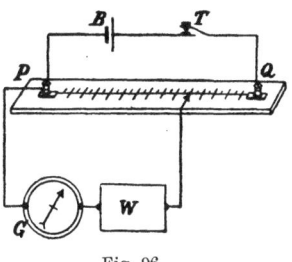

Fig. 96.

***Verfahren.*** Man stellt die in Figur 96 angegebenen Verbindungen her; hier bedeutet $B$ die Batterie, $T$ den Schlüssel, $G$ das Galvanometer, $W$ den grossen Widerstand, $PQ$ den Neusilberdraht. Das freie Ende des Leitungsdrahtes, welches von dem Widerstand ausgeht, ist so zugefeilt, dass es eine keilförmige Gestalt erhält, und durch einen Kork gesteckt, der als Handgriff dient und den Draht vor Erwärmung durch die Hand des Beobachters schützt. Die Beobachtungen werden in folgender Weise angestellt: man legt das freie Ende auf verschiedene Punkte des Drahtes und liest die an jedem Punkt hervorgebrachte Ablenkung am Galvanometer ab; dann vertauscht man die Pole der Batterie und wiederholt dieselben Versuche in entgegengesetzter Reihenfolge. Die beiden zusammengehörigen Ablesungen können um einen kleinen Betrag auseinander gehen infolge möglicher Schwankungen in der Stromstärke; deshalb muss das Mittel genommen werden.

Wenn nun die Potentialunterschiede oder die elektromotorischen Kräfte dem Draht entlang gemäss den Angaben von Ohm's Gesetz den Widerständen proportional sind, d. h. den Drahtlängen zwischen den beiden Punkten, an welchen das Potential genommen oder gewissermafsen abgezapft wird, so muss die Zahl, welche diesen Widerstand angiebt, ein konstantes Verhältnis zu derjenigen haben, die den Potentialunterschied ausdrückt. Die Potentialdifferenz wird aber durch den das Galvanometer durchfliessenden Strom gemessen, den sie hervorbringt, so dass in letzter Linie diese Stromstärke der Entfernung des Punktes $P$ vom freien Ende des Galvanometerdrahtes proportional sein wird.

Dass diese Proportionalität hinreichend genau stattfindet, lehrt, die folgende Versuchsreihe. Bevor wir jedoch diese Versuchsreihe mitteilen, muss noch bemerkt werden, dass hier die Galvanometerleitung als eine Abzweigung des über dem Draht befindlichen Hauptstromkreises aufgefasst werden muss, und dass das Galvanometer die Potentialunterschiede durch die hervorgebrachten Ablenkungen misst, ohne selbst merklich an dem Hauptstrom teil zu nehmen.

***Beispiel.***

| Widerstand. Ablesung auf $PQ$. | Ablenkung. | | | Ablenkung dividiert durch Widerstand. |
|---|---|---|---|---|
| | I. | II. | Mittel. | |
| 10 | 11 | 12 | 11,5 | 1,150 |
| 20 | 24 | 24 | 24,0 | 1,200 |
| 30 | 37 | 35,5 | 36,3 | 1,210 |
| 40 | 48 | 47,5 | 47,8 | 1,195 |
| 50 | 60 | 59,5 | 59,8 | 1,196 |
| 60 | 70 | 70,5 | 70,8 | 1,171 |
| 70 | 82 | 82 | 82,0 | 1,171 |
| 80 | 94 | 94 | 94,0 | 1,174 |
| 90 | 106 | 106 | 106,0 | 1,178 |
| 100 | 118 | 118 | 118,0 | 1,180 |

Die Resultate dieses Abschnittes können am besten auf graphischem Wege veranschaulicht werden. Die Abscissenachse, d. h. die horizontale Gerade· möge die Drahtlängen darstellen, während die Ordinatenachse die in den betreffenden Punkten gemessenen Potentialunterschiede angiebt. Trägt man so die Beobachtungen ein, so erhält man nahezu eine gerade Linie (Fig. 97). Dies zeigt sofort,

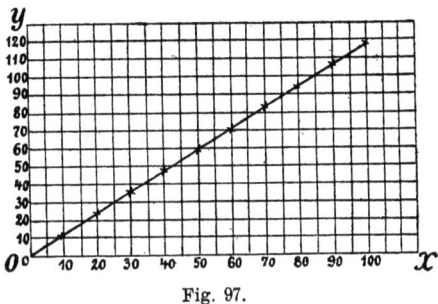

Fig. 97.

dass der Abfall des Potentials zwischen zwei Punkten proportional dem Widerstand zwischen denselben ist. Diese Methode die Resultate darzustellen wird den Studierenden befähigen, das Prinzip der Wheatstone'schen Brücke zu verstehen.

**57.** Wheatstone's Brücke. Es seien $OAC$ und $O'A'C'$ zwei Drähte deren Widerstände durch ihre Längen dargestellt sein mögen. Ihre Enden seien durch dicke Kupferstreifen, $OO'$ und $CPC'$ verbunden, deren Widerstand vernachlässigt werden kann. Wir wollen annehmen, dass $OO'$ und $CPC'$ mit den Polen einer Batterie verbunden seien, wodurch diese Streifen auf einer konstanten Potentialdifferenz erhalten werden, die durch die gleichen Senkrechten $CD$ und $C'D'$ dargestellt sei (das Potential von $OO'$ der Bequemlichkeit halber als Nullpotential betrachtet), der Fall des Potentials entlang den Drähten wird dann durch die Geraden $OBD$ und $O'B'D'$ wiedergegeben. Man wähle einen beliebigen Punkt $A$ in $OC$ und

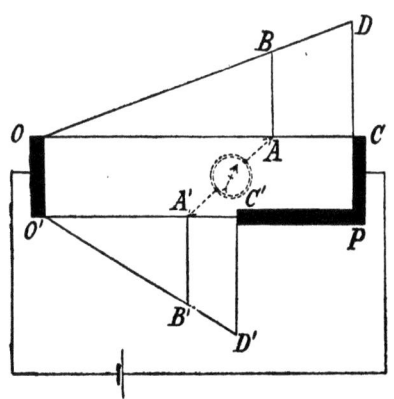

Fig. 98.

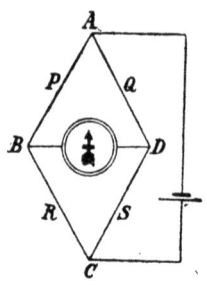

Fig. 99.

suche das Potential in diesem Punkt, indem man ein Lot $AB$ errichtet. Nun kann ein entsprechender Punkt $A'$ auf $O'C'$ gefunden werden, wo das Potential, dargestellt durch die Ordinate $A'B'$, dem Potential in $A$ gleich ist. In diesem Fall wird ein Galvanometer, welches $A$ und $A'$ verbindet, keinen Strom anzeigen, weil diese Punkte von gleichem Potential sind und deshalb kein Strom von dem einen zu dem anderen durch das Galvanometer fliessen kann. Es fragt sich nun, welche Beziehung muss unter diesen Umständen zwischen den Widerständen $OA, AC, O'A', A'C'$ bestehen? Wir haben

$$\frac{OA}{OC} = \frac{AB}{CD} = \frac{A'B'}{C'D'} = \frac{O'A'}{O'C'} \text{ oder } \frac{OA}{OA+AC} = \frac{O'A'}{O'A'+A'C'}$$

und folglich $\quad\dfrac{OA}{AC} = \dfrac{O'A'}{A'C'}.$

Dies ist das Prinzip von Wheatstone's Brücke, die gewöhnlich in der Form ausgeführt wird, wie Fig. 99 zeigt, wo $P, Q, R, S$ vier Widerstände sind. Stehen dieselben in dem Verhältnis $P:Q = R:S$, so bleibt das Galvanometer unbeeinflusst. Wenn man diese Einstellung erzielt hat, so kann jeder beliebige der vier Widerstände bestimmt werden, sobald die drei übrigen bekannt sind.

Abschnitt 26.

## Wheatstone's Brücke.

**58. *Apparate.*** Ein Spiegelgalvanometer mit seinen Nebenteilen; eine Wheatstone'sche Brücke von $1/2$ m Länge oder die folgenden Materialien zu ihrer Anfertigung: 1) Ein Brett von gefirnisstem Holz 60 cm lang, 10 cm breit und 2 cm dick. 2) Etwas Kupferblech von 2 mm Dicke. 3) Sieben Polschrauben. 4) Blanken Neusilberdraht No. 4, etwa 60 cm lang. 5) Ein Maßstab aus Buchsbaumholz, $1/2$ m lang, 2,5 cm breit und 3 mm dick, das in halbe Centimeter entlang einer Kante geteilt ist. 6) Sechzehn Messingschräubchen von 6 mm. 7) Zwei kleine Kupferstückchen 10 mm im Quadrat und 2—3 mm dick.

Anfertigung. Die vollständige Brücke ist in Figur 100 abgebildet. $CDE$ und $FGH$ sind L-förmige Streifen von Kupferblech, von denen jeder mit zwei Polschrauben versehen ist. $AB$ ist ein gerader Kupferstreifen mit drei Polschrauben. Zwischen $E$

und *H* liegt die Buchsbaumskala, auf deren Oberfläche der an die Kupferstückchen bei *E* und *H* angelötete Neusilberdraht ausgespannt ist. Ausführung: 1) Man schneidet die Kupferstreifen aus, deren Gestalt und Grösse aus Fig. 101 zu ersehen ist. Dieselben werden mit Löchern durchbohrt, die gerade weit genug sind, um die Spindeln der Polschrauben aufzunehmen; die Stellen hierfür sind durch die grösseren Kreise bezeichnet. Ebenso geben die kleineren Kreise diejenigen Stellen an, wo kleinere Löcher zur Aufnahme der Messingschrauben gebohrt werden müssen. 2) Der Mafsstab von Buchsbaumholz wird in der aus Fig. 100 ersichtlichen Lage an das Brett angeschraubt, doch so, dass die Schraubenköpfe in den Mafsstab versenkt sind. 3) Die Polschrauben müssen an

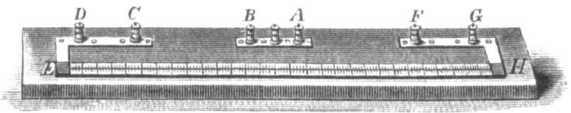

Fig. 100. Wheatstone's Brücke.

die Kupferstreifen angelötet werden. Diese Verrichtung wird ohne Anwendung eines Lötkolbens vollzogen, indem die Streifen über einen Bunsen'schen Brenner erhitzt werden. Ebenso werden an den schattierten Stellen der Kupferstreifen die quadratischen Kupferstückchen aufgelötet, so dass die Oberfläche des Kupfers auf dieselbe Höhe, wie der Mafsstab kommt. 4) Man bohrt Löcher zur Aufnahme der Polschrauben in das Holz und befestigt darauf die Kupferstreifen mit den Messingschrauben. 5) Das eine Ende des Neusilberdrahtes, der keinen isolierenden Überzug haben darf*),

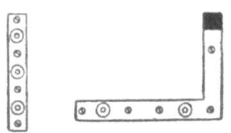

Fig. 101.

wird an *E* angelötet, dann wird der Draht durch einen Gehilfen, der ihn am anderen Ende festhält, dem Mafsstab entlang ausgespannt und bei *H* angelötet. Das Anlöten muss mittels eines kleinen Lötkolbens geschehen, und es muss dafür gesorgt werden, dass der Draht in metallischer Verbindung mit den Kupferplatten an den Enden der Skala ist.

Die Brücken-Verbindung. Aus Fig. 102 ist die Einrichtung zu ersehen, die zur Vergleichung von Widerständen dient; die Buchstaben entsprechen denen von Fig. 99, die der Schüler

---

*) Um Seide von einem Draht zu entfernen, ohne ihn zu beschädigen, muss man denselben in einer starken Ätznatronlösung kochen.

sich zuerst zeichnen muss, um sich die Herstellung der Verbindungen zu erleichtern. Es muss erwähnt werden, dass bei den Vorrichtungen zum praktischen Gebrauch $R$ und $S$ nach Belieben verändert werden können, indem man den Poldraht der Batterie über den Neusilberdraht gleiten lässt. Um dies bequemer ausführen zu können, ist der Poldraht durch einen Kork gesteckt und das Ende des Drahtes keilförmig zugefeilt (vergl. Art. 56). Ein Teil des Korkes kann, wenn es sich als nötig erweisen sollte, abgeschnitten werden, so dass derselbe gegen die Kante des Grundbrettes gelehnt werden kann, wenn er darüber hin bewegt wird. Das Galvanometer $G$ muss mit einem einfachen Nebenschluss versehen sein, um seine Empfindlichkeit nach Belieben vermindern zu können.

Versuche mit der Brücke. 1) Man misst 2,5 m (d. i. etwa die vierfache Länge des Grundbrettes) Seide-besponnenen Kupferdraht No. 2 ab, windet ihn doppelt gelegt zu einer Rolle und verbindet seine nackten Enden mit den Polschrauben an der Lücke $P$ der Brücke. Dann fertigt man eine zweite Rolle genau in der nämlichen Weise an und schaltet sie in die Lücke $Q$ ein. Nachdem man an das Galvanometer einen Nebenschluss angelegt hat, berührt man das Ende $F$ des Brückendrahtes mit dem freien Poldraht der Batterie und bemerkt, dass das Galvanometer einen Ausschlag, sagen wir nach rechts, zeigt; nun berührt man das andere Ende $E$ und beobachtet einen Ausschlag nach links. Hieraus geht hervor, dass die Verbindungen richtig sind, dass die Kontakte bei $P$ und $Q$ gut sind, und dass der Draht keiner der Rollen gebrochen ist. Nun sucht man ungefähr diejenige Stelle, wo das Galvanometer keinen Ausschlag zeigt, entfernt den Nebenschluss und bestimmt die Stelle des Gleichgewichtes genauer. Bezeichnet man die Stelle des Gleichgewichtes auf dem in 1000 gleiche Teile geteilten Brückendraht mit $\alpha$, so werden wir haben

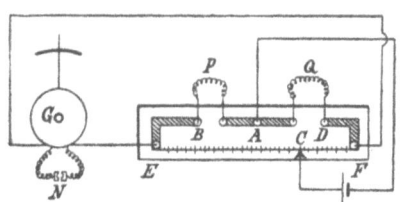

Fig. 102.

**Beispiel.** Die Brückenablesung sei 499, so folgt
$$P : Q = \alpha : 1000 - \alpha.$$
$P : Q = 499 : 1000 - 499 = 499 : 501 = 1 : 1{,}004,$
woraus hervorgeht, dass $P$ sehr nahe gleich $Q$ ist.

2) Man fertigt eine dritte Drahtrolle von 2,5 m aus dem

nämlichen Kupferdraht No. 2 und legt ihre Enden in dieselben Schraubenlöcher bei $P$ wie die Enden der ersten Rolle, so dass beide Rollen neben einander geschaltet sind. Nun vergleicht man die beiden Widerstände.
**Beispiel.**
$$\alpha = 331 \quad 1000 - \alpha = 669$$
$$P : Q = 331 : 669 = 1 : 2{,}02$$
oder die neben einander geschalteten Drähte haben nur den halben Widerstand wie ein einfacher Draht.

3) Man schaltet die beiden Drähte bei $P$ hinter einander, indem man das Ende der einen Rolle mit dem Anfang der zweiten durch eine Klemmschraube verbindet, und vergleicht abermals den Widerstand.
**Beispiel.**
$$a = 668 \quad 1000 - \alpha = 332$$
$$P : Q = 668 : 332 = 2{,}01,$$
woraus hervorgeht, dass das Verdoppeln der Länge des Drahtes auch den Widerstand verdoppelt.

4) Man fertigt eine Rolle von 2,5 m Kupferdraht No. 4 an, schaltet dieselbe bei $Q$ ein und setzt ihr eine der zuerst angefertigten Rollen bei $P$ gegenüber. Den mittleren Durchmesser der beiden Drähte bestimmt man so genau wie möglich mit der Mikrometerdrahtlehre.
**Beispiel.**
$$\alpha = 819 \quad 1000 - \alpha = 181$$
$$P : Q = 819 : 181 = 4{,}52$$
Durchmesser: No. 4 = 0,432 mm; No. 2 = 0,202 mm.
(Durchmesser No. 4)$^2$ : (Durchmesser No. 2)$^2$ = 4,47,
woraus sich ergiebt, dass der Widerstand im umgekehrt quadratischem Verhältnis des Durchmessers wächst.

5) Man vergleiche den Widerstand der einen Rolle von Kupferdraht No. 4 eingeschaltet in $P$ mit demjenigen, den eine ebensolche Rolle und eine aus Kupferdraht No. 2 bieten, wenn dieselben *neben einander* bei $Q$ eingeschaltet sind.
**Beispiel.**
$$P : Q = 1{,}221$$
$$\text{oder } Q = \frac{1}{1{,}221} \text{ wenn } P = 1 \text{ gesetzt wird.}$$

Nun haben wir in 4) gefunden, dass die Rolle aus Draht No. 2 den Widerstand = 4,52 bietet, wenn der Widerstand der Rolle aus Draht No. 4 mit 1 bezeichnet wird. Welches wird dann der Widerstand der neben einander geschalteten Rollen sein? Die Antwort giebt folgende Regel: *Der reciproke Wert des Gesamtwiderstandes neben einander geschalteter Drähte ist gleich der Summe der reciproken Einzelnwiderstände.* Im obigen Beispiel wird also der Widerstand bei $Q$ sein

$$\frac{1}{1 + \frac{1}{4{,}52}} = \frac{1}{1{,}221}$$

was dem gefundenen Wert entspricht.

6) Man kalibriere einen Rheostat, wie der in Fig. 91 dargestellte.

Abschnitt 27.
## Anfertigung einer 1 Ohm-Rolle.

**59. *Apparate*.** Dieselben, welche im vorhergehenden Abschnitt gebraucht wurden, ausserdem etwas Seide-umsponnener Neusilberdraht No. 4; Materialien zur Anfertigung der Spule und ein Normal-Ohm.

*Verfahren.* Man schneidet ein Stück Draht von 1 m Länge ab und bestimmt seinen Widerstand; dann berechnet man die Länge, die für einen Widerstand von 1 $\Omega$ erforderlich ist. Von dem ganzen Draht schneidet man alsdann ein Stück ab, welches etwas grösser ist, als die berechnete Länge, und versieht dasselbe mit Polenden für späteren Gebrauch. Die Methoden, die hierbei angewendet werden können, sind sehr verschiedener Art. In Fig. 103 ist eine der einfachsten Arten dargestellt. Es bedeutet hier $a\,b$ ein flaches Stück hartes Holz, welches an seinen Rändern mit Kerben versehen ist. Der Draht wird um dieses Holz von Kerbe zu Kerbe gewickelt und die Enden an zwei Kupferstreifen $k$ und $k'$ angelötet. Jeder Kupferstreifen ist mit einem kleinen Loch $l$ versehen, durch welches der Draht hindurch gesteckt wird, bevor man ihn an das Kupfer anlötet, ebenso mit einem zweiten Loch zur Aufnahme einer Schraube $s$, mittels welcher der Streifen am Holz befestigt wird, und schliesslich mit einer Kerbe, in welche die Verbindungsschraube der Brücke passt. Der Draht wird mit Band umwickelt zum Schutz gegen Verletzungen und die Enden mit kleinen Stiftchen befestigt. Nachdem der Draht aufgewickelt ist, muss sein Widerstand geprüft

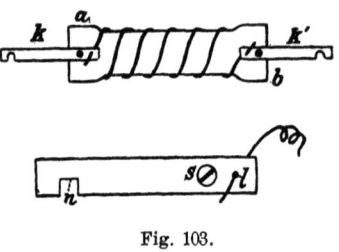

Fig. 103.

werden; findet man denselben etwas zu gross, so muss der Draht an einem Ende gelöst, durch das Loch im Kupferstreifen hindurch gezogen und wieder verlötet werden. Wenn erforderlich, muss diese Berichtigung wiederholt werden. Indessen ist es nicht notwendig, sehr viel Zeit auf diese Justierung zu verwenden, vielmehr kann der Widerstand, wenn er nahezu die gewünschte Grösse hat, so genau wie möglich gemessen werden; der gefundene Wert wird dann auf dem Holz angemerkt.

*Beispiel.* Ein Meter des Drahtes gab gegenüber dem Normalohm an der Brücke keinen Anschlag der Nadel bei 520, daher war sein Widerstand $\frac{520}{1000-520} = 1{,}083$ Ohm. Es ist also die Länge von 1 $\Omega$ in Millimetern $\frac{1000 \cdot 1}{1{,}083} = 923$ mm. Es wurde ein Stück von 930 mm abgeschnitten und, wie oben beschrieben, zurecht gemacht; sein Widerstand wurde etwas zu gross gefunden; nachdem die Länge um 1,5 mm vermindert war, ergab sich der Widerstand als nahezu 1 $\Omega$.

Abschnitt 28.
## Aichung eines Galvanoskopes.

**60.** *Apparate.* Die nämlichen wie in Abschnitt 23, 24 und 26; ferner ein Bunsen'sches oder Grove'sches Element.

*Verfahren.* 1) Man füllt das Element und vergleicht seine elektromotorische Kraft mit derjenigen eines Normalelementes nach Abschnitt 24. 2) Man misst den Widerstand des Galvanoskopes nach Abschnitt 26. 3) Man misst den inneren Widerstand des Elementes nach Abschnitt 23. 4) Man schaltet das Element, den Widerstandskasten und das Galvanoskop hinter einander und macht am Galvanoskop eine Anzahl Ablesungen mit verschiedenen Widerständen im Stromkreis. 5) Man berechnet die Stromstärken in Ampère, die diesen verschiedenen Ablenkungen entsprechen. Man entwirft eine Tabelle für den Gebrauch des Instrumentes und zeichnet eine Kurve, welche den Zusammenhang von Stromstärke und Ablenkung darstellt.

*Beispiel.* Ein Vertikalgalvanoskop wurde kalibriert oder geaicht.

E. M. K. des Elementes = 1,87 *V.*
Widerstand des Elementes = 0,25 $\Omega$ (nahezu).
Widerstand des Galvanoskopes = 9,75 $\Omega$.

# Aichung eines Galvanoskopes.

Ist $W$ der Widerstand des Widerstandskastens, der eingeschaltet wurde, so ist die Stromstärke in Ampère $J = \dfrac{1{,}87}{W + 0{,}25 + 9{,}75}$; hiernach wurden folgende Werte berechnet:

| $W$. | $J$. | Ablenkung. |
|---|---|---|
| 0 | 0,187 | 75 |
| 1 | 0,170 | 73 |
| 3 | 0,144 | 69 |
| 5 | 0,125 | 65 |
| 10 | 0,0935 | 58 |
| 15 | 0,0748 | 51 |
| 20 | 0,0623 | 45 |
| 30 | 0,0467 | 37 |
| 50 | 0,0311 | 25 |
| 100 | 0,0170 | 13 |
| 200 | 0,0089 | 7 |

Die mit Hilfe dieser Werte entworfene Kurve war regelmäfsig. Mit Hilfe dieser Kurve kann zu jeder beobachteten Ablenkung sofort die zugehörige Stromstärke in Ampère gefunden werden.

# VIERTES KAPITEL.

## Das Tangentengalvanometer.

**61.** Wenn die Messungen, die wir vornehmen wollen, kein empfindliches Galvanometer erfordern, ist es häufig nützlich, ein Tangentengalvanometer oder eine Tangentenbussole anzuwenden. Um das Prinzip dieses Instrumentes völlig zu verstehen, ist es nötig, mit einem solchen Instrument eine Anzahl von Versuchen zu machen.

### Abschnitt 29.
### Prüfung des Tangentengesetzes.

**62. *Apparate.*** 1) Ein Reif, der mit einer einzelnen Windung dicken Kupferdrahtes und einer Anzahl von Windungen dünnen Drahtes umwickelt ist. Die Seitenwand des Reifes muss an einer

Fig. 104. Tangentengalvanometer.

Stelle weggeschnitten sein, um die Anzahl der Windungen bequem zählen und den mittleren Radius bestimmen zu können.

Der Reif ist, wie Fig. 104 zeigt, auf einem Brett befestigt, welches an den Enden mit Säulen versehen ist. Auf diesen kann das Ablenkungsmagnetometer von Abschnitt 14 derart befestigt werden, dass man es dem Reif näher schieben oder von demselben entfernen kann. 2) Ein Widerstandskasten, ein konstantes Element, ein Stromwender und Verbindungsdrähte.

**1. Versuch.** Das Tangentengesetz zu beweisen. Man stellt die Batterie mit dem Kommutator, den Widerstandskasten und das Galvanometer hinter einander auf, wie Fig. 105 zeigt. Die hierzu verwendete Batterie muss grosse Unveränderlichkeit mit geringem Widerstand vereinigen, wie dies beispielsweise bei dem Bunsen'schen Element der Fall ist. Wir wollen annehmen, dass der Widerstand des angewendeten Elementes entweder gering genug ist, um ihn vernachlässigen zu können, oder dass er nach der im 23. Abschnitt beschriebenen Methode gemessen worden ist. Ausserdem wird vorausgesetzt, dass der Widerstand des dünnen Galvanometerdrahtes zuvor mit der Wheatstone'schen Brücke bestimmt worden ist.

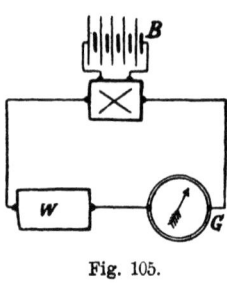

Fig. 105.

Man stellt die Windungsebene des Galvanometers in den magnetischen Meridian. Dies ist der Fall, wenn der Zeiger auf Null steht. Nun schaltet man so lange Widerstände in den Stromkreis ein, bis der hindurchgeleitete Strom einen Ausschlag von beiläufig $60^0$ verursacht, liest an beiden Nadelenden die Ablenkung ab, kehrt den Strom um und liest wieder ab. Dann zieht man mehr Stöpsel des Widerstandskastens, so dass sich der Ausschlag vermindert, und wiederholt dieselben vier Ablesungen. Hierauf vermehrt man den Widerstand wieder und verfährt, wie zuvor. Dieses Verfahren wird mehrmals wiederholt. Die Resultate werden darauf geordnet und berechnet, wie folgendes Beispiel zeigt:

**Beispiel.**

| Gesamter Widerstand $W$. in Ohm | Ablesungen | | | | Mittel | $\dfrac{E}{K}=$ $W \cdot \mathrm{tg}\,\alpha.$ | $\dfrac{1}{W}$ | tang $\alpha$. |
|---|---|---|---|---|---|---|---|---|
| | Kommutatorstellung | | | | | | | |
| | I. | | II. | | | | | |
| | Nadelende | | | | | | | |
| | Östlich | Westlich | Östlich | Westlich | | | | |
| 17,57 | 67,8 | 67,4 | 70,2 | 70,9 | $69,1^0 = 69^0\ 6'$ | 4,601 | 0,05691 | 2,6187 |
| 37,57 | 50,2 | 50,0 | 52,2 | 52,9 | $51,3^0 = 51^0 18'$ | 4,689 | 0,02662 | 1,2482 |
| 57,57 | 38,1 | 37,9 | 39,2 | 39,8 | $38,2^0 = 38^0 12'$ | 4,530 | 0,01737 | 0,7869 |
| 67,57 | 34,0 | 33,8 | 35,0 | 35,1 | $34,5^0 = 34^0 30'$ | 4,644 | 0,01480 | 0,6873 |
| 117,57 | 21,4 | 21,2 | 21,5 | 21,9 | $21,5^0 = 21^0 30'$ | 4,634 | 0,00850 | 0,3939 |

***Erklärung.*** Es handelt sich darum, die Richtigkeit der folgenden Beziehung zu beweisen:

Die Stromstärke ist gleich einer konstanten Grösse, die von der Grösse des Reifes und der Anzahl der Windungen abhängt, multipliziert mit der Tangente des Ablenkungswinkels oder in Buchstaben

$$J = K \cdot \tang \alpha \quad \ldots \ldots \quad 1)$$

wo $J$ die Stromstärke, $K$ die konstante Grösse und $\alpha$ der Nadelausschlag ist.

Nach dem Ohm'schen Gesetz ist aber

$$J = \frac{E}{W} \quad \ldots \ldots \ldots \quad 2)$$

wo $E$ die elektromotorische Kraft des Elementes bedeutet, von der wir annehmen, dass sie während der Versuche konstant bleibt, und $W$ den gesamten Widerstand des Stromkreises. Aus 1) und 2) folgt

$$W \cdot \tang \alpha = \frac{E}{K} = \text{Konstante.}$$

Wenn also 1) richtig ist, so müssen wir finden, dass der Widerstand des Stromkreises multipliziert mit der Tangente der Ablenkung eine konstante Zahl für alle Versuche ist. In dem vorangehenden Beispiel ist dies in der That innerhalb der Grenzen der Beobachtungsfehler der Fall.

Anwendung des graphischen Verfahrens. Aus 1) und 2) erkennen wir, dass tang $\alpha$ sich im umgekehrten Verhältnis wie der Widerstand $W$ ändert. Ist dies richtig, so müssen wir eine gerade Linie erhalten, wenn wir die zusammengehörigen Werte von tang $\alpha$ und $\frac{1}{W}$ eintragen, wie dies in ähnlicher Weise im 25. Abschnitt geschah. Die Werte von $\frac{1}{W}$ und tang $\alpha$, die im obigen Beispiel ebenfalls angegeben sind, sollen dazu dienen, die Anwendung des graphischen Verfahrens zu erleichtern.

Abschnitt 30.

## Prüfung des Gesetzes der Entfernung.

**63. *Aufgabe.*** Das Gesetz von der Wirkung der Galvanometerrolle auf die Magnetnadel in verschiedenen Entfernungen zu prüfen.

***Apparate.*** Dieselben wie im vorigen Abschnitt.

**Verfahren.** Man bestimmt die Ablenkung der Magnetnadel, wie früher für eine Stellung beschrieben wurde, in verschiedenen Entfernungen, indem man zugleich die Abstände mit Hilfe der Zeiger, die an den Säulenenden befestigt sind, an den Maſsstäben der beiden Arme abliest. Man misst die Ablenkungen beiderseits der Rolle bei beiden Stellungen des Kommutators, indem man jedesmal beide Nadelenden abliest. Man bestimmt den mittleren Radius der Rolle und vergleicht schliesslich die Tangenten der mittleren Ablenkung der Nadel mit den aus folgender Formel berechneten Werten

$$K \cdot \frac{a^2}{(a^2+x^2)^{3/2}} = \tang \alpha,$$

in welcher Formel $a$ der Radius der Drahtrolle und $x$ der Abstand des Reifes vom Mittelpunkt der Magnetnadel ist.

**Beispiel.** $a = 3{,}75$ engl. Zoll (1 Zoll = 25,39 mm)*)

| Entfernung der Nadelmitte vom Mittelpunkt der Rolle | Mittlere Ablenkung | Tangente der Ablenkung | Wert von $\frac{a^2}{(a^2+x^2)^{3/2}}$ | $\tang \alpha : \frac{a^2}{(a^2+x^2)^{3/2}}$ | Berechneter Wert von $K \cdot \frac{a^2}{(a^2+x^2)^{3/2}}$ |
|---|---|---|---|---|---|
| engl. Zoll | | | | | |
| 0,0 „ | 40° | 0,8391 | 0,2667 | 3,147 | 0,8391 |
| 1,0 „ | 37° | 0,7536 | 0,2406 | 3,132 | 0,7570 |
| 1,5 „ | 34° | 0,6745 | 0,2135 | 3,160 | 0,6716 |
| 2,0 „ | 30,75° | 0,5949 | 0,1832 | 3,247 | 0,5766 |
| 2,5 „ | 26,75° | 0,5040 | 0,1536 | 3,281 | 0,4834 |
| 3,0 „ | 22,25° | 0,4091 | 0,1270 | 3,221 | 0,3995 |
| 3,5 „ | 18,5° | 0,3346 | 0,1042 | 3,210 | 0,3278 |
| 4,0 „ | 15,375° | 0,2750 | 0,08532 | 3,222 | 0,2685 |
| 4,5 „ | 12,75° | 0,2263 | 0,06996 | 3,234 | 0,2192 |
| 5,0 „ | 10,5° | 0,1853 | 0,05760 | 3,218 | 0,1812 |
| 5,5 „ | 8,875° | 0,1561 | 0,04767 | 3,275 | 0,1500 |
| 6,0 „ | 7,5° | 0,1317 | 0,03970 | 3,242 | 0,1249 |

Dividiert man die Zahlen in der dritten Kolonne durch die in der vierten, so muss der Quotient durch die ganze Versuchsreihe

---

*) Aus nahe liegenden Gründen wurden hier die Originalmaſse beibehalten.

eine konstante Zahl sein. Dass dies der Fall ist, zeigt die fünfte Kolonne, deren Zahlen innerhalb der unvermeidlichen Beobachtungsfehler dieser Forderung gut genügen.

Bei Versuchen dieser Art, wo der Grad der Genauigkeit kein sehr grosser ist, wird das Gesetz am besten durch Anwendung der graphischen Methode bestätigt, d. h. durch Einzeichnen zweier Kurven und Vergleichung ihres Verlaufes. Die ausgezogene Linie, Fig. 106, wird erhalten, wenn man die Zahlen der ersten Kolonne (die Abstände von Rolle und Nadel) als Abscissen und die der dritten Kolonne (die Tangenten der Ablenkung) als Ordinaten einträgt; die so erhaltene Kurve stellt die Gesetzmäfsigkeit dar, wie sie sich aus den Versuchen ergiebt. Um eine Kurve zu zeichnen, welche die theoretische Beziehung mit der empirischen zu vergleichen gestattet, müssen wir der Grösse $K$ einen solchen Wert beilegen, dass die Zahlen der vierten Kolonne denen der dritten im Wert näher kommen. Wenn wir wünschen, dass die beiden Kurven auf einander fallen, so ist der beste Wert, den wir der Konstanten $K$ geben können, das Mittel der Zahlen in der fünften Kolonne. Wir haben den Wert 3,147 gewählt, weil wir bei Benutzung desselben im stande sind, die beiden Kurven ohne Verwirrung aus einander zu halten, wenn die theoretische Kurve punktiert gezeichnet ist. Multipliziert man die Zahlen der vierten Kolonne mit 3,147, so erhält man die Zahlen der sechsten Kolonne, welches die gesuchten Ordinaten der theoretischen Kurve sind.

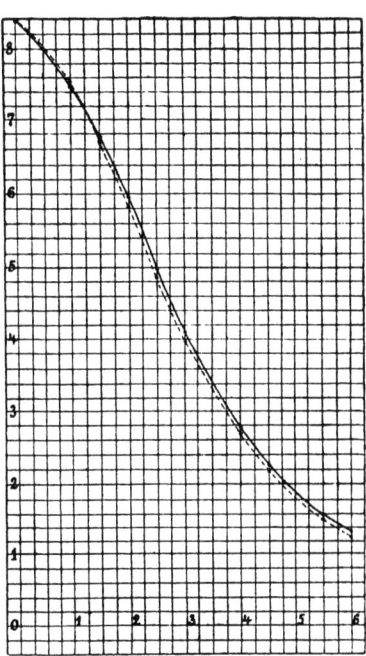

Fig. 106.

Man wird bemerken, dass die beiden Kurven einander sehr ähnlich sind, woraus wir den Schluss ziehen dürfen, dass die theoretische Formel richtig ist.

Abschnitt 31.
## Bestimmung der Konstanten des Tangenten-Galvanometers.

**64. Aufgabe.** Die Konstante oder den Reduktionsfaktor des Tangentengalvanometers durch Berechnung und durch Versuche zu suchen.

*Apparate.* Das Verkupferungsbad vom 20. Abschnitt, welches hier als Kupfervoltameter dient, nebst den erforderlichen Flüssigkeiten u. s. f.; eine Daniell'sche Batterie; ein Widerstandskasten; ein Stromwender; eine chemische Wage; eine Arretier-Uhr; das Galvanometer, dessen Konstante bestimmt werden soll.

*Empirisches Verfahren.* Man wähle die Anzahl Elemente der Batterie und den äusseren Widerstand so, dass der Galvanometerausschlag nicht grösser als $60^0$ ist. Die Verbindungen sind die in Fig. 107 dargestellten, wo $V$ das Voltameter ist. Zunächst reinigt man die Anode und die Arbeitskathode, trocknet sie in einem Strom heisser Luft und wiegt sie bis auf ein halbes Milligramm genau ab. Dann befestigt man sie in ihrer richtigen Lage im Verkupferungsbad, während der Strom noch ungeschlossen ist, und setzt die Uhr auf eine bestimmte Stunde. Nun schliesst man gleichzeitig den Strom und setzt die Uhr in Gang. Man liest den Galvanometerausschlag ab, wendet den Kommutator rasch, um keine Zeit zu verlieren, und liest nochmals ab. In dieser Weise macht man von Zeit zu Zeit Ablesungen und ändert den Widerstand des Stromkreises, wenn die Ablenkung nicht konstant bleibt. Die Ablagerung muss einige Zeit hindurch fortgesetzt werden, mindestens zwei Stunden, und nach Ablauf der Zeit wird wieder gleichzeitig der Strom unterbrochen und die Uhr arretiert. Man entfernt nun die Kathode, wäscht sie zuerst in gewöhnlichem Wasser und darauf in destilliertem Wasser gut aus, trocknet sie in einem heissen Luftstrom und wiegt sie zum zweitenmal. Aus dem Zuwachs an Gewicht innerhalb der beobachteten Zeit berechnet man die mittlere Stromstärke während der Versuchs-

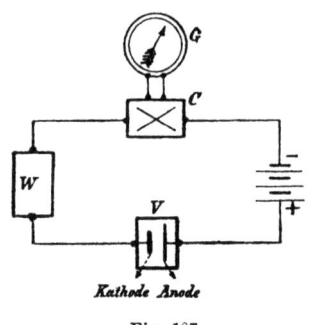

Fig. 107.

## Die Konstante des Tangentengalvanometers. 157

dauer. Hat man diese bestimmt, so ergiebt sich die Galvanometerkonstante aus der Formel:

$$K = \frac{J}{\tang \alpha}$$

wo $\alpha$ die mittlere Grösse des Ausschlags ist.

Um $J$ zu finden, benutzt man die Regel: Ein Strom von 1 Ampère lagert pro Sekunde 0,000328 g Kupfer ab.

**Vorsichtsmafsregeln.** Die für diesen Zweck benutzte Batterie muss eine sehr konstante sein. Ist die zu bestimmende Galvanometerkonstante klein, so können Daniell'sche Elemente angewendet werden. Eine Daniell'sche Batterie muss aber einige Zeit vor dem Gebrauch kurz geschlossen werden, damit sie ihren normalen Arbeits-Zustand annehmen kann.

Muss man einen starken Strom anwenden, so hat man eine Grove'sche oder Bunsen'sche Batterie zu nehmen, und es ist alsdann notwendig, in dem Voltameter Platten von grosser Oberfläche zu benutzen; denn wenn eine gewisse Stromdichtigkeit überschritten wird (d. h. eine gewisse Zahl von Einheiten der Stromstärke auf die Einheit der Elektrodenfläche), so nimmt der Niederschlag Pulverform an und haftet nicht an der Kathode. Es ist ermittelt worden, dass der Gewichtsverlust der Anode nicht als ein genaues Mafs für die Stromstärke dienen kann, weil die sekundäre, auflösende chemische Wirkung und die Zerbröckelung einen Gewichtsverlust herbeiführen, der die Bestimmung des wahren elektrolytischen Verlustes fehlerhaft machen würde.

**Beispiel.**

Gewicht der Kathode am Anfang . . . 10,425 g
„       „      „     am Ende . . . . 11,219 „
Gewichtszunahme                        0,794 g

Mittlere Ablenkung $= 47^0$; tang $47^0 = 1,0724$; Zeitdauer des Niederschlags $= 125$ Minuten.

Daher Gewicht des in der Sekunde niedergeschlagenen Gewichtes in Grammen $= \dfrac{0,794}{125.60}$.

Stärke des Stromes in Ampère $= \dfrac{0,794}{125.60.0,000328}$.

Hieraus ergiebt sich für die Konstante des Galvanometers der Wert

$$\frac{0,794}{60.125.0,000328.1,0724} = 0,3010.$$

**Methode der Berechnung.** Die vollständige Formel für das Tangentengalvanometer ist

$$J = \frac{H(a^2 + x^2)^{3/2}}{2n \cdot \pi \cdot a^2} \tang \alpha$$

wo $J$ die Stromstärke in C. G. S., $H$ die horizontale Komponente des Erdmagnetismus, $n$ die Anzahl Windungen der Rolle bedeuten, während die übrigen Buchstaben ihren früheren Sinn behalten.

Ist $x = o$, das heisst, liegt die Kompassnadel in einer Ebene mit den Windungen der Rolle, so nimmt die Formel die Gestalt an

$$J = \frac{H \cdot a}{2n\pi} \tang \alpha.$$

Um $H$ zu finden, verfahren wir nach der im 16. Abschnitt erläuterten Methode. Die Ablenkungen werden zuerst mit dem Kompassgehäuse in dem Apparat bestimmt und dann wird das Schwingungsmagnetometer an dessen Stelle gesetzt.

Der Wert von $K$, wie ihn diese Formel ergiebt, muss mit demjenigen übereinstimmen, den wir mit dem Kupfervoltameter erhalten haben. Wir müssen aber bedenken, dass, wenn die Messungen in C. G. S.-Einheiten gemacht worden sind, es notwendig ist, das Resultat mit 10 zu multiplizieren, damit es mit der Konstanten für Ampère in Übereinstimmung kommt (vergl. Seite 127).

Abschnitt 32.

## Bestimmung des Widerstandes und der E. M. K.

**65. *Apparate.*** Tangentengalvanometer, Kommutator, Widerstandskasten, ein Daniell'sches und ein Bunsen'sches Element, Verbindungsdrähte.

***Aufgabe.*** Die Widerstände der beiden Elemente zu finden.

***Theorie der Methode.*** Die zu prüfende Batterie mit ihrem Kommutator, das Galvanometer und der Widerstandskasten seien hinter einander geschaltet, wie in Fig. 105 dargestellt ist.

Es sei $E$ = elektromotorische Kraft der Batterie.
$B$ = Widerstand der Batterie.
$G$ = Widerstand des Galvanometers und der Verbindungsdrähte.
$W$ = eingeschalteter Widerstand des Widerstandskastens.
$\alpha$ = Galvanometerausschlag.

Dann haben wir nach dem Ohm'schen Gesetz für die Stärke des Stromes, der das Galvanometer durchfliesst,

$$J = \frac{E}{B+G+W} \quad \ldots \ldots \quad (1)$$

nach der Theorie des Tangentengalvanometers dagegen

$$J = K \operatorname{tang} \alpha \quad \ldots \ldots \ldots \quad (2)$$

und daher

$$\frac{E}{B+G+W} = K \cdot \operatorname{tang} \alpha \quad \ldots \quad (3)$$

Geht nun $W$ über in $W_1$ und infolge davon $\alpha$ in $\alpha_1$, so folgt

$$\frac{E}{B+G+W_1} = K \cdot \operatorname{tang} \alpha_1 \quad \ldots \quad (4)$$

Durch Division von (3) durch (4) erhalten wir

$$\frac{B+G+W}{B+G+W_1} = \frac{\operatorname{tang} \alpha}{\operatorname{tang} \alpha_1} \quad \ldots \ldots \quad (5)$$

und hieraus folgt

$$B = \frac{W \operatorname{tang} \alpha - W_1 \operatorname{tang} \alpha_1}{\operatorname{tang} \alpha_1 - \operatorname{tang} \alpha} - G \quad \ldots \quad (6)$$

Hiermit haben wir eine allgemeine Formel für den Batteriewiderstand gefunden.

Der Ausdruck (6) kann für angenäherte Messungen noch vereinfacht werden, wenn wir $W = O$ und $\alpha_1 = 45^0$ machen; wir erhalten dann

$$B = \frac{W_1}{\operatorname{tang} \alpha - 1} - G \quad \ldots \ldots \quad (7)$$

oder noch besser, indem wir $\operatorname{tang} \alpha_1 = 1/2 \operatorname{tang} \alpha$ machen, wodurch die Formel folgende Gestalt annimmt

$$B = W^t - (2W + G) \quad \ldots \ldots \quad (8)$$

Wird diese letztere Formel angewendet, so nennt man das Verfahren die **Methode der halben Ablenkung**.

***Anwendung der Methode.*** (1) **die geeignetsten Werte von $\alpha$ und $\alpha_1$.** Nachdem man die in Fig. 105 dargestellten Verbindungen hergestellt und das Galvanometer in den magnetischen Meridian, mit dem Zeiger auf 0, gebracht hat, wird natürlich die erste Erwägung die sein, welche Galvanometerrolle man anzuwenden hat und welches die geeignetsten Ablenkungen sind. Aus einer Betrachtung einer Tangententafel werden wir ersehen, dass der Einfluss eines Ablesungsfehlers an den Enden der Tabelle grösser sein wird, als in der Mitte; so ist beispielsweise

| $\operatorname{tang} 10^0 = 0{,}1763$ | $\operatorname{tang} 45^0 = 1{,}0000$ | $\operatorname{tang} 80^0 = 5{,}671$ |
|---|---|---|
| $\operatorname{tang} 11^0 = 0{,}1944$ | $\operatorname{tang} 46^0 = 1{,}0355$ | $\operatorname{tang} 81^0 = 6{,}314$ |
| Differenz $= 0{,}0181$ | Differenz $= 0{,}0355$ | Differenz $= 0{,}643$ |
| $= 9{,}8\,^0/_0$ | $= 3{,}5\,^0/_0$ | $= 10{,}7\,^0/_0$ |

des ganzen Betrages. Wir sehen aus diesen Beispielen, dass wir sowohl die grossen, wie die ganz kleinen Ablenkungen vermeiden müssen. Prüfen wir die Tafel genauer, so erkennen wir, dass die Wirkung eines etwa begangenen Beobachtungsfehlers am kleinsten bei $45^0$ ist, ein Resultat, welches auch mit den Ergebnissen der Theorie im Einklang steht.

Bei der Bestimmung des Widerstandes einer Batterie nach der Methode dieses Abschnittes müssen zwei Ablenkungen beobachtet werden. Es folgt als ein Ergebnis der obigen Resultate, dass diese Ablenkungen in gleichen Abständen zu beiden Seiten von $45^0$ liegen müssen, indem der beste Teil der Skala der zwischen 30 und $60^0$ ist. Es sollte also die erste Ablenkung nicht grösser als $60^0$ sein. Je weniger äusseren Widerstand wir in den Stromkreis einschalten, um so grösser wird der Einfluss des Batteriewiderstandes auf die Stromstärke sein; wenn demnach eine Rolle des Galvanometers gefunden werden kann, die mit einem Widerstand $W = O$ einen Ausschlag giebt, der nicht grösser als $60^0$ ist, so wird es am besten sein, diese Rolle zu wählen, vorausgesetzt, dass die Batterie konstant bleibt.

*Beispiel.* Die Rolle mit einer Windung wurde benutzt. Der Widerstand von 6 m Verbindungsdrähten war 0,07 $\Omega$. Die Verbindungsdrähte waren sorgsam zusammengedreht, so dass der hindurchfliessende Strom keine direkte Wirkung auf das Galvanometer äussern konnte. Man hatte sich von der Richtigkeit dadurch überzeugt, dass keinerlei Bewegung der Drähte einen Einfluss auf das Galvanometer hervorbrachte.

Es ergaben sich die folgenden Resultate:

| Versuch | Kommutatorstellung I. | | Kommutatorstellung II. | | Mittel | Widerstand |
|---|---|---|---|---|---|---|
| | Ablenkung der Nadel | | | | | |
| | Ostende | Westende | Ostende | Westende | | |
| I | 53,8 | 54 | 56 | 56 | 54,95 | 0 |
| II | 30 | 30 | 31,2 | 31,1 | 30,57 | 1 |
| III | 20 | 20 | 21 | 21 | 20,5 | 2 |

Wir müssen hierbei die Formel anwenden

$$B = \frac{W \cdot \tang \alpha - W_1 \cdot \tang \alpha_1}{\tang \alpha_1 - \tang \alpha} - G$$

wo der Galvanometerwiderstand nebst den Verbindungsdrähten, also $G_1 = 0{,}07\,\Omega$ ist. Die Tangententafel ergiebt aber

$$\text{tang } 54{,}95^0 = 1{,}4255$$
$$\text{tang } 30{,}57^0 = 0{,}5906$$
$$\text{tang } 20{,}5^0 = 0{,}3739.$$

Daher erhalten wir aus Versuch I und II

$$B = \frac{1 \cdot 0{,}5906}{1{,}4255 - 0{,}5906} - 0{,}07 = 0{,}64\,\Omega,$$

aus den Versuchen I und III

$$B = \frac{2 \cdot 0{,}3739}{1{,}4255 - 0{,}3739} - 0{,}07 = 0{,}64\,\Omega,$$

während Versuch II und III liefern

$$B = \frac{2 \cdot 0{,}3739 - 0{,}5906}{0{,}5906 - 0{,}3739} - 0{,}07 = 0{,}66\,\Omega.$$

Hieraus ergiebt sich als Mittel der Wert von $0{,}65\,\Omega$.

*Aufgabe.* Die elektromotorische Kraft zweier Elemente nach der Methode der Summe und Differenz zu vergleichen.

Man schaltet die zu vergleichenden Elemente hintereinander, dann ist

$$K \cdot \text{tang } \alpha_1 = \frac{E_1 + E_2}{W} \quad \ldots \ldots \quad (1)$$

wo $W$ der gesamte Widerstand des Stromkreises ist. Nun kehrt man das eine Element um, so dass die elektromotorischen Kräfte der beiden Elemente einander entgegengerichtet sind, worauf sich folgendes Resultat ergiebt

$$K \cdot \text{tang } \alpha_2 = \frac{E_1 - E_2}{W} \quad \ldots \ldots \quad (2)$$

Der Widerstand des Stromkreises ist derselbe wie zuvor. Aus (1) und (2) folgt

$$\frac{E_1 + E_2}{E_1 - E_2} = \frac{\text{tang } \alpha_1}{\text{tang } \alpha_2} \quad \ldots \ldots \quad (3)$$

und hieraus

$$\frac{E_1}{E_2} = \frac{\text{tang } \alpha_1 + \text{tang } \alpha_2}{\text{tang } \alpha_1 - \text{tang } \alpha_2} \quad \ldots \ldots \quad (4)$$

das heisst in Worten, die elektromotorischen Kräfte verhalten sich zu einander, wie die Summe der Tangenten der Ablenkungen zu deren Differenz, wenn einmal die Elemente gleichgerichtet, ein andermal entgegengesetzt hinter einander geschaltet sind.

*Beispiel.* Ganzer Widerstand des Stromkreises 220 Ohm. Daniell'sches und Bunsen'sches Element gleichgerichtet:

$$\alpha_1 = 60{,}4^0; \text{ tang } \alpha_1 = 1{,}76$$

Daniell'sches und Bunsen'sches Element entgegengesetzt:
$$\alpha_2 = 31{,}0\,^0; \quad \text{tang } \alpha_2 = 0{,}60.$$
Hieraus folgt
$$\frac{E_1}{E_2} = \frac{1{,}76 + 0{,}6}{1{,}76 - 0{,}6} = \frac{2{,}36}{1{,}16} = 2{,}03.$$

**66.** *Weitere Aufgaben zur Anwendung des Tangentengalvanometers.*

Ein Tangentengalvanometer mit bekannten Konstanten ist von grossem Wert für den Laboratoriumsgebrauch, um die Stromstärke zu suchen, die für Telegraphenapparate erforderlich ist, um rasch den Zustand einer Batterie zu prüfen, oder um ein einfaches Galvanometer zu aichen. Diese Anwendungen bieten dem Schüler weitere Aufgaben, von denen wir hier einige anführen.

(1) Man bestimme die Stärke eines Stromes, der ausreicht, um eine elektrische Schelle zu treiben.

(2) Man prüfe von Zeit zu Zeit die Stärke des Stromes, den eine Bichromatbatterie liefert, wenn dieselbe bei Kurzschluss arbeitet.

***Beispiel.*** Eine Bichromatbatterie war durch den Kupferstreifen des Tangentengalvanometers geschlossen; der ganze äussere Widerstand betrug 0,15 $\Omega$. Es wurden folgende Ablesungen gemacht:

| Zeit. | Ablenkung $\alpha$ | Ampère $= K \cdot \text{tang } \alpha$ | |
|---|---|---|---|
| 45$^m$. | 36$^0$ | 2,96 | |
| 50 | 35,9 | 2,95 | |
| 53 | 35,1 | 2,86 | |
| 54 | 35 | 2,85 | $K = 4{,}074$ |
| 55 | 34,7 | 2,82 | |
| 56 | 34,4 | 2,79 | |
| 57 | 34 | 2,75 | |
| 58 | 33,5 | 2,70 | |
| 59 | 33 | 2,65 | |

Nachdem die Flüssigkeit des Elementes umgerührt worden war, stieg die Ablenkung auf 52,5$^0$ = 5,31 Ampère, allein 10 Minuten später war die Ablenkung nur noch 25,7$^0$ = 1,96 Ampère.

# FÜNFTES KAPITEL.

## Messung von Widerständen.

**68.** Dieses Kapitel ist der Beschreibung einer besonders zweckmässigen Methode zur Bestimmung von Widerständen gewidmet, die ausgedehnte Anwendung findet. Sie verlangt die Anwendung eines Widerstandskastens, von dem eine wohlfeile, für die Zwecke dieses Buches geeignete Form im Anhang bezeichnet ist.

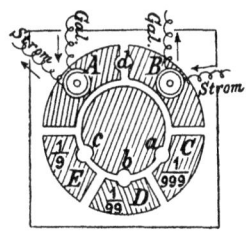
Fig. 108.

Nebenschlüsse.

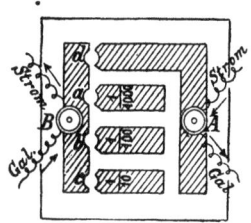
Fig. 109.

**69. Theorie und Anwendung von Nebenschlüssen.** Um die Empfindlichkeit eines Galvanometers nach Wunsch zu ändern, werden Nebenschlüsse angewendet, mit deren Gebrauch der Schüler bereits vertraut ist. Figur 108 und 109 zeigen zwei solche Vorrichtungen, die häufig benutzt werden. Die entsprechenden Teile beider sind mit den gleichen Buchstaben bezeichnet. Figur 110 zeigt schematisch einen solchen Nebenschluss. Ist in $d$ ein Stöpsel eingesetzt, so ist das Galvanometer durch den kurzen, breiten Metallstreifen zwischen $A$ und $B$ kurzgeschlossen; ist dagegen der Stöpsel aus $d$ entfernt und in $a$, $b$, oder $c$ eingesetzt, so ist das Galvanometer durch die eine oder die andere Widerstandsrolle des Nebenschlusses geschlossen. Der Widerstand, den

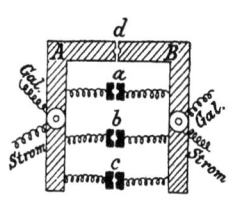
Fig. 110.

Die Bichromatbatterie ist demnach unter diesen Verhältnissen sehr inkonstant. Wird die Flüssigkeit ununterbrochen umgerührt oder Luft hindurchgeblasen, so wird das Element sehr konstant.

**67.** *Das Spiegelgalvanometer als Tangentengalvanometer.*

Der Schüler mag daran erinnert werden, dass das Tangentengesetz auf das Spiegelgalvanometer angewendet werden kann; aber bei kleinen Ablenkungswinkeln lässt sich zeigen, dass die Ablesungen an der Skala den Stromstärken proportional sind.

ein Nebenschluss haben muss, um die Stromstärke im Galvanometer in einem bestimmten Verhältnis herabzusetzen, kann leicht angegeben werden. Ist $G$ der Widerstand des Galvanometers und $N$ derjenige des Nebenschlusses, während $J$ die Stromstärke des Hauptstromes bedeutet, an den der Nebenschluss angelegt werden soll, so teilt sich der Strom zwischen dem Galvanometer $(J_1)$ und dem Nebenschluss $(J_2)$ im umgekehrten Verhältnis ihrer Widerstände, d. h. $J_1 : J_2 = N : G$, und da $J_1 + J_2 = J$ ist, so erhält man für die Stärke des Galvanometerstromes

$$J_1 = \frac{N}{G+N} \cdot J \quad \ldots \ldots \quad 1)$$

Angenommen, wir wollten nur $\frac{1}{n}$ des ganzen Stromes durch das Galvanometer gehen lassen, oder mit anderen Worten, es sei $J_1 = \frac{1}{n} J$, so haben wir

$$\frac{1}{n} J = \frac{N}{G+N} \cdot J \quad \text{oder} \quad N = \frac{G}{n-1} \quad \ldots \ldots \quad 2)$$

woraus für die gewöhnlich gebrauchten Werte sich folgende Zahlen ergeben:

für $n = 10 \qquad N = \frac{1}{9} G$

„ $n = 100 \qquad N = \frac{1}{99} G$

„ $n = 1000 \qquad N = \frac{1}{999} G$

Die Stellungen $a$, $b$, $c$ sind entweder mit den Zahlen $\frac{1}{10}$, $\frac{1}{100}$, $\frac{1}{1000}$ bezeichnet, welche Zahlen den Bruchteil des ganzen Stromes angeben, der durch das Galvanometer geht, oder mit den Zahlen $\frac{1}{9}$, $\frac{1}{99}$, $\frac{1}{999}$, die das Verhältnis des Nebenschluss-Widerstandes zum Galvanometerwiderstand angeben.

Abschnitt 33.
## Die Anwendung des Widerstandskastens als Brücke.

**70. Aufgabe.** Den Widerstandskasten zur Widerstandsmessung nach Wheatstone's Methode anzuwenden.

**Apparate.** 1) Der Widerstandskasten. Eine sehr zweckmässige und dabei billige Vorrichtung ist der im englischen Postdienst verwendete Widerstandskasten, von dem Fig. 111 eine Darstellung giebt. Hier bedeuten $AC$ und $AB$ die Proportionalzweige und *EFGD* den Rheostatzweig. Die Einrichtung der Brücke wird am besten durch Vergleichung mit der schematischen Zeichnung Fig. 112 verstanden werden, deren Teile übereinstimmend mit den Teilen des Kastens bezeichnet sind. In *A* (Fig. 111) ist keine Verbindungsschraube vorgesehen, dagegen geht ein Draht unter der Ebonitplatte des Kastens zu einem Stift bei *a*, so dass die Verbindungsschraube bei *A'* mit *A* in metallischer Verbindung steht, sobald die Taste *a A'* herabgedrückt wird. Ebenso kann die Verbindungsschraube *B'* mit *B* in Kontakt gebracht werden, sobald

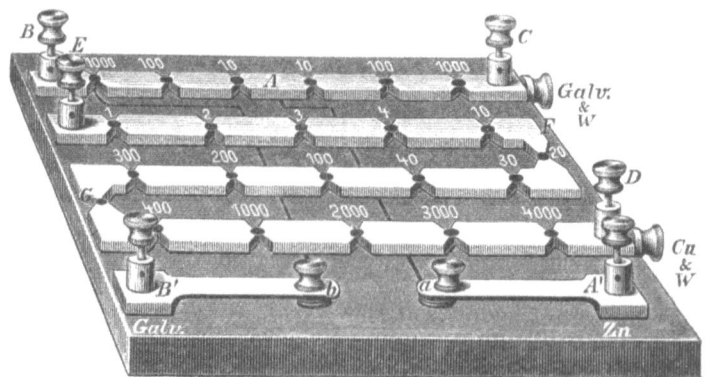

Fig. 111. Deckel des Widerstandskastens.

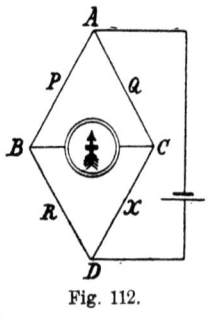

Fig. 112.

die Taste *B'b* herabgedrückt wird. Der Rheostatzweig ist mit den Proportionalzweigen durch ein in Figur 111 nicht gezeichnetes Messingstück verbunden, welches mit Hilfe der Klemmschrauben bei *B* und *E* fest angeschraubt werden muss. Bei *C* und *D* befinden sich doppelte Polschrauben, je eine für den Draht nach dem unbekannten Widerstand, und eine für einen der Galvanometerdrähte bei *C*, beziehungsweise für einen der Batteriedrähte bei *D*. Die Art der Verteilung der verschiedenen Widerstände ist aus Fig. 112 zu ersehen. An der Bohrung bei *G* kann der sogenannte Unendlichkeitsstöpsel eingesetzt werden. Wird dieser Stöpsel entfernt, so ist die Verbindung zwischen den Teilen des Rheostaten beiderseits des Stöpsels vollständig unterbrochen.

Batterie und Verbindungsdrähte. 167

2) Die Leclanché-Batterie. Diese Form der Batterie wird für Widerstandsmessungen gewählt, weil sie im Stehen nur wenig schlechter wird, so dass sie stets zum Gebrauch bereit ist. Dafür sinkt ihre Leistung ausserordentlich rasch, wenn sie kurz geschlossen wird. Wenn aber auch der Widerstand des Stromkreises klein ist, so wird doch in dem Falle, dass unsere Absicht mehr darauf geht, die Richtung des Ausschlages zu finden, als seinen Betrag zu messen, der Strom nur für wenige Sekunden auf einmal beansprucht, und dann ist eine kleine Änderung in der Stromstärke von keinem erheblichen Einfluss. Wird andererseits der Strom für eine längere Zeit in Anspruch genommen, wenn etwa eine genaue Messung gemacht werden soll, so ist der Widerstand in dem Stromkreise notwendigerweise so gross, dass die Konstanz der Batterie nicht beeinflusst wird, da der Strom derselben nur schwach arbeitet. Es ist zweckmässig, vier Elemente dieser Art zu benutzen, die derart mit einem Umschalter verbunden sind, dass nach Wunsch 1, 2, 3 oder 4 Elemente in den Stromkreis aufgenommen werden können (vergl. Anhang).

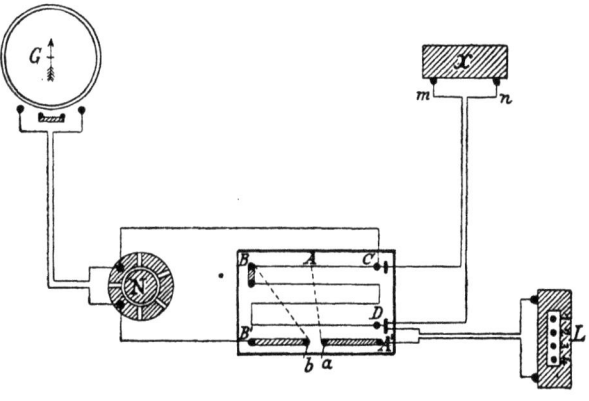

Fig. 113.

3) Die Verbindungsdrähte. Diese müssen aus Kupferdrähten bestehen, die mit Guttapercha überzogen sind. Die Leitungsdrähte zum Galvanometer und der Batterie mögen Drähte No. 10 sein. Die zu dem unbekannten Widerstand führenden Leitungsdrähte müssen dagegen dicker genommen werden und mit Kupferstreifen an den Enden verlötet sein, wie Fig. 64 zeigt. Die Anwendung solcher Kupferstreifen sichert grössere Berührungsflächen.

168    Widerstandsmessung.

*Methode der Verbindung.* In Figur 113 haben wir eine Skizze der Verbindungen; hier ist $G$ das Galvanometer, $N$ der Nebenschluss, $X$ der unbekannte Widerstand, $L$ die Leclanché-Batterie und $CBB'A'$ die Brücke mit Widerstandskasten. Die Drähte, die nach den nämlichen Punkten hinführen, sollen einander möglichst nahe gebracht werden. Werden $a$ und $b$ niedergedrückt, so sind die in der Figur gezeichneten Verbindungen hergestellt. Das Galvanometer muss mindestens einen Meter von dem Messapparate entfernt aufgestellt sein, und wenn der zu messende Widerstand in einer Anzahl Drahtwindungen besteht, so müssen dieselben so weit vom Galvanometer entfernt sein, dass sie keinen direkten Einfluss auf dasselbe ausüben können.

Verfahren der Widerstandsmessung. Zuerst muss der Widerstand der Verbindungsdrähte bestimmt werden, die zu dem unbekannten Widerstand hinführen; (wir wollen annehmen, sie seien je 2 m lang). Zu diesem Zweck löst man die Drähte bei $m$ und $n$ und verbindet ihre Enden durch eine Verbindungsschraube.

Man giebt dem Galvanometer $\frac{1}{999}$ Nebenschluss und schaltet ein Element der Batterie in den Stromkreis; dann macht man $P = 10$, $Q = 10$ und $R = 0$, d. h. man lässt alle Stöpsel des Rheostatzweiges eingesetzt. Nun drückt man zuerst den Batterietaster herab, damit der durch Selbstinduktion entstehende Momentstrom aufhört, bevor das Galvanometer in den Stromkreis eingeschaltet wird, und während dieser niedergehalten wird, drückt man den Galvanometertaster wenige Sekunden lang herab. Das Galvanometer zeigt hierbei einen Ausschlag, nehmen wir an nach rechts. Entsteht kein Ausschlag, so muss irgendwo eine fehlerhafte Verbindung vorhanden sein; man prüfe in diesem Falle die Batterie- und Galvanometerleitungen und untersuche insbesondere, ob nirgends ein Leitungsdraht gebrochen ist. Bei Drähten, die mit Guttapercha isoliert sind, kann ein solches Vorkommnis leicht übersehen werden, da der Draht häufig bricht, ohne dass die Hülle verletzt wird.

Während $P$ und $Q$ ungeändert bleiben, macht man hierauf $R = \infty$. Drückt man, wie zuvor beschrieben, die Tasten vorübergehend herab, so wird der Ausschlag nun nach der linken Seite hin stattfinden, d. h. nach der entgegengesetzten Seite, weil die Leitungsdrähte einen Widerstand zwischen den Werten 0 und unendlich haben. Finden die Ablenkungen nicht nach entgegengesetzter Seite statt, so sind die Verbindungen wahrscheinlich falsch und müssen geprüft werden. Nunmehr müssen verschiedene Widerstände versucht werden, bis Gleichgewicht hergestellt ist. Der Gang des Verfahrens wird am besten durch eine Betrachtung der folgenden Tafel erkannt, in der die Ergebnisse einer wirklichen Messung angegeben sind. Es ist ratsam, dass der Schüler seine Resultate in derselben Form ordnet, bis er ganz vertraut mit dem Gebrauch der Brücke ist.

| Zahl der Elemente | Nebenschluss. | $P$ | $Q$ | $R$ | Wert von $X$, der $\frac{Q \cdot R}{P}$ entsprechen würde. | Ablenkung. |
|---|---|---|---|---|---|---|
| 1 | $\frac{1}{999}$ | 10 | 10 | 1 | 1 | nach rechts |
| 1 | $\frac{1}{999}$ | 100 | 10 | 1 | 0,1 | nach rechts |
| 1 | $\frac{1}{99}$ | 1000 | 10 | 1 | 0,01 | nach links |
| 4 | kein Nebenschluss | 1000 | 10 | 6 | 0,06 | nach rechts |
| 4 | ,, ,, | 1000 | 10 | 5 | 0,05 | nach links |

Hieraus erkennen wir, dass der Widerstand der Leitungsdrähte zwischen 0,05 und 0,06 $\Omega$ liegt. Um den Widerstand genauer zu finden, müssen die Beträge der Ablenkungen in den beiden letzten Fällen aufgezeichnet werden, woraus sich dann der wahre Wert von $X$ durch Interpolation ergiebt, wie folgendes Schema zeigt

Wert von $\frac{Q \cdot R}{P}$      Ablenkung.

0,06 $\Omega$      36 Teilstriche nach rechts

0,05 $\Omega$      37 Teilstriche nach links.

Es verursacht also 0,01 $\Omega$ einen Ausschlag von 73 Skalenteilen, und folglich ist der Wert von $\frac{Q \cdot R}{P}$, welcher der Nullstellung des Galvanometers entsprechen würde,

$$\frac{Q R}{P} = X = 0,05 + \frac{0,01 \cdot 37}{73} = 0,05507 \; \Omega.$$

Nachdem der Widerstand der Leitungsdrähte gefunden ist, können wir zur Messung einiger Rollenwiderstände übergehen. Hierfür einige Beispiele.

**1. Beispiel.** Galvanometerrolle von Kupferdraht.

$P = 100$, $Q = 10$, $R = 9896$; $\frac{QR}{P} = 989{,}6$. (Keine Ablenkung.)

„ „ „ $= 9897$; „ $= 989{,}7$. (Schwache Ablenkg.)

$X = 989{,}6 - 0{,}055 = 989{,}545\ \Omega$. Temp. $15^0$ C.

**2. Beispiel.** Galvanometerrolle von Kupferdraht.

$P = 1000$; $Q = 10$; $R = 1020$; $\frac{QR}{P} = 10{,}20$. Ablenkung $= -4$.

„ „ „ $1019$; „ $10{,}19$. „ $+21$.

$X = 10{,}19 + \dfrac{0{,}1 \cdot 21}{25} - 0{,}055 = 10{,}143\ \Omega$.

# SECHSTES KAPITEL.

## Das Quadrantelektrometer.

**71.** Das Quadrantelektrometer hat für elektrostatische Messungen dieselbe Bedeutung, wie das Spiegelgalvanometer für elektromagnetische. Die Skalenangaben des letzteren können als direkt proportional zur Stärke der die Galvanometerrolle durchfliessenden Ströme betrachtet werden, und die des ersteren proportional den Potentialdifferenzen an den Polen des Elektrometers. Die hauptsächlichste Anwendung des Elektrometers im Laboratorium besteht in der Vergleichung elektromotorischer Kräfte von Elementen im ungeschlossenen Stromkreis. Es ist ebenso von grossem Wert bei Untersuchungen über die Erzeugung von Potentialdifferenzen durch andere als chemische Mittel. Bei der Kabelfabrikation und an den Kabelstationen wird es angewendet, um die Isolation der unterseeischen Kabel nach dem Verfahren von Abschnitt 7c zu prüfen. Bei manchen Untersuchungen kann es das Galvanometer mit grossem Vorteil ersetzen, so zum Beispiel bei den im 25. Abschnitt beschriebenen.

Abschnitt 34.

### Gebrauch des Quadrantelektrometers.

**72. *Aufgabe.*** Die elektromotorischen Kräfte eines Daniell'schen Elementes als Normalelement und zweier anderer Daniell'scher Elemente zu vergleichen, wenn letztere 1) einzeln, 2) hinter einander geschaltet, 3) neben einander geschaltet benutzt werden.

***Apparate.*** (1) Das Quadrantelektrometer, welches in Fig. 114 und 115 abgebildet ist, hat eine einfache und leicht herzustellende Form. Es besteht aus einem Holzkasten, der auf drei Stellschrauben steht, mit einer Holzthür an der Rückseite und einer Glasthür an der Vorderseite. Das Holzwerk ist fast vollständig und die Vorderseite von Glas zum Teil mit Stanniol überzogen. Um Verwirrung zu vermeiden ist die Vorderseite, sowie die Rückwand des Gehäuses in der Figur fortgelassen. In dem Deckel des Kastens befinden sich drei Löcher. Das mittlere dient zur Aufnahme einer langen Glasröhre, die durch einen Kork an ihrer Stelle gehalten wird. In dem oberen Teil der Glasröhre ist ebenfalls mittels eines Korkes ein der Länge nach durchbohrter Ebonitstab befestigt, der an seinem oberen Ende die mit einer kleinen Verbindungsschraube versehene Ladungselektrode $C$ trägt. Mit der Verbindungsschraube ist an die letztere ein sehr feiner Silberdraht befestigt, der den Spiegel $S$ und die in Fig. 115 dargestellte schaufelförmige Aluminiumnadel trägt. Durch die anderen Bohrungen des Kastendeckels führen die Ladungselektroden $A$ und $B$. Sie bestehen aus durchbohrten Ebonitstäben, die oben mit Verbindungsschrauben endigen, von welchen Leitungsdrähte zu den Quadranten führen. Die Quadranten sind vier an den inneren Kanten offene Messingkapseln,

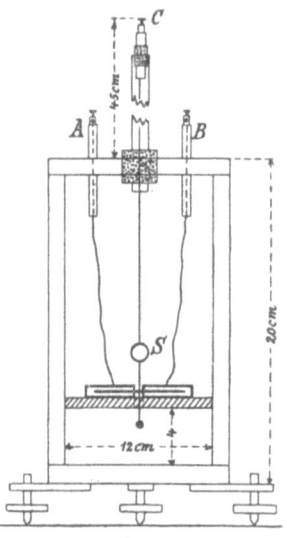

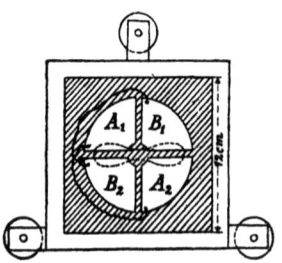

Fig. 114. Quadrant-Elektrometer.    Fig. 115.

die in Fig. 114 im Querschnitt und in Fig. 115 im Grundriss bei $A_1 B_1 A_2 B_2$ dargestellt sind. Sie ruhen auf einer Ebonitscheibe, an welche drei davon dauernd angeschraubt sind; dagegen ist es vorteilhaft, wenn die vierte regulierbar beweglich ist. Die gegenüberliegenden Quadranten sind mit einander leitend verbunden, wie Fig. 115 zeigt; $A_1$ ist mit $A_2$ und $B_1$ mit $B_2$ verbunden. Zwischen den Quadranten ist die Nadel aufgehängt; dieselbe trägt an ihrer Unterseite ein kleines aufgehängtes Gewichtchen, welches als Dämpfer wirkt und die horizontale Aufstellung des Apparates erleichtert.

Ein Stück Spiegelglas unterhalb dieses Gewichtes kann ebenfalls diese Operation unterstützen.

(2) Eine Wasserbatterie, bestehend aus kleinen Zellen, die Kupfer- und Zinkstreifen enthalten und mit Wasser gefüllt sind, ist ebenfalls erforderlich. Fig. 116 stellt eine zweckmässige Form der Batterie dar.

(3) Eine Lampe und Skala.

**Prinzip des Instrumentes.** Ein Pol der Wasserbatterie ist mit $C$ verbunden, der andere zur Erde abgeleitet. Hierdurch wird

Fig. 116.

die Nadel auf ein bestimmtes Potential $V$ erhoben, welches als konstant betrachtet werden kann. Liegt die Nadel symmetrisch zu den Quadranten, wie dies in Fig. 115 angenommen ist, so bleibt sie unabgelenkt, solange alle Quadranten auf demselben Potential befindlich sind. Wenn aber $A_1$ und demgemäss auch $A_2$ auf ein Potential $V_1$ gebracht werden, dagegen $B_1$ und $B_2$ auf ein anderes Potential $V_2$, so wird sich die Nadel um einen bestimmten Winkel drehen, dessen Grösse von der Torsionskraft des Drahtes abhängt, welche der Drehung entgegenwirkt. Ist das Potential $V$ hoch, verglichen mit $V_1$ und $V_2$, so wird der Betrag der Ablenkung der Differenz $V_1 - V_2$ proportional sein.

***Methode der Anwendung.*** (1) Man stellt das Instrument etwa 1 m von Lampe und Skala entfernt auf. (2) Man nivelliert so lange, bis die Nadel central hängt. (3) Man leitet die Elektroden *A*, *B* und *C* zur Erde ab. (4) Man stellt den Lichtfleck auf den Mittelpunkt der Skala ein, indem man den Knopf *C* dreht. (5) Man verbindet *C* mit dem einen Pol der Wasserbatterie, deren zweiter nach der Erde abgeleitet ist. (6) Wenn der Lichtfleck nicht in der Mitte bleibt, verschiebt man den beweglichen Quadranten. (Diese Korrektion ist bei einigen Instrumenten ein- für allemal durch den Verfertiger geschehen.) (7) Man lässt *A* nach der Erde abgeleitet, isoliert aber *B* und verbindet es mit einem Pol des zu prüfenden Elementes, dessen anderer Pol nach der Erde abgeleitet ist. (8) Man liest die Ablenkung ab. (9) Man unterbricht die Verbindung des Poles mit *B* und verbindet *B* kurze Zeit mit der Erde zum Zwecke der Entladung. (10) Die Pole des Elementes, die mit dem Quadrantenpaar *B* und der Erde verbunden waren, werden nun vertauscht. (11) Die Ablenkung wird abermals bestimmt. Die Zahl der Teilstriche, die zwischen den beiden Ausschlägen des Lichtfleckes liegen, ist der E. M. K. des Elementes proportional. (12) Man wiederholt das Verfahren mehrmals und nimmt das Mittel der erhaltenen Werte.

*Bemerkung.* Diese Operationen können leichter mit einem besonders dafür bestimmten Elektrometer-Umschalter ausgeführt werden.

(13) Man ersetzt das Element durch ein anderes und verfährt wie zuvor.

***Beispiel.*** Element *a*.

| Versuch. | − Pol zur Erde<br>+ Pol zu *B* | + Pol zur Erde<br>− Pol zu *B* | Gesamte Ablenkung. |
|---|---|---|---|
| 1 | + 51 | − 53 | 104 ⎫ Mittel 103,7 |
| 2 | + 50 | − 55 | 105 ⎬ nahezu. |
| 3 | + 52 | − 50 | 102 ⎭ |

Element *b* ergab eine Ablenkung von 108,1 Teilstrichen; Element *c* gab 102,8 Teilstriche. Die Elemente *b* und *c* gaben hinter einander geschaltet 212,0 Teilstriche, und neben einander geschaltet 106,2 Teilstriche. Nehmen wir *a* zu 1,1 Volt an, so ist

$$b = \frac{1,1 \cdot 108,1}{103,7} = 1,15 \text{ Volt.}$$

Ebenso können die übrigen Werte in Volt angegeben werden.

# ANHANG.

### Abschnitt A.
### Weitere praktische Einzelheiten.

**1. Batterieumschalter.** Fig. 117 zeigt die allgemeine Einrichtung eines Umschalters für ein oder zwei Elemente. Ein Metallstab $KK_1$, der bei $K_1$ mit einem Handgriff versehen und bei $K$ drehbar befestigt ist, kann mit einem beliebigen der drei Metallsegmente 0, 1 und 2 in leitende Berührung gebracht werden. Alle diese Teile sind auf einem Holz- oder Ebonitblock befestigt. Steht die Kurbel auf 0, so sind beide Elemente aus dem Stromkreis, der

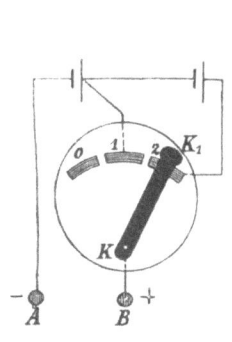

Fig. 117. Batterieumschalter.

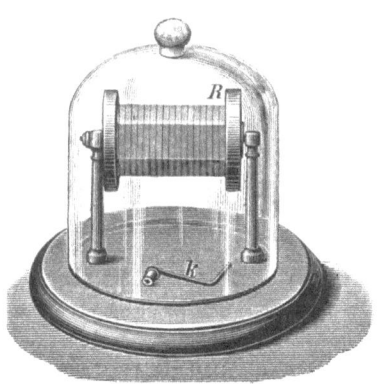

Fig. 118.

$A$ und $B$ verbindet, ausgeschaltet; je nachdem die Kurbel auf 1 oder 2 steht, befindet sich ein oder beide Elemente im Stromkreis. Statt eines Kurbelumschalters benutzt man häufig einen Stöpselumschalter.

**2. Seide zur Aufhängung von Galvanometernadeln.** Die beste Seide erhält man aus der Mitte eines guten Seidecocons. Derselbe wird in laues Wasser getaucht und die Seide von ihm mit Hilfe einer einfachen Haspelvorrichtung abgewickelt. Fig. 118 stellt ein solches Maschinchen dar, bei welchem die Rolle $R$ aus einer Anzahl von Glasstäben gemacht ist, welche die beiden Holzscheibchen an den Enden der Rolle verbinden. Ist die Seide aufgewickelt, so wird die Kurbel $k$ entfernt und das Ganze mit einer Glasglocke bedeckt, um die Seide vor Staub zu schützen.

3. Polschrauben und Verbindungsschrauben. Die Hauptformen von Verbindungsschrauben sind in Fig. 119 dargestellt.

1 ist die gewöhnliche zum Einschrauben in Holz bestimmte Form,

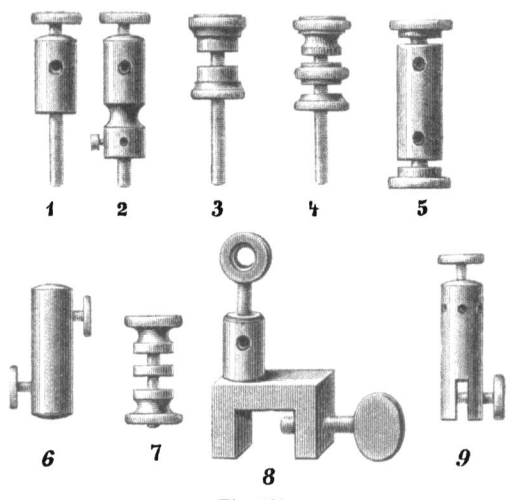

Fig. 119.

2 ist eine besondere Form für den nämlichen Zweck mit einer zweiten Bohrung und Schraube, wodurch das Verlöten umgangen wird,

3 ist die gebräuchliche Form der Verbindungsschrauben beim Telegraphendienst; hier müssen die Drahtenden umgebogen und um die Schraubenspindel gelegt werden, oder man lötet an die Drähte Streifen von Kupferblech an, wie in Fig. 64 dargestellt,

4 ist eine ebensolche Schraube für 2 Verbindungen,

5 und 6 sind gewöhnliche Verbindungsschrauben zur Vereinigung zweier Drähte,

7 dient zu demselben Zweck, kann aber auch zur Verbindung zweier Platten benutzt werden,

8 ist eine Batterieklemme für Kohleplatten,

9 desgleichen für Zink- und Kupferplatten.

4. **Das Löten.** Vielleicht giebt es keine Arbeit im Laboratorium, die so wichtig ist und so häufig ausgeführt werden muss, wie das Löten; daher werden einige darauf bezügliche Einzelheiten und Ratschläge nützlich sein. Die erforderlichen Materialien und Werkzeuge sind ein kupferner Lötkolben, Weichlot und eine Vorrichtung, um den Lötkolben zu erhitzen. Ein Lötkolbenofen von Fletcher (London) ist sehr zweckmässig; ebenso ein Gaslötkolben. Ferner ist gepulvertes Harz oder Zinkchlorid erforderlich, damit das Lot eine gute Vereinigung mit dem Metall bildet. Der erstere Stoff ist für elektrische Zwecke vorzuziehen, obgleich sich mit seiner Hilfe schwerer löten lässt, als mit Zinkchlorid. Wird letzteres angewendet, so muss die Lötstelle nachher gut abgewaschen werden, weil sonst ein galvanisches Zerfressen an der Verbindungsstelle stattfindet.

5. **Ersatz für Spiegelgalvanometer.** Da es nicht immer angeht, ein Spiegelgalvanometer zu benutzen, so dürfte es nützlich sein, Ersatzmittel zu beschreiben. (1) **Einfacher Stromfinder.** Man nimmt ein Stück Glasrohr von 13 cm Länge und 25 mm Durchmesser und wickelt um das eine Ende einige Lagen Draht, indem man jede einzelne Lage mit einem Überzug von geschmolzenem Paraffin versieht, welches die Windungen zusammenhält. Die Röhre wird mit ihrer langen Achse horizontal befestigt. Man hängt mittels eines Seidefadens an einem Stift, der in den das eine Ende der Röhre verschliessenden Kork gesteckt ist, eine kleine Magnetnadel so auf, dass sie sich in der Mitte der Drahtrolle befindet. Die Nadel muss mit einem langen Zeiger versehen sein, der bis zu dem anderen, ebenfalls durch einen Kork verschlossenen Ende der Röhre reicht. Das Ganze ist auf einem mit Klemmschrauben versehenen Grundbrett befestigt. (2) **Der astatische Stromfinder.** Ein empfindlicheres Instrument kann nach dem Prinzip des gewöhnlichen, astatischen Galvanometers angefertigt werden; es wird in einfacher Weise aus einem Postkistchen (vergleiche Seite 51), ähnlich dem Vergleichsmagnetometer auf Seite 74, aber ohne Arme angefertigt. (3) **Ein Proportionalgalvanometer**, dessen Angaben nahezu proportional den Stromstärken sind, kann nach der Art eines der obigen Apparate angefertigt werden, allein es muss einen Zeiger von mindestens 30 cm Länge haben, der sich über eine lineare Teilung von 200 Strichen bewegen kann. Der Zeiger, der sehr leicht und doch starr sein muss, kann ent-

weder aus einem Glasfaden, oder aus Aluminium, oder schliesslich aus Stroh angefertigt werden.

## Abschnitt B.
### Preisverzeichnis von Apparaten und Materialien.*)

Die Apparate und Materialien können von W. Groves, 89 Bolsover Street, Portland Place, London, oder von Dr. Stöhrer & Sohn, Leipzig, Weststrasse 88 bezogen werden. Die mit einem * versehenen Apparate haben eine besonders für den vorliegenden Zweck bestimmte und von den Verfassern erprobte Form. Die Apparate werden in zwei Ausführungen geliefert, die der Klasse B sind aus gefirnisstem Fichtenholz mit Papierskalen angefertigt, während für die Apparate der Klasse A poliertes, hartes Holz und Buchsbaumholzskalen verwendet werden; auch ist an ihnen die Arbeit eine gediegenere.

### I. Allgemeines:

| | |
|---|---|
| Bunsen'scher Brenner | 1,60 Mk. |
| Zeichenbrett | 2,60 „ |
| Rechter Winkel | 2,00 „ |
| Dickzirkel und Hohlzirkel | 2,60 „ |
| Schlittendickzirkel von 15 cm Länge | 10,00 „ |
| Normal-Drahtlehre | 8,00 „ |
| Mikrometer-Drahtlehre | 30,00 „ |
| Tarierwage | 25 bis 63,00 „ |
| Gewichtssatz von 100 bis 0,01 gr. | 10 „ 15,00 „ |
| Gebläselampe | 7,60 „ |
| Blasebalg zum Treten dazu | 25,60 „ |
| * Modell eines Nonius von Holz | 5,00 „ |
| * Winkeltransporteur mit Arm (Fig. 14) Klasse A | 15,00 „ |
| Klasse B | 5,00 „ |
| Glasstäbe und Röhren per Kilo | 2,00 „ |
| Probierröhrchen per Dutzend | 0,60 bis 1,00 „ |
| * Kästchen mit Coconseide, Seidefaden und Seideband | 1,60 „ |
| Kupferdraht, baumwolleumsponnen, per Kilo je nach Dicke | 3 bis 10,00 „ |

---

*) Viele von den Angaben können nur als ungefähre Anhaltspunkte dienen; feste Preisangaben können deshalb häufig nicht gemacht werden, weil die Markt- und Handelspreise erheblichen Schwankungen unterworfen sind.

Kupferdraht, mit Kautschuk überzogen, 10 m je nach
  Dicke . . . . . . . . . . . . 1,60 bis 3,00 Mk.
Retortenhalter . . . . . . . . . 1,60 „ 3,60 „
Dreifuss von Eisen . . . . . . . . 0,90 „ 2,00 „
Gummischlauch per Meter . . . . . . . . . 1,00 „
Holzblöcke zu Unterlagen . . . . . . . . . 2,00 „
Schraubenzwingen von Eisen . . . . . . . . 1,60 „
Glasmesser . . . . . . . . . . . . . 1,60 „
Abdampfschalen . . . . . . . . . 0,60 bis 2,00 „
Bechergläser, ein Satz . . . . . . 2 „ 5,00 „
Korkbohrer, ein Satz . . . . . . . . . . . 6,00 „
Korke, ein Dutzend . . . . . . . 0,20 bis 0,90 „
Klemmschrauben (Polschrauben), das Dutzend 2 „ 6,00 „
  „ zur Verbindung von Drähten,
  ein Dutzend . . . . . . . . . . . . 3,00 „
Neusilberdraht, mit Seide besponnen, per Kilo 20 bis 60,00 „

## II. Elektrostatik.

2 Stücke Glasrohr (Fig. 15) . . . . . . . . . 1,60 „
Haken, um dieselben aufzuhängen . . . . . 0,60 „
2 polierte Ebonitstäbe . . . . . . . . . . 1,00 „
Seidekissen mit 3 Lagen Flanell . . . . . . 1,60 „
Katzenfell oder anderer Pelz . . . . . . . 1,60 „
* 2 Goldblattelektroskope (Fig. 16) . . . . . 5,00 „
* Blechcylinder mit isoliertem Boden . . . . . 1,00 „
Paraffinblock . . . . . . . . . . . . 1,00 „
Gestell für den Nachweis des Isolationsvermögens
  (Fig. 19) . . . . . . . . . . . . . 2,60 „
* 2 Messingkugeln auf Fuss (Fig. 20) . . . . . 3,60 „
* Elektrophor (Fig. 22) . . . . . . . . . . 2,60 „
* Blechcylinder mit isolierendem Handgriff (Fig. 23) . 1,00 „
* Apparat zum Nachweis des gleichzeitigen Entstehens
  beider Elektricitäten (Fig. 25) . . . . . . 3,60 „
* Durchbrochener Blechmantel für ein Elektroskop
  (Fig. 26) . . . . . . . . . . . . . 1,00 „
* Trockenofen von Eisenblech mit Gasbrenner (Fig. 17) 7,00 „
Goldblatt-Elektrometer (Fig. 27)   Klasse A . 15,00 „
                                    Klasse B . 7,60 „
* Doppelter Blechcylinder als Luftkondensator . . . 2,00 „
*    „           „       mit Paraffin im Zwischenraum 2,60 „

* Ebonitbecher für Öl (Fig. 35) . . . . . . . 2,60 Mk.
* Isolierter Kondensator, verbesserte Form von Fig. 29,
  mit getrenntem u. beweglichem Deckel Klasse A . 20,00 „
  Klasse B . 10,00 „
  Elektrisier-Amalgam mit Talg gemischt, per Büchse 1,00 „
* Sammlung verschiedener Isolatoren für Versuch 2 im
  5. Abschnitt . . . . . . . . . . . . 2,60 „
  Kissen und Messer zum Schneiden der Goldblättchen 2,90 „
  Blattgold, echt, per Buch . . . . . . . . . 1,30 „
  „ unecht, per Buch . . . . . . . . 0,30 „
* Einfaches Quadrantelektrometer (Fig. 114) Klasse A . 40,00 „
  Klasse B . 30,00 „
* Wasserbatterie von 100 Elementen (Fig. 116) Klasse A . 40,00 „
  Klasse B . 30,00 „

### III. Magnetismus.

Ein Paar Stabmagnete mit Ankern in Kästchen . . 3,00 „
Hufeisenmagnet in Kästchen . . . . . . . . . 3,60 „
* Stricknadeln, Nähnadeln, Uhrfeder, Nägel von weichem
  Eisen, Stücke von weichem Eisen, Krinolinstahl,
  Telephoneisen, Stahlblech, verzinnter Eisenstreifen,
  2 Klemmen von Messing . . . . . . . . 4,00 „
  Eisenfeilicht in Büchse, mit Musselin . . . . . 0,60 „
  Stahlfeilicht in Büchse . . . . . . . . . . 0,60 „
  Langer dünner Magnetstab . . . . . . . . . 2,00 „
  Kleiner Taschenkompass . . . . . . . . . . 1,00 „
* Azimuth-Kompass (Fig. 41) Klasse A 9,00. Klasse B 6,00 „
* Inklinatorium (Fig. 49) Klasse A 35,00. Klasse B 16,00 „
* Ablenkungsmagnetometer (Fig. 57) Klasse A 32,00 „
  Klasse B 17,00 „
* Magnete dazu, per Stück . . . . . . . . . 1,00 „
* Vergleichsmagnetometer (Fig. 60) Klasse A 40,00 „
  Klasse B 16,60 „
* Vier Magnete dazu . . . . . . . . . . . 2,60 „
* Feder-Magnetometer (Fig. 61) Klasse A 25,00 „
  Klasse B 15,00 „
* Schwingungs-Magnetometer mit Bügel (Figur 59)
  Klasse A 15,00 Klasse B 8,60 „
* Zwei Magnete und zwei Messingstäbe dazu . . . 2,60 „
  Paraffin, das Kilo . . . . . . . . . . . 2,00 „

Apparate und Materialien. 181

Paraffinbad von Eisenblech mit eisernem Dreifuss . . 5,00 Mk.
Siegellack-Firniss, die Flasche . . . . . . . . . 1,00 „
Koaguline-Kitt, die Flasche. . . . . . . . . . 1,00 „
* Magnetoskop (Fig. 36)  Klasse A 4,00.  Klasse B  2,00 „

### IV. Berührungs-Elektricität.

* Zwei Bunsen'sche Elemente in Kasten (Fig. 62) . . 8,00 „
* Zwei Bichromat-Elemente in Kasten mit Hebevorrichtung (Fig. 63) . . . . . , . . . . . . 10,00 „
* Pohl's Kommutator (Fig. 66). . . . . . . . 6,60 „
* Magnetnadel an einem Gestell mit teleskopischer Verschiebung (Fig. 67). . . . . . . . . . 4,00 „
* Gestell mit Draht von 1 m Länge (Fig. 67) . . 3,60 „
* Daniell'sches Element (Fig. 70) . . . . . . . 3,60 „
* Verkupferungsbad (Fig. 71) . . . . . . . . 6,00 „
  Kratzbürste (Fig. 72) . . . . . . . . . . 1,00 „
* Galvanoskop mit Gestell für Schlitten-Verschiebung (Fig. 77).  Klasse A 30,00.  Klasse B  10,00 „
* Spiegelgalvanometer (Fig. 84)  Klasse A  30,00 „
   Klasse B  16,60 „
* Skala und Lampe dazu (Fig. 87, aber verbessert) . 10,00 „
  Satz von Nebenschlüssen dazu . . . . . . . 10,00 „
* Widerstandskasten (Fig. 111). . . . . . . . 120,00 „
  Stöpselschlüssel (Fig. 92) . . . . . . . . . 2,60 „
* Rolle grossen Widerstands, 5000 $\Omega$ . . . . . 6,00 „
* Wheatstone's Brücke (Fig. 100)  Klasse A  30,00 „
   Klasse B  15,00 „
* Stromfinder (Anhang A).  Klasse A 14,00.  Klasse B  10,00 „
* Widerstandseinheit (1 $\Omega$).  Klasse A 10,00.  Klasse B  5,00 „
* Tangentengalvanometer, Reif mit Gestell (Fig. 104)
   Klasse A 25,00.  Klasse B  15,00 „
* Rheochord (Fig. 91).  Klasse A 14,00.  Klasse B  10,00 „
  Messgefässe . . . . . . . . . . . . . . 1,60 „
  Glastrichter von 10 cm . . . . . . . . . . 0,60 „
  Steingut-Krug . . . . . . . . . . . . . 1,60 „
  Feile . . . . . . . . . . . . . . . . 0,90 „
  Steife Nagelbürste . . . . . . . . . . . 0,60 „
  Schwefelsäure (käuflich) per Kilo . . . . . . 0,40 „
  Salpetersäure (käuflich) per Kilo . . . . . . 1,20 „
  Kupfervitriol (käuflich) per Kilo . . . . . . 1,00 „

| | |
|---|---|
| Zinkvitriol (käuflich) per Kilo . . . . . . . . | 0,60 Mk. |
| Quecksilber per Kilo . . . . . . . . . . | 5,00 „ |
| Platinblech per Gramm . . . . . . . . . . | 1,30 „ |
| Platindraht per Gramm . . . . . . . . . . | 1,30 „ |
| Ätznatron per Kilo . . . . . . . . . . . | 1,20 „ |
| Reagenspapier, der Bogen . . . . . . . . . | 0,30 „ |

### V. Teile von Apparaten.

| | |
|---|---|
| Skalen von Buchsbaumholz mit Millimeterteilung 2 bis | 16,00 „ |
| Millimeterskalen von Papier . . . . . . . . | 1,00 „ |
| Kreisteilungen auf Papier . . . . . 1 Mk. und | 0,60 „ |
| Spiegelglas . . . . . . . . . . . . . . | 1,00 „ |
| Kartonpapier . . . . . . . . . . . . . | 0,60 „ |

Abschnitt C.

## Die Laboratoriums-Werkstatt.

Die physikalische Abteilung einer Schule kann nicht als vollständig betrachtet werden, so lange sie nicht mit einer Werkstatt versehen ist. Der hierfür erforderliche Raum braucht nicht gross zu sein; er liegt am besten im Erdgeschoss und in der Nähe des Laboratoriums.

Das folgende Verzeichnis soll einen Anhalt geben, welche Geräte, Werkzeuge und Materialien zur Ausrüstung einer Werkstatt erforderlich sind.

### I. Geräte.

Eine Hobelbank von etwa 3 m Länge mit allem Zubehör, vornehmlich einem Gestell für Werkzeuge an der Rückseite.

Ein Werktisch für Metallarbeiten von gleicher Länge mit einer Platte von 9 cm Dicke, ausgerüstet mit Schraubstock und Amboss; an der Rückseite ebenfalls ein Werkzeugbrett.

Ein Lötetisch von 50 cm Länge und 60 cm Breite, mit Gasleitung für Bunsen'sche Brenner und eine Gebläselampe. Die Platte von Fichtenholz muss mit einem Eisenblech von 2 mm Dicke belegt sein.

Ein Schleifstein zum Treten von 60 cm Durchmesser, mit Wassertrog.

### II. Drehbank und dazu gehörige Werkzeuge.

Eine gut gearbeitete Drehbank auf eisernem Gestell mit gehobelten eisernen Wangen, Support, Auflagen, Planscheibe etc.

Ein Bohrfutter.
Ein Satz Drehstähle für Holz.
Ein Satz Drehstähle für Metall.
Ein Satz von Bohrern, von 1 mm bis 12 mm, auf Gestell.
Ein Rändelrad mit Handgriff.
Ein Dreherherz.

### III. Schreinerwerkzeug.

Ein Satz von Hobeln: 1 Schropphobel, 1 Rauhobel, 1 Schlichthobel, 1 Nuthobel.
Eine Spannsäge.
Eine Handsäge.
Eine Lochsäge.
Zwei Hämmer.
Ein Schlägel.
Eine Brustleier.
Ein Satz Bohrer dazu.
Zwei Schraubenzieher.
Ein Satz Meissel (von 6 mm, 15 mm, 25 mm, 32 mm Breite).
Ein Hohlmeissel von 12 mm.
Ein Gehrmaſs.
Ein Winkelmaſs.
Ein Metermaſsstab.
Ein Satz Spitzbohrer.
Ein Satz Nagelbohrer.
Ein Zirkel von 20 cm Schenkellänge.
Ein Stangenzirkel.
Ein Streichmaſs.
Ein Ölstein mit Ölkanne.
Zwei Raspeln.
Ziehklinge.

### IV. Werkzeuge zur Metallbearbeitung.

Ein Dickzirkel.
Ein Hohlzirkel.
Ein rechter Winkel von Stahl.
Ein Feder-Teilzirkel.
Ein stählerner Maſsstab (50 cm lang).
Ein Körner.
Ein Feilkloben.

Ein Satz Zangen (1 Flachzange, 1 Rundzange, 1 Beisszange).
Ein Satz Feilen (1 halbrunde, 1 flache von je 25 cm; 1 vierkantige, 1 runde von 20 cm).
Eine Blechschere.
Ein Bankmeissel.
Schneideeisen, Schneidekluppen und Gewindbohrer.
Universalschraubenschlüssel.
Lötkolben.
Metallsäge.

### V. Materialien.

Bretter von Fichtenholz, 25 mm, 20 mm, 15 mm dick.
Bretter von Birnbaumholz in denselben Mafsen.
Weissblech.
Kupferblech.
Zinkblech.
Messingblech.
Lot.
Glaspapier.
Smirgelpapier.

### Abschnitt D.
## Das Anschreiben und Berechnen der Versuchsresultate.

Ein grosser Teil des Wertes, den das praktische Arbeiten im Laboratorium für den physikalischen Unterricht hat, geht verloren, wenn die Schüler nicht zum systematischen Anschreiben der Versuchsresultate in ihr Notizbuch angehalten werden. Die Anwendung loser Papierblätter ist durchaus verwerflich. Die Aufzeichnungen können im Laboratorium mit Bleistift gemacht werden und zu Hause in ein grösseres Protokollbuch mit Tinte eingetragen werden. Berechnungen und Skizzen sollen auf das linke Blatt aufgezeichnet werden, dagegen Beobachtungen, Beschreibungen, Formeln und theoretische Bemerkungen auf das rechte Blatt. Es empfiehlt sich für diese Aufzeichnungen quadriertes Papier zu benutzen, weil dieses sehr zweckmässig zum Entwerfen von Kurven und eine wesentliche Unterstützung beim Zeichnen nach Mafs ist. Die Berechnungen sollten mit Hilfe vierstelliger Logarithmen ausgeführt werden, die hinreichende Genauigkeit geben. Jeder Schüler muss ein Exemplar einer wohlfeilen mathematischen Tafel haben, wie sie jetzt im Handel sind; dieselbe muss für die Zwecke dieses Buches enthalten:

Anschreiben und Berechnen.   185

1) Vierstellige Logarithmentafel.
2) Eine Tafel der natürlichen Tangenten von 5 zu 5 Minuten.
3) Eine logarithmische Tangententafel von 5 zu 5 Minuten.
Mit Benutzung solcher Tafeln möge der Lehrer mit den Schülern die folgenden Beispiele für das Verfahren des Aufschreibens und Berechnens durcharbeiten.

*Beispiele:*

1) Berechnung von $\frac{M}{H}$:

$$\frac{M}{H} =$$

$$\frac{(25{,}15+5{,}15)^2 \; (25{,}15-5{,}15)^2}{2 \cdot 25{,}15} \cdot \text{tg } 28{,}5^0$$

$$= \frac{30{,}3^2 \cdot 20^2}{50{,}3} \cdot \text{tang } 28^0\,30'$$

l 30,3 = 1,4814     l 20 = 1,3010
2 l 30,3 = 2,9628   2 l 20 = 2.6020
2 l 20 = 2,6020
l tg α = 9,7348
           ─────
           5,2996
l 50,3 = 1,7016
           ─────
l M : H = 3,5980

Berechnung von $J$:
$J = 68{,}6 \cdot \dfrac{10{,}3^2 + 1{,}4^2}{12} = 617{,}7$

**Bestimmung von *M* und *H* nach der Methode vom Abschnitt 16.**

1) Ablenkungsbeobachtung:
$$\frac{M}{H} = \frac{(d+l)^2 \cdot (d-l)^2}{2d} \cdot \text{tang } \alpha$$

$d = 25{,}15$ cm.   $l = 5{,}15$ cm.

| Lage: | Östliches Nadelende. | Westliches | Mittel. |
|---|---|---|---|
| 1   | 28,5 | 28,7 | 28,6 |
| 1a  | 28,2 | 28,6 | 28,4 |
| 2   | 28,3 | 28,1 | 28,2 |
| 2a  | 28,6 | 29,0 | 28,8 |

Mittel der Mittel 28,5 = $28^0\,30'$

$$\frac{M}{H} = 3963$$

2) Schwingungsbeobachtung:
Zeit des Beginns
der Beobachtung   $11^h\;\;0^m\;\;0^s$
Zeit der 100ten
Schwingung        $11^h\;10^m\;50^s$
                  ─────────────────
Dauer von 100
Schwingungen              $10^m\;50^s$
                                  60
                          ───────────
                          $650^s : 100 =$
                          $t = 6{,}50^s$

Bestimmung des Trägheitsmomentes:
$$I = P \cdot \frac{a^2 + b^2}{12}$$

$\dfrac{10,3 . 10,3}{\phantom{0}309}$  $\dfrac{1,4 . 1,4}{\phantom{0}56}$  $\dfrac{68,6 . 9,004}{\phantom{00}2744}$   $a = 10,3$ cm   $b = 1,4$ cm

$\phantom{00}1030$ $\phantom{0000}14$ $\phantom{0}617400$
$\overline{106,09}$ $\overline{1,96}$ $\overline{617,6744}$  $P = 68,6$ g
$\phantom{00}1,96$
$\overline{108,05 : 12 =}$  $J = 617,7$
$\phantom{00}9.004$

Berechnung von $M.H$:  Bestimmung von $M.H$:

$$MH = \dfrac{3,142^2 . 617,7}{6,5^2}$$  $$M.H = \dfrac{n^2 J}{t^2}$$

$l\,3,142 = 0,4972$   $\quad l\,6,5 = 0,8129$   $= 144,3$

$2\,l\,3,142 = 0,9944$   $2\,l\,6,5 = 1,6258$

$l\,617,7 = 2,7908$
$\phantom{l\,617,7 =\ }\overline{3,7852}$
$2\,l\,6,50 = 1,6258$
$l\,M.H = 2,1594$

Berechnung von $M$ und $H$:  Bestimmung von $M$ und $H$:

$l\,MH = 2,1594$   $M = \left(M.M.\dfrac{M}{H}\right)^{1/2} = 756,3$

$l\,M:H = 3,5980$

$l\,M^2 = 5,7574$   $H = \left(MH : \dfrac{M}{H}\right)^{1/2} = 0,1906$

$l\,M = 2,8787$

$l\,H^2 = 0,5614 - 2$

$l\,H = 0,2807 - 1$

Abschnitt E.

## Die Erfordernisse eines physikalischen Schullaboratoriums.

1. **Die Einrichtung eines Laboratoriums.** Wir können die beste Vorstellung von den Erfordernissen eines physikalischen Laboratoriums geben, wenn wir die wesentlichsten Einrichtungen von drei neu gegründeten englischen Laboratorien beschreiben.

(1) Die Manchester Grammar School. (Vergl. den Plan Fig. 120.) Das alte englische Zimmer im Erdgeschoss wurde neuerdings in ein physikalisches Laboratorium umgewandelt. Dasselbe hat die folgenden Einrichtungen.

$AA$ sind zwei lange Tische, die speziell für die Schüler bestimmt sind. Jeder Tisch bietet Platz für 20 Schüler, von denen angenommen wird, dass sie paarweise arbeiten. Die allgemeine Einrichtung dieser Tische wird weiter unten beschrieben werden.

$B$ und $B$ sind zwei starke Arbeitstische; in der Mitte eines jeden befindet sich ein Vierwegehahn für Bunsen'sche Brenner und eine Gaslampe, die an einem Arm nach allen Seiten beweglich befestigt ist.

Ebenso ist $C$ ein starker Arbeitstisch mit denselben Einrichtungen für Gas, wie bei den vorigen Tischen.

$F$ ist eine quadratische Schieferplatte auf Steinpfeiler.

Eine ebensolche, sowie ein mit einer Steinplatte bedeckter Steinpfeiler, dessen Höhe nur etwa 40 cm beträgt, befinden sich zwischen $G$ und $A$.

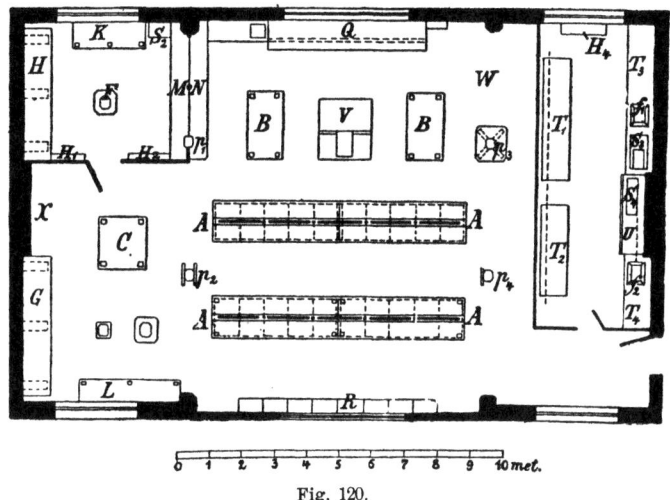

Fig. 120.

$G$ und $H$ sind Schieferplatten, die auf Pfeilern von hellem Backstein ruhen.

$K$ und $L$ sind Holztische, die an der Wand befestigt und vorn mit drei Beinen versehen sind.

$M$ und $N$ bilden einen Arbeitstisch, der unverrückbar zwischen der Säule $p_1$ und dem Strebepfeiler befestigt ist. Lässt man zwei Rouleaus zwischen $M$ und $N$ herab, so wird der Raum, der $F$ zum Mittelpunkt hat, ein Dunkelraum, denn die übrigen Seiten des Platzes sind umschlossen von einer bedachten Scheidewand von 3 m Höhe. Die Decke des Dunkelzimmers kann zur Aufbewahrung von Gegenständen benutzt werden.

$p_2$ und $p_4$ sind Pfeiler, an denen schwarze Holztafeln aufgehängt sind.

$p_3$ ist ebenfalls ein Pfeiler, um welchen ein Tisch befestigt ist

$Q$ ist eine lange Reihe von Schränken und Schubladen zur Aufbewahrung von Apparaten.

$R$ besteht aus zehn Schränken, die 50 cm über der Heizvorrichtung angebracht sind.

$S_2$, $S_3$ und $S_4$ sind Abflussbecken.

$H_1$, $H_2$, $H_3$, $H_4$ sind Regale.

$T_1$ ist eine mechanische Werkbank mit Drehbank, $T_2$ · eine Schreinerwerkbank, $T_3$ ein Tisch für chemische Arbeiten und $T_4$ ein Glasblasetisch. Diese, zusammen mit dem Abzugsschrank $U$, sind von dem Hauptlaboratorium durch eine Scheidewand von ·1,5 m Höhe getrennt. Über $T_3$ und $T_4$ sind Abzugsessen $f_1$ und $f_2$ angebracht.

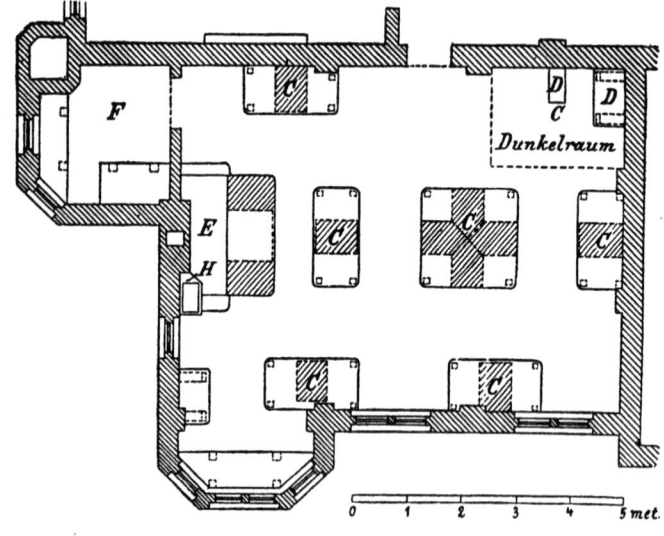

Fig. 121.

Bei $V$ ist der Tisch des Lehrers auf einer erhöhten Plattform aufgestellt.

Bei $X$ befindet sich ein Herd.

Über $W$ ist ein starker Haken in der Decke befestigt, um ein Foucault'sches Pendel zu tragen. Ein ebensolcher Haken befindet sich über $D$ und an den Pfeilern $p_1$ und $p_3$ zur Aufnahme von Drähten und Pendeln.

Die durchgängige Höhe der Tische und Platten ist 85 cm.

(2) Die Hulme Grammar School in Manchester. (Vergl. den Plan Fig. 121.) Das physikalische Laboratorium befindet sich im ersten Stock. Es ist zur Aufnahme von 30 Schülern bestimmt. $C$ sind die Arbeitstische, unter denen sich an den schattierten Stellen

Schränke befinden. *D* sind Schieferplatten, getragen von Armen, die die in die Wand eingelassen sind. *E* ist eine erhöhte Plattform mit einem Demonstrationstisch. *F* ist eine Werkstatt. Bei *C* befindet sich ein Dunkelzimmer mit Zug-Vorhängen. *H* ist ein Abflussbecken, über welchem sich ein Heiss-Wasser-Apparat befindet. Die Höhe des Zimmers ist 4,5 m. Quer durch dasselbe ziehen zwei eiserne Träger, die, um Aufhängevorrichtungen anbringen zu können, blossgelegt sind. Links von der Thür und links von dem letzten Fenster rechter Hand sind Säulen von Eichenholz von nahezu 3 m Höhe, 60 cm von der Wand entfernt, aufgestellt, die ebenfalls für Aufhängungen dienen. Rings um die Wände laufen in Höhen von 1,8 und 1,2 m Holzleisten, an denen Gerätschaften befestigt werden können. Über jedem Tisch sind an der Wand eiserne,

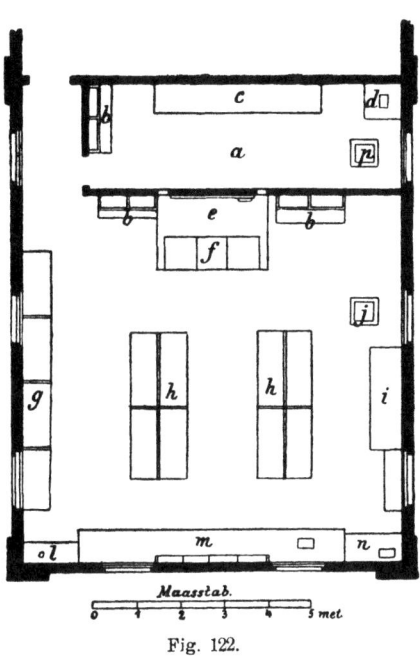

Fig. 122.

gegen die Wand nach rückwärts umlegbare Träger befestigt. Versuche, die einen Abzugsschrank erfordern, werden im chemischen Laboratorium ausgeführt. Im Erdgeschoss ist eine geräumige Werkstatt mit Drehbänken eingerichtet.

(3) Die Blairlodge School in Polmont, N. B. (Vergl. den Plan Fig. 122.) Das Laboratorium ist in ein solches für Anfänger und ein anderes für vorgerücktere Schüler eingeteilt. Das letztere bildet zugleich ein Dunkelzimmer, dessen Decke als Aufbewahrungsort benutzt werden kann. Es ist mit einer Schieferplatte *c*, einem Abflussbecken *d*, einer quadratischen Schieferplatte *p* und einem Apparateschrank *b* ausgestattet. Der Platz des Lehrers ist bei *e* in dem Laboratorium der Anfänger und sein Tisch bei *f*. Hinter ihm sind zwei mit Vorhängen versehene Fenster angebracht, durch welche der Lehrer das andere Laboratorium überblicken

kann. Sonst enthält das Laboratorium drei Tische für 24 Schüler, $g$, $h$ und $h$, die so eingerichtet sind, wie unten beschrieben werden soll. Ferner eine quadratische Schieferplatte $j$, eine längere Platte $i$ für Wagen, ein in Angeln bewegliches Fensterbrett $k$, einen langen Tisch $m$ für chemische Arbeiten, ausgerüstet mit einem Abflussbecken, Abzugsschränken, Schubfächern unterhalb und Regalen oberhalb der Platte. Bei $n$ ist eine Abzugsesse für übelriechende Gase und bei $l$ ein Glasblasetisch. Apparatenschränke befinden sich bei $b$ und $b$. Das Laboratorium ist durch Gas und Elektricität erleuchtet; Leitungsdrähte führen zu dem Dunkelraum und dem Abzug $n$. Unter letzterem ist eine Sekundärbatterie aufgestellt. Von hier aus führen elektrische Leitungen nach den Tischen und von einem Tisch zum andern. Die Schule ist mit einer gut ausgestatteten Werkstatt versehen.

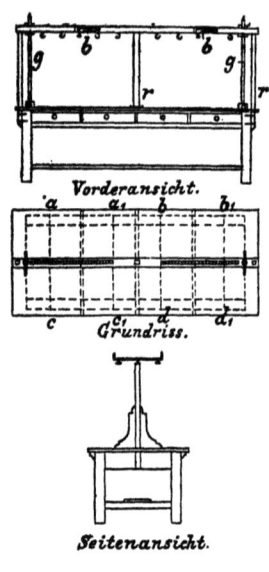

Fig. 123.

2. **Die Arbeitstische der Schüler.** Wir wollen nun einige weitere Einzelheiten über die Arbeitstische der Schüler mitteilen. Die hier beschriebene Form ist ähnlich der in obigen Schulen eingeführten.

Figur 123 zeigt die Vorderansicht, die Seitenansicht und den Riss der Tischplatte (mit weggelassenem oberen Querholz) eines solchen Tisches. Er gestattet die gleichzeitige Arbeit von acht Schülern in vier Paaren an den Plätzen $a$ und $a_1$, $b$ und $b_1$, $c$ und $c_1$, $d$ und $d_1$. Bei einer Länge von 3 m beträgt seine Breite 1,2 m und die Höhe 85 cm. Entlang der Mitte der Tischplatte läuft ein Sockel von 10 cm Breite, unter dem eine Gasröhre liegt, die zwei Säulen $g$ und $g$ speist. An jeder dieser Säulen sind zwei doppelte Rohrstutzen für Bunsen'sche Brenner dicht über der Tischplatte angebracht und zwei Gaslampen über dem oberen Querbalken.

Dieser Querbalken ist 10 cm stark und wird von einer mittleren und zwei äusseren Säulen $r$, $r$, $r$ getragen. Der mitten durch die Tischplatte gehende Sockel ist mit zwei Massstäben aus Buchsbaumholz, die in Millimeter geteilt sind, versehen; dieselben sind so eingelassen, dass sie mit der Oberfläche der Tischplatte abgleichen.

Diese Mafsstäbe sind an beiden Kanten so numeriert, dass sie von den Schülern, die beiderseits des Tisches arbeiten, benutzt werden können. An dem oberen Balken sind vier in Angeln bewegliche Träger befestigt, die in jeder Lage mit Hilfe von Flügelschrauben festgestellt werden können. Sie dienen zur Befestigung von Pendeln u. s. fort. Für denselben Zweck sind eine Anzahl Haken bestimmt, die in das Holz geschraubt sind. An dem Balken befinden sich ausserdem Täfelchen mit den Namen der betreffenden Schüler.

Die Gasleitungssäulen sollen zugleich die Stelle von Retortenhaltern vertreten, und ebenso sind Klemmen zur Befestigung von Apparaten in die Holzsäulen $r$ eingeschraubt. Die Tischplatte muss über den Rahmen ringsum etwa 7 cm überragen, so dass Apparate an dieselbe angeschraubt werden können. Unter derselben sind acht Schubladen von 15 cm Tiefe angebracht, die durch Scheidewände an den punktierten Linien eingeteilt sind. Schränke sind nicht gezeichnet, doch können dieselben angebracht werden, wenn Raum zur Aufbewahrung nötig sein sollte. Sie dürften aber nur an den Enden der Tische angebracht werden, weil sie sonst ein bequemes Sitzen unmöglich machen würden. Der Raum unter den Tischen ist auch sehr geeignet für Gestelle und Träger. In der Figur ist ein Sims gezeichnet, welches zur Aufnahme von Batterien und ähnlichem sehr bequem ist. Um die Batterien mit den Apparaten bequem verbinden zu können, sind in dem centralen Sockel Verbindungsschrauben befestigt, die mit unter dem Tisch befindlichen Drähten in Verbindung stehen. Ebenso sind mit den Gasleitungsröhren Klemmschrauben verbunden, wodurch erstere als Erdleitung dienen.

Abschnitt F.
## Bemerkungen über die Einrichtung der Laboratoriumsarbeit.

1. Der Gehilfe. Jede grössere Schule muss einen mechanisch vorgebildeten Gehilfen haben, der Apparate für das Laboratorium und das Unterrichtszimmer anfertigen und reparieren kann. Demselben ist auch die Werkstatt unterstellt. Es ist wichtig für ihn, eine genaue Kenntnis der Holzbearbeitung zu besitzen und ausserdem muss er zu leichteren Arbeiten in Metall befähigt sein. Fertigkeit im Glasblasen kann er sich durch Übung erwerben.

2. Die Anfertigung von Apparaten. Wir haben in diesem Buche beschrieben, wie gewisse Teile von Apparaten durch

den Schüler angefertigt werden können. Die Bekanntschaft mit dem Gebrauch der Werkzeuge und den Eigenschaften der Stoffe, die auf diesem Wege erlangt wird, ist vom grössten Wert. Man kann aber nicht erwarten, dass von der beschränkten Schulzeit, die der praktischen Physik zugewiesen ist, ein Teil für Konstruktionsarbeiten verwendet werden kann. Die Schüler müssen vielmehr dazu ermutigt werden, die Werkstatt in ihren freien Stunden für diesen Zweck zu benutzen. In Schulen mit Internat dürfte eine derartige Einrichtung keine Schwierigkeit bieten.

3. **Das System der gemeinsamen und getrennten Arbeit.** Bei gemeinsamer Arbeit sind sämtliche Schüler gleichzeitig mit demselben Gegenstand beschäftigt, wodurch der Lehrer in den Stand gesetzt wird, gemeinsame Anweisung zu erteilen. Auch hat dieses System gewisse Vorzüge didaktischer Art. Allein ein Nachteil des Systems ist der, dass es eine grössere Anzahl von Apparaten derselben Art erfordert und daher würde es ohne grossen Aufwand von Mitteln nicht möglich sein, andere Formen der Apparate, als nur die einfachsten und wohlfeilsten, anzuschaffen. Das System lässt sich bei den ersten Abschnitten der Elektrostatik wohl anwenden, allein bei den späteren nicht mehr. Es ist also ein recht geeignetes Verfahren für den Anfang, wird aber bald durch das System getrennter Arbeit ersetzt werden müssen. Mit anderen Worten: es arbeiten nicht alle Schüler an dem nämlichen Abschnitt. Es ist nicht schwierig, die Reihenfolge der Abschnitte so anzuordnen, dass keine Verwirrung entsteht.

4. **Der Arbeitsplan.** Die Anwendung des Systems getrennter Arbeit wird erleichtert durch Anwendung eines von Pickering gemachten Vorschlags, der in Cambridge und anderwärts befolgt wird. Das Verfahren besteht darin, dass aus einer Tafel ersichtlich ist, welcher Abschnitt von jedem Schüler gerade bearbeitet wird. Die Ausführung kann eine verschiedene sein; sehr geeignet ist folgende: Man schlägt in ein Reissbrett Stifte ohne Kopf in Reihen, die in horizontaler Richtung 6 cm, in vertikaler 5 cm von einander entfernt sind. An diese Stiften werden Kärtchen gesteckt. Die horizontalen Reihen tragen die Namen der Experimente, die vertikalen die der Schüler.

5. **Die gemeinsame Arbeit.** Man wird es ratsam finden, die Schüler paarweise arbeiten zu lassen. Wird bei der Auswahl der Genossen ein wenig Umsicht geübt, so wird ein weit befriedigenderes Resultat erzielt werden, als bei getrennter Arbeit.

# Sachregister.

| | Seite |
|---|---|
| Ablenkungsmagnetometer | 80 |
| Achse, magnet., Definition von | 52 |
| Aichen eines Galvanoskopes | 114. 149 |
| Amalgam, elektrisches | 17 |
| Amalgamieren des Zinkes | 97 |
| Amalgamierungsflüssigkeit | 97 |
| Ampère's Versuch | 103 |
| Ampère's Regel | 104 |
| Anode, Definition von | 111 |
| Apparate, Verzeichnis derselben | 178 |
| Arbeit, Einheit derselben | 35 |
| Arbeitstisch, Beschreibung | 190 |
| Aufgaben 2. 4. 5. 6. 9. 16. 42. 56. 58. 64. 85. 87. 88. 93. 104. 121. 126. 128. 140. 153. 156. 158. 161. 165. 171. | |
| Batterie, Bichromat- | 100 |
| Batterie, Bunsen'sche | 96 |
| Batterie, hinter einander | 117 |
| Batterie, neben einander | 117 |
| Batterie, Wasserbatterie | 173 |
| Batterieumschalter | 175 |
| Berechnung der Resultate | 184 |
| Bichromatbatterie | 100 |
| Bichromatlösung | 100 |
| Blattgold | 18 |
| Brücke, Wheatstone's | 143 |
| Brückenverbindung | 145 |
| Bürste | 111 |
| Bunsen's Element | 96 |
| Cavendish, induktive Kapacität | 48 |
| Coulomb | 34. 95 |
| Daniell's Element | 109 |
| Dichtigkeit, Bestimmung derselben | 15 |

| | Seite |
|---|---|
| Dichtigkeit, Einheit der elektrischen | 39 |
| Dickzirkel | 5 |
| Drahtlehre | 7 |
| Drahtrolle | 105. 129. 151 |
| Drehbank | 182 |
| Dyn | 36 |
| Ebonit | 18 |
| Einheit der Arbeit | 35 |
| Einheit der Kapacität | 40 |
| Einheit der elektrischen Dichtigkeit | 39 |
| Einheit der elektromotorischen Kraft | 126 |
| Einheit der Fläche | 1 |
| Einheit der Kraft | 35 |
| Einheit der Länge | 1 |
| Einheit der Masse | 9 |
| Einheit des Raumes | 2 |
| Einheit der Stromstärke | 126 |
| Einheit des Widerstands | 126 |
| Einheit der Winkelmessung | 15 |
| Einheit der Zeit | 15 |
| Eiseimerversuch | 27 |
| Elektricität, gebundene u. freie | 24 |
| Elektricität verglichen mit der Schwere | 36 |
| Elektrisierung durch Induktion | 22 |
| Elektrisierung durch Leitung | 17 |
| Elektrisierung durch Reibung | 17 |
| Elektroden | 107 |
| Elektrolyse | 106 |
| Elektrometer, Goldblatt- | 44 |
| Elektrometer, Quadrant- | 171 |
| Elektromotorische Kraft, Definition | 121 |
| Elektromotorische Kraft, Einheit derselben | 126 |

Stewart und Gee.

## Sachregister.

Elektromotorische Kräfte, Vergleichung............ 140. 174
Elektrophor................. 25
Element, Bichromat-......... 100
Element, Bunsen'sches........ 96
Element, Daniell'sches........ 109
Element von Latimer Clark .. 139
Element von Leclanché ...... 167
Element, primäres ........... 100
Element, sekundäres ......... 100
Elemente, Zusammensetzen ... 97
Elemente, Auseinandernehmen 108
Elemente, Theorie derselben .. 118
Elementensäure............... 98
Erg, Definition von ......... 36

Faraday's Eiseimerversuch.. 27
Federmagnetometer .......... 93
Federzirkel.................. 2
Feld, magnetisches........... 56
Feld, magnetisches, Vergleichung .................. 87
Figuren, Haldat's............ 58
Flächenmessung, Einheit der.. 1
Flasche, Leydener ........ 41. 42
Folgepunkte ................ 58

Galvanoskop, Vertikal-....... 113
Galvanoskop, Aichung dess. 114. 149
Gauss' Tangentenlagen...... 79
Gesetz der umgekehrten Quadrate................. 34. 62
Gesetz der Magnet-Schwingungen................. 82
Gesetze, elektrische .......... 32
Gesetze, magnetische......... 62
Gewichtssatz ................ 12
Glas, Leitungsvermögen ...... 21
Goldblattelektrometer ........ 44
Goldblattelektroskop ......... 17
Grothuss, chem. Hypothese.. 108

Haldat's Figuren .......... 58
Hauptlagen von Gauss ....... 80
Hobelbank.................. 182
Hohlzirkel ................. 5
Horizontalintensität, Vergleichung der................. 84
Horizontalintensität, Messung der ..................... 87
Hülle, elektrische Schutz-..... 31

Induktion, Apparat für....... 22
Induktion, Elektrisierung durch 22
Induktion, Ladung eines Elektroskopes durch .......... 23

Induktion, magnetische.... 54. 94
Induktive Kapazität ...... 42. 48
Inklination, Definition........ 73
Inklinationsbeobachtungen .... 73
Inklinatorium, Anfertigung ... 70
Inklinatorium, Theorie desselben................... 72
Inklinatorium, Fehler desselben 74
Inklinatorium, Theorie seiner Fehler.................... 74
Intensität des magnet. Feldes . 65
Intensität des Stromes........ 122

Kalibrierung eines Galvanoskops 114. 149.
Kapazität, Definition der Einheit 40
Kästchen für Apparate....... 58
Kathode, Definition .......... 111
Kilogramm ................. 9
Klemmschrauben............. 176
Koëfficient des induz. Magnetismus..................... 94
Koërcitivkraft................ 56
Kommutator ................ 103
Kompass.................... 58
Kondensator............. 41. 46
Kondensator, Energie der Ladung 41
Kondensator, Entladung ...... 42
Kondensatoren, Vergleichung zweier .................... 48
Kosinus, Definition ........... 69
Kraft, elektromotorische, Definition der Einheit ........ 126
Krafteinheit, Definition ....... 36
Kraftfeld, magnetisches....... 56
Kraftlinien............... 56. 65
Kräftepaar, magnetisches ..... 68
Kreisteilung, Übertragung einer 16
Kurven, magnetische ...... 56. 63

Laboratorien für Schulen ..... 186
Laboratoriumsarbeit, Organisation..................... 191
Längeneinheit, Definition der.. 1
Lampe für Spiegelablesung ... 130
Latimer Clark, Normalelement..................... 139
Leclanché's Element........ 167
Lehre ..................... 6
Leitung, Elektrisierung durch. 17
Leitungsvermögen von Glas... 21
Leitungsvermögen von Öl..... 50
Leydener Flasche ........ 41. 42
Liter, Definition des ......... 2
Löten ..................... 177

## Sachregister.

M. H, Bestimmung von ... 82. 88
Magnetometer, Ablenkungs- ... 80
Magnetometer, Feder- ........ 93
Magnetometer, Schwingungs- .. 82
Magnetometer, Vergleichs- .... 89
Magnetoskop .................. 53
Masseneinheit, Definition der .. 9
Maſsstab mit Nonius ........ 4. 6
Maſsstab, Transversal- ........ 3
Meridian, geographischer ..... 61
Meridian, magnetischer ....... 58
Meter, Definition desselben ... 1
Meterkilo, Definition des ...... 35
Moment eines Kräftepaares ... 69
Moment, magnetisch., Definition 69
Moment der Trägheit ........ 83
Moment, magnet. Bestimmung
   desselben ................ 88
Momente, magnet. Vergleichung
   zweier ............... 85. 90

Nebenschluss ........... 137. 164
Niveauflächen ............... 38
Nonius ....................... 4
Normaldrahtlehre ............. 7
Normalelement .............. 139
Nullpotential ................ 38

Öl, Leitungsvermögen des .... 50
Ohm, Definition von ......... 127
Ohm's Gesetz .............. 122
Ohm's Gesetz, Beweis dess. 122. 141

Paar, magnetisches .......... 68
Paraffin .................... 18
Polarisation ................ 121
Polschrauben ............... 176
Poröse Zellen ............... 98
Poröse Zellen, Behandlung ders. 99
Potential, Erklärung des Be-
   griffes .................. 37
Potential, Versuche über das .. 43
Potential, Null .............. 38
Potentialflächen ............. 38
Potentialunterschied ......... 37
Probierstiftmethode .......... 93

Quadrantelektrometer ........ 171
Quadrate, Gesetz der umgekehrten ............... 34. 62

Raumeinheit ................. 2
Reduktionsfaktor ............ 156
Reibungselektricität ......... 17
Reinigungsflüssigkeit für Kupfer 111

Reiter ...................... 12
Reochord .................. 136

Schaltung ............. 102. 117
Schlittengreifzirkel ........... 5
Schullaboratorium, Ausstattung
   des ..................... 186
Schutzhülle, elektrische ...... 31
Schwere und Elektricität ver-
   glichen ................. 36
Schwingungsmagnetometer.... 82
Seide, Aufbewahrung ........ 175
Siemens, Widerstandseinheit 128
Sinus, Definition ............ 68
Skala für Spiegelgalvanometer 130
Skalenwert ................. 137
Spezifische induk. Kapacität 42. 48
Spiegel und Skala ....... 16. 130
Spiegelgalvanometer ......... 129
Spiegelgalvanometer, Ersatz
   dafür ................... 177
Stärke des magnet. Feldes. 65. 87
Stärke des Stromes ..... 122. 128
Stromfinder ........... 113. 177
Stromrichtung .............. 39
Stromschlüssel ............. 137
Stromstärke .......... 122. 128
Stromwender ............... 103

Tangente, Definition ......... 69
Tangentenbussole ........... 151
Tangentengalvanometer ...... 151
Tangentengalvanometer, Auf-
   gaben .................. 156
Tangentengalvanometer, Kon-
   stante .................. 156
Tangentengalvanometer, Formel 158
Tangentenlagen von Gauss... 79
Teilung von Kreisen ......... 16
Thonzellen ................. 98
Trägheitsmoment, Definition .. 83
Trägheitsmoment, Bestimmung 84
   87.
Transversalmaſsstab ......... 3
Trockenofen ................ 19

Umhüllung, Schutz vor Elektrisierung ................. 31
Umschalter ................ 175

Verbindungsdrähte .... 18. 97. 167
Vergleichsmagnetometer ..... 89
Verkupferung .............. 109
Vernier .................... 4

13*

| | | | |
|---|---|---|---|
| Verteilung, magnetische | 54. 94 | Wasserbatterie | 173 |
| Vertikalgalvanoskop | 113 | Werkstatt, Einrichtung | 182 |
| Vertikalkomponente | 72 | Werkzeuge, Verzeichnis von | 188 |
| Vertikalkomponente, Bestimmung | 73 | Widerstandseinheit | 127 |
| Volt, Definition des | 127 | Widerstandskasten | 133. 166 |
| Volta's Elektrophor | 25 | Widerstandskasten, Behandlung | 135 |
| Voltameter | 107 | Widerstandsmessung | 137. 164 |
| Voltameter, Messung der Stromstärke | 156 | Windrose | 59 |
| | | Winkelmessung, Einheit | 15 |
| Volumeinheit | 2 | Zeit, Einheit der | 15 |
| Vulkanit | 18 | Zeitbestimmung | 15 |
| | | Zellen, poröse | 98 |
| Wägen, Methode desselben | 13 | Zersetzung, elektrolytische | 106 |
| Wägen, Vorsichtsmaſsregeln | 13 | Zersetzungsflüssigkeit | 106 |
| Wage | 9 | Zirkel | 2 |

MIX
Papier aus verantwortungsvollen Quellen
Paper from responsible sources
FSC® C105338

If you have any concerns about our products,
you can contact us on
**ProductSafety@springernature.com**

In case Publisher is established outside the EU,
the EU authorized representative is:
**Springer Nature Customer Service Center GmbH
Europaplatz 3, 69115 Heidelberg, Germany**

Printed by Libri Plureos GmbH
in Hamburg, Germany